审美是自由的生存方式

——杨春时美学文选

杨春时 著

山东文艺出版社

出版说明

"中国现代美学大家文库"共收入王国维、蔡元培、朱光潜、宗白华、蔡仪、李泽厚、汝信、蒋孔阳、刘纲纪、胡经之、周来祥、叶秀山、杨春时、朱立元、曾繁仁等15位美学大家的著作。这些大家分别为中国现代美学开创奠基时期、建设发展时期与当代反思超越时期的代表性学者。所选文章均为他们的代表性作品,且有部分是未发表的新作。作为现代著名美学家主要成果的汇集,本文库旨在对一百多年中国美学辉煌而曲折的发展历程进行梳理与回顾,全面立体地展示现代美学大家的主要学术成果,给美学研究者与普通读者提供经典、全面、权威的美学文本,从而推动新时代中国美学研究向纵深发展。

在编选过程中,对于王国维、蔡元培、朱光潜、宗白华、蔡仪等开创奠基时期美学大家的作品,为了保存历史的真实,依据其原始版本,除对文字明显讹误进行订正外,其余不做较大修改。对于其他美学大家的作品也尽量保持初次发表时的原貌。其中疏漏,尚祈读者指正。

山东文艺出版社
2019年12月

总序

中国百年美学辉煌而曲折的创新之路

尽管审美作为一种艺术的生存方式在中国五千多年悠久文化中有着极为丰富的呈现，中国自有独具特色的东方形态的美学，但现代美学学科却由西方创立并于20世纪初传入中国，迄今已有一百多年的历史。一百多年来，美学领域一代又一代学人在中国传统文化的基础上，历经艰难曲折，辛勤耕耘，不断创新，出现众多著名学者，涌现一批又一批丰硕成果。本丛书作为现代著名美学家主要成果的汇集，旨在回顾这一百多年中国美学辉煌而曲折的发展历程。同时，今年正值新中国成立70周年，中国美学发展的一百多年占据主要时间域的是党所领导的新中国成立后的70年，特别是改革开放40年。因此，本丛书从某种意义上来说，也是新中国成立70年的一份献礼。回顾历史是为了在新时代推动中国美学走向更加辉煌的未来。

众所周知，"美学"一词由德国学者鲍姆加登于1735年首次提出，其原文实为"感性学"之意，日本学人中江肇民用汉语"美学"一词翻译,传入中国后王国维使"美学"成为定译并被中国学人普遍接受。尽管"美学"一词来自外国,美学学科也是近代以来才出现的,但审美作为一种艺术的生存方式却早就存在于中国悠久的历史之中,美学也随着中国五千年的文明史而存在。现代以来伴随着中华民族坎坷曲折的发展历史,美学也在中国不断地发展,而且呈现空前兴盛的状态,这在世界美学史上是罕见的。美学为现代以来中国的人文教育贡献了自己的力量,也在诸多学人的努力与中西古今的冲撞影响中逐步形成现代中国特有的美学精神,值得我们为之书写与发扬。为此,山东文艺出版社特地出版本丛书,共收入15位现代美学家的文选。现代中国美学面临中与西、古与今、革命与学术三种发展境遇。首先是中西之间的关系,这是一种矛盾共存、吸收融合的关系。中西之间一直存在体用之争,长期以来中国美学走的是"以西释中"之路,但历史证明审美既然作为人的一种艺术的生存方式,那么中西之间就不存在先进与落后之别,而只有类型之不同。因此中国美学必须走出一条立足本土、吸收西方有益经验的美学建设之路。本丛书中的美学家的学术之路进一步证明了这一点,充分说明百年中国美学就是一条奋力探索中国美学话语之路,并取得显著成就,给我们以激励与启示,需要我们一代又一代美学工作者承前启后,继续前进,以创新性发展与创造性转化向中国和世界提供愈来愈有价值的美学理论。而马克思主义是放之四海而皆准的真理,马克思主义特别是中国化的马克思主义,对于现代中国美学的指导作用已经被历史事实充分证明。其次是古今关系问题,现代以来中国美学发展面临的主题是中国古代美学资源的现代转化问题。因为中国古代美学资源虽有着与现代美学相异的面貌，但有着巨大的价值，无论从民族立场还是从美学自身建设来说，都需要利用这一宝贵的资源，以便建设具有中国气派与中国面貌的现代美学形态。百年来中国美学界同仁为此付出艰辛努力，本丛书15位美学家的奋斗史也呈现了这种为中国美学民族资源现代转换而奋斗的现实状况。中国现代美学发展还面临着学术与革命的二重变奏，此前被认为是启蒙与救亡的二重变奏，有"救亡压倒启蒙"之说。但笔者倒认为，无论是启蒙与救亡，或者是学术与革命，都是历史的宿命，可以说不是美学工作者自己所能选择的，而且两者之间不仅是一种矛盾，也呈现一种互补。正是在民族救亡的抗日战争硝烟烽火之中，才出现了中国现代"为人民"与"为人生"的美学，才涌现了充满民族情怀的文艺作品，成为中华民族史的辉煌篇章。新中国成立后发生在中国的两次美学大讨论，面临着美学自身学术的发展与批判唯心论革命任务的二重变奏，使得唯物与唯心成为衡量正误的标准，这当然有限制学术发展的局限，但也促使美学界同仁钻研马克思主义，特别是马克思的《1844年经济学哲学手稿》，使得我国现代美学的马克思主义水平有了明显提高，这也是一种重要的学术收获。

　　本丛书收入的15位美学家其历史跨越幅度较大，基本上可分为中国现代美学开创奠基时期、建设发展时期与当代反思超越时期等三个时期。我们分别按照不同时期对于15位美学家做一个基本介绍。

首先是从20世纪初期开始直至新中国建立前的开创奠基时期,众所周知,包括美学在内的诸多人文学科的现代开创奠基之功首先归于王国维与蔡元培,现代形态的美学与美育就是他们率先引进并加以初步构建的。前已说到"美学"一词就是由王国维认可而从日本引进的。王国维还在1903年《论教育之宗旨》一文中首倡"美育",并将之界定为"心育",并提出了美育的"无用之用"的重要作用。当然,王国维还在著名的《人间词话》中提出了"审美的境界"论,继承古代"意境"之说,吸收西方理念之论,成为20世纪中西交融美学之重要成果。

蔡元培也是中国现代美学的重要奠基者之一,他以中西交融的学术修养和崇高的政治学术地位对现代美学,特别是美育的发展与传播做出了杰出的贡献。首先是以其担任教育总长与北大校长的便利,将美育首次纳入教育方针,并力倡"以美育代宗教"之说,强调了美育的科学与民主精神。蔡氏还在美学与美育的学科建设与课程建设上进行了开创性的探索。

朱光潜、宗白华与蔡仪则是继他们之后中国现代美学的开创者与奠基者。朱光潜在20世纪20年代后期即开始在中国倡导美学,并在美学基本知识、文艺心理学、悲剧美学、西方美学与中西比较美学等诸多方面最早进行研究介绍,出版《谈美》《悲剧心理学》《文艺心理学》《诗论》等论著,产生了重大影响,成为现代中国美学史上用力最多最专、影响最广的美学家之一。朱光潜对我国西方美学研究领域有开拓之功,他在新中国成立前的两本心理学论著就是以西方文献为主,并于1948年出版《克罗齐哲学述评》,其中对克罗齐直觉论美学的评述,使其成为我国研究西方美学的领跑者。特别是1963年出版的《西方美学史》,奠定了我国西方美学学科的发展基础,成为该领域的经典。朱光潜倾其毕生精力于西方美学论著的翻译,译介了柏拉图《文艺对话集》、黑格尔《美学》与维科《新科学》等名著,为我们提供了集信、达、雅于一体的西方美学经典译本,惠及一代又一代学人。朱光潜也是我国主客观统一的"创造论美学"的奠基者。在1957年开始的那场美学大讨论之中,朱光潜作为被批判者一方面努力学习马克思主义论著,一方面积极应对论争。他根据马克思主义基本观点明确表示不同意当时占据话语统治地位的"认识论"美学,因为"依照马克思主义把文艺作为生产实践来看,美学就不能只是一种认识论了,就要包括艺术创造过程的研究了"。朱光潜认为艺术创造是以主客观统一为前提的,他的创造论美学是我国美学大讨论的重要理论收获之一。朱光潜还是我国中西美学比较研究的开创者之一,他早期写作的《诗论》,应用文艺心理学原理,采用中西比较方法,对中国传统诗学与美学进行了认真的梳理,是我国现代中西比较美学研究的重要成果。朱光潜晚年潜心钻研马克思主义基本理论,特别是《1844年经济学哲学手稿》,写作了《谈美书简》和《美学拾穗集》,力图以马克思主义为指导研究美与美感、形象思维、现实主义与浪漫主义等基本问题,成为马克思主义美学中国化的可贵探索。朱光潜为我国美学事业奋斗了一生,被称为"美学老人",其作品和思想在国内外具有广泛深远的影响。

宗白华是我国古代美学研究的重要开创者与奠基者。宗白华有深厚的西方学术功底,曾经留学欧洲,翻译了多种西方美学经典,特别是他所翻译的康德《判断力批判》上卷,表现了对于康德美学的深刻理解,成为该论著的翻译经典,至今仍有重要价值。但宗白华却将自己的研究视角聚焦于中国古代美学,在中西结合的广阔视域中提出"气本论生命美学",为立足本土创建具有中国特色的美学理论奠定了基础,做出了示范。宗白华于20世纪80年代出版的《美学散步》与《艺境》,成为现代中国美学研究的经典读本和当代研究古代美学的必备之书,被广泛地引用与研究。宗白华于1928年前后写作《形上学——中西哲学之比较》,又于1979年发表《中国美学史中重要问题的初步探索》等文,为中国古代美学研究奠定了哲学的基础。在前文之中,宗白华明确将西方哲学(包括美学)基础表述为抽象时空之几何哲学,中国乃"四时自成岁之历律哲学",划分了西方美学之科学主义与中国美学之天人合一人文主义之区别。后文乃第一次将《周易》作为我国最重要的古代美学经典之一,指出"《易经》是儒家经典,包含了宝贵的美学思想。如《易经》有六个字:'刚健、笃实、辉光',就代表了我们民族一种很健全的美学思想"。这就为后人的中国美学研究奠定了扎实的理论基础。宗白华首次提出中国古代美学研究应以传统艺术与艺术创作为中心,由此开辟了中国传统美学独特的研究路径。他说,"在西方,美学是大哲学家思想体系的一部分,属于哲学史的内容……在中国,美学思想却更是总结了艺术实践,回过头来又影响艺术的发展";因此,他主张"研究中国美学史的人应当打破过去的一些成见,而从中国极为丰富的艺术成就和艺人的思想里,去考察中国美学思想的特点"。他本人正是这样实践的,总结了绘画、戏剧、建筑、音乐、诗歌之中的美学思想,别开生面,使人耳目一新。宗白华还以中西比较的视野建构了中国传统美学研究的特殊内涵。首先是他对中国传统美学"意境"的理论进行了全新的研究与阐释,将意境阐释为"有节奏的生命"或"生命的节奏";同时,宗白华还深入研究了中国传统美学之中的时间与空间关系,提出中国传统美学化空间于时间的重要艺术论题,对中国传统美学的虚实相生进行了独特的研究。宗白华还阐发了中国传统美学的其他有关范畴,例如国画的"气韵生动"、书法的"筋血骨肉"、建筑的"飞动之美"、戏曲的"以动代静"、舞蹈的"生命玄冥的肉身化之美"、音乐的"声情并茂的胜妙之美"和诗歌的"情景交融的意境之美"等等。可以说,宗白华的成果尽管字数不多,却是浓缩的精华,可谓字字千金。

蔡仪是中国现代唯物主义美学的开创者与积极推动者。他于20世纪40年代白色恐怖的历史语境下,排除重重障碍写作出版了著名的《新艺术论》和《新美学》两本专著,以大无畏的理论勇气力批当时盛行的唯心主义哲学与美学理论,系统而有力地创立了富有理论特色的唯物主义美学与艺术思想体系。他在《新美学》开头第一句话就指出：旧美学已完全暴露了它的矛盾，而他的新美学是以新的方法建立新的体系。他在这两本著作之中明确提出"美在客观事物"与"美在典型"等崭新的美学理论观点，被称为"中国现代第一个依据自己的思考去表述自己的有系统的美学思想的学者"。新中国成立后，蔡仪继续以其对马克思主义的信仰与对真理的追求，带领他的团队为创立中国特色的马克思主义的唯物论美学而奋斗，进行了科研、学生培养与文献译介等一系列富有成效的学术工作。特别是以其坚持真理、矢志不渝的精神投入第一、二次美学大讨论之中，树起了"客观派"的美学大旗，深入阐释了他所坚持的马克思主义唯物主义美学原理，积极参与学术论辩，建构具有鲜明特色的中国式的马克思主义唯物主义美学体系。该体系包括"美在客观存在""美的认识""美是典型"等紧密相关的美学范畴。蔡仪旗帜鲜明地提出："美的本质是什么呢？我们认为美是客观，不是主观。"他又说："美的事物就是典型的事物，就是种类的普遍性、必然性的显现者。"后来蔡仪又引入了马克思《1844年经济学哲学手稿》中有关"美的规律"的论述，认为美的客观性与典型性表现为按照美的规律来造形。蔡仪还提出了"自然美""社会美""具象概念"与"美的观念"等美学范畴，具有创造性的学术价值。他所主编的《文学概论》教材为推动我国高校美学与文艺学教学起到重大作用。

我国美学发展的第二个时期是新中国成立之后，在马克思主义与毛泽东思想的指导下美学有了新的发展，具有显著的中国特色。这一时期最重要的美学学术事件就是两次美学大讨论，使得美学出现了从未有过的兴盛，尤其改革开放后的第二次美学大讨论更是兴起了一股美学热，为世界美学史所罕见。新中国成立后的美学发展交织着革命与学术的二重变奏，所谓"革命"是指第一次美学大讨论起源于对唯心主义美学观之批判，目的是进一步普及马克思主义的唯物论，政治的指向性非常明显，大讨论中的政治色彩也非常浓厚；所谓"学术"是指这次美学大讨论是以"百家争鸣，百花齐放"的方式展开的，也就是说大讨论的过程中对于所谓唯心主义观点一般当作"学术问题"处理，而其结果也的确在一定程度上起到了普及马克思主义唯物论的作用，产生了以李泽厚为代表的"实践论"美学，其具有科学性与理论的自洽性，极大地影响到中国很长一段时期内美学学科的发展及其面貌。本丛书涉及的李泽厚、汝信、蒋孔阳、刘纲纪、胡经之、周来祥与叶秀山就是这一时期的代表人物。

李泽厚是新中国成立后我国美学研究领域的标志性人物，是社会论实践美学的创立者与两次美学大讨论的重要推动者，也是少有的具有重要国际影响的中国现代美学家。他是巴黎国际哲学院院士、美国科罗拉多学院荣誉人文学博士，其《美学四讲》入选著名的《诺顿文学理论与批评选集》。李泽厚在哲学基本理论、中国思想史、美学与伦理学领域均有重要建树。在美学领域，他成为第一次美学大讨论社会学派的领军人物，在这次美学大讨论中起到实际的主导作用。在20世纪80年代的第二次美学大讨论中他力倡的"主体性"理论成为改革开放后思想解放运动的代表性思潮。他更加明确地提出"实践论美学",以马克思关于物质生产实践是人类一切活动之基础的理论为指导,提出"人化自然""实践本体""情本体"与"积淀说"等一系列具有独创性的美学观点。他出版了《批判哲学的批判》《美的历程》《华夏美学》与《美学四讲》等经典美学论著。晚年,李泽厚深入研究中国传统文化,探索"以儒学代宗教"的"天地境界论",提出"中国审美主义的感情以深植历史性为'本体'"的"以美育代宗教"之说。李泽厚强调的"美是合规律性与合目的性的统一""救亡压倒启蒙"与"中国文化的儒道互补"等观念对中国现代美学的发展产生了重要影响。

汝信是这一时期西方美学学科的重要开拓者,他早在20世纪50年代就开始了西方哲学与美学的研究,并于1958年在《哲学研究》上发表《论车尔尼雪夫斯基对黑格尔美学的批判》。1963年又出版了《西方美学史论丛》,是国内第一本以西方美学为主题的综合研究著作,与同年出版的朱光潜的《西方美学史》一起,标志着在我国西方美学已经成为一门独立的学科。1983年汝信又出版了《西方美学史论丛续编》。汝信坚持马克思主义指导西方美学研究,特别坚持马克思主义唯物史观的指导。他从宇宙观、认识论、伦理观与政治思想等方面全面地、认真地研究柏拉图的美学思想,对新柏拉图主义的重要代表普罗提诺进行了深入剖析,填补了这一方面的研究空白。他的《黑格尔的悲剧论》深刻剖析了黑格尔悲剧论广阔的历史感与社会文化视野，成为西方美学研究的范本。汝信还对俄国别林斯基、车尔尼雪夫斯基与普列汉诺夫等人的美学思想进行了深入的研究，均有开拓的价值。汝信用具有说服力的材料批驳了当时苏联哲学界流行的将德国古典哲学说成是德国贵族对于法国大革命的一种反动的错误判断，论证了青年黑格尔是当时德国新兴资产阶级的思想代表，黑格尔的辩证法反映了资产阶级上升时期的愿望和要求。汝信对黑格尔的劳动和异化理论的开拓性研究填补了国内研究的空白。此外，他在现代西方美学研究方面有许多新的拓展。20世纪80年代，汝信到美国哈佛大学访学之时即逐步将美学研究的注意力转向黑格尔以后发展起来的另一条相反的思想线索，即以个人为特征的由克尔凯郭尔和尼采所代表的社会思潮。此时汝信逐步转向现代西方哲学与美学研究，他率先并引领学生发表了有关文章，出版了专著，在国内学术界开风气之先，影响深远。汝信不仅在西方美学理论研究方面辛勤耕耘，还直接从西方艺术作品与古迹中去找寻美，并于1992年出版了《美的找寻》一书，成为西方美学审美意识研究的重要范本。他担任主编，历时九年写作出版了四卷本《西方美学史》，以其资料的原初性与理论创新性为特点，成为进入西方美学研究的"钥匙"。1998年，汝信担任中华美学学会第三任会长，以其谦虚、开放与睿智的人格与扎实学风富有成效地引领中国美学学科由20世纪进入21世纪。

　　蒋孔阳是我国现代美学建设发展时期最重要的代表人物之一，他的美学贡献是多方面的。首先，他是我国现代西方美学研究的奠基者之一，1980年《德国古典美学》出版，该书是蒋孔阳的代表作，也是我国第一部断代的西方美学专著，在国内外均产生了重大影响。该书以整体研究的方法，坚持唯物史观的指导，对德国古典美学的产生、发展与内涵进行了深入的研究与阐发，具有独到的见解。蒋孔阳还与朱立元一起主编了七卷本《西方美学通史》，是迄今为止我国最全的一部西方美学通史，对西方美学研究起到了重要推动作用。蒋孔阳是中国古代音乐美学研究的奠基者之一，他于1986年出版的《先秦音乐美学思想论稿》一书，引起广泛影响，至今仍然是音乐美学领域的经典论著之一。蒋孔阳首先确定了中国古代音乐美学的重要地位，认为公元前2世纪的《乐记》完全可以与古希腊亚里士多德的《诗学》相媲美。他以唯物史观为指导，从经济社会的广阔背景上研究了先秦音乐产生的社会文化根源。蒋孔阳以扎实稳妥的文献考订为基础，探索了中国先秦时期音乐思想的特殊范畴及丰富内涵。他还采取整体研究方法，将先秦时期诸多学派的音乐思想作为一个整体来审视。蒋孔阳是我国美学大讨论的主将，也是实践派美学的重要参与者与创新者之一。特别是1993年出版的《美学新论》，是他一生美学研究的总结，也是新时期我国美学研究的重要成果与收获。他突破了实践美学"美先于美感"的基本判断，提出美与美感同生同在的观点。美与美感到底谁先谁后呢？他说，"从生活和历史的实践来说，我们很难确定先有那么一个形而上学的、与人的主体无关的美的存在，然后再由人去感受和欣赏它，再由美产生出美感来",事实上,美与美感,像"火与光一样,同时诞生,同时存在"。这实际上是对实践美学的重大突破,并从实践美学的人生本体走向审美关系论美学,因此蒋孔阳的"新美学"可以概括为"审美关系论美学"。他提出了审美关系的四重属性:感性基础、自由属性、整体属性与情感属性。蒋孔阳突破了实践美学将实践局限于物质生产的理论界定,而是将精神生产甚至是审美活动也看作一种实践。蒋孔阳还在《美学新论》中突出了审美的"创造性"特色,提出独树一帜的"多层累的突创说"。总之,蒋孔阳的审美关系论美学是新中国成立以来直至20世纪90年代我国美学研究的一个总结。

刘纲纪是我国美学建设发展时期的重要推动者,他在美学基本理论、中国古代美学与书画美学方面取得一系列具有突破性的重要成就。刘纲纪是我国两次美学大讨论的重要参与者,也是实践美学的重要开创者之一。他在20世纪80年代出版的《艺术哲学》已经成为实践美学的经典论著之一。刘纲纪从研究马克思《1844年经济学哲学手稿》出发,提出"社会实践本体论"的重要观点,认为马克思的本体论在本质上是实践本体论,并认为物质生产实践是艺术、美感与美的本源,认为劳动对美的创造还与人类生活实践创造紧密结合。刘纲纪构建了一个实践美学理论框架,这个框架以实践本体论为哲学基础,以创造为主体性活动,最后以自由为人的根本诉求,可概括为"实践—创造—自由"相统一的美学体系。刘纲纪继承宗白华美学传统并加以发展,成为中国美学领域的重要开拓者之一。20

世纪80年代,刘纲纪与李泽厚共同主编《中国美学史》,特别是由刘纲纪独立执笔撰写的第一、二卷被认为是中国美学史的开山之作。该著作提出了中国美学史的对象、任务、特征与分期等问题,以及儒、道、释、禅四大主干的重要观点和中国美学史的六大特征,为中国美学史的进一步发展奠定了基础。刘纲纪于20世纪90年代初出版的《周易美学》是对宗白华周易美学研究的拓展,成为中国周易美学研究的经典之作。刘纲纪准确地提出将《周易》作为中国古代美学研究的切入点,挖掘其生命论美学内涵,为中国古代美学进一步健康发展找到了一条较佳路线。刘纲纪结合中国美学特别是周易美学特点提出,中国美学常常在没有"美"字的地方包含着美的内涵,从而揭示了中国美学的特殊性所在。他还具体揭示了《周易》之"元亨利贞"与"阳刚阴柔"所包含的美学内涵。刘纲纪还从中西比较视野深入阐释了《周易》之生命论美学相异于西方的特殊价值意义,《周易美学》是中华美学走向世界与走向现代的有益尝试。刘纲纪还是著名书画家,在书画美学领域建树颇多。

　　胡经之教授是我国文艺美学学科的重要倡导者。1980年在昆明召开的全国首届美学会上,胡经之在发言中指出,高等学校的美学教学不能只停留在讲美学原理的层面,还应开拓和发展文艺美学。这实际上是在改革开放背景下贯彻"解放思想,实事求是"思想路线的结果,试图突破以政治代艺术的错误思潮,加强对文艺内部规律的研究。胡经之又于1982年1月在北京大学出版社出版的《美学向导》一书中发表《文艺美学及其他》一文，第一次从独立学科的角度论述了文艺美学。他还于1989年在北京大学出版社出版的《文艺美学》学术专著中，全面论述了文艺美学的对象、方法与内涵。胡经之教授还主编了与文艺美学有关的《中国古典美学丛编》《中国现代美学丛编》《西方文艺理论名著教程》等书，为中国文艺美学的进一步发展奠定了文献基础。正是在胡经之等学者的不懈努力下，文艺美学正式进入被教育部认可的学科体系，成为中国语言文学学科的二级学科文艺学的重要学科方向之一，进而培养了数量众多的研究人才。

周来祥是我国美学建设发展时期的重要参与者与积极推动者。他从事美学研究60多年，涉及领域广泛，在美学基本理论、文艺美学、中国古典美学、中西比较美学与审美文化史等方面均有特殊贡献，尤其是他倾其毕生精力创立并发展了"和谐美学学派"，影响深远。他于1984年就出版了《论美是和谐》，此后又出版了《再论美是和谐》《三论美是和谐》与《古代的美　近代的美　现代的美》等论著，全面阐释了"美是和谐"的基本命题。周来祥是中国两次美学大讨论的积极参与者和实践派美学的重要推动者。他以社会实践为哲学前提，而其学术指向则是"和谐"，即"人与自然、人与社会、人与自身的和谐"，和谐既是美学追求的最高目标，也是人生最高的审美境界。他以马克思主义为指导论述了古代素朴的和谐美、近代的崇高美以及社会主义的新型的辩证的和谐美，构建了自己的"文艺美学"体系，被称为"和谐论文艺美学"。周来祥还以"和谐美学"为指导对中西美学进行了深入的比较研究，撰写了《中西古典美理论比较研究》等专著，他认为中西美学都以古典和谐美为理想，既有共同规律又有各自特点。周来祥还以"和谐美学"为指导主编了大型的六卷本《中华审美文化通史》，在中国审美文化研究方面多有建树。

在我国美学的建设发展时期，还必须提到叶朗教授对于中国传统美学研究发展所做出的重要贡献，他的《中国小说美学》《中国美学史大纲》与《美在意象》成为我国新时期传统美学研究的代表性成果。

叶秀山是我国著名哲学家与美学家，中国社科院学部委员。他的主要成就在于西方哲学研究上的诸多创新，但叶秀山对于美学也有着浓厚的兴趣，并积极参与，著作甚多，影响深远。他曾经参与了王朝闻主编的《美学概论》的编写，历时四年，做出了自己的贡献。在美学理论上，他于1988年出版著名的《思·史·诗》，成为我国最重要的现象学哲学与美学论著之一。该书深入地论述了现象学领域中哲思、历史与诗歌的关系，以及后现代理论家对此的解构与超越，给我国当代美学建设诸多启发。他于1991年出版《美的哲学》一书，该书并没有局限于美学学科内部研究范式，探讨"美"的本质与现象，而是从哲学的高度进行高屋建瓴式的阐发。叶秀山通过剖析人与世界的关系和人的生存状态，将艺术视为一种基本的生活经验和基本的文化形式、一种历史的"见证"，在独特的哲学视角下阐释了自己的美学观与艺术观，呼吁让生活充满美和诗意。叶秀山对京剧与书法有着特殊的兴趣并进行了深入的研究。20世纪60年代开始,他出版了《京剧流派欣赏》与《古中国的歌——京剧演唱艺术赏析》等书,深入阐发了作为世界三大戏剧流派之一的京剧载歌载舞的艺术特征。他酷爱中国书法,曾经在20世纪70年代特殊时期偷偷研究书法艺术并练字。1987年他出版《书法美学引论》,提出"西方文化重语言,重说;而中国文化重文字,重写"的观点,开启了从这一特殊视角进行中西对话的新领域;并在该书中提出,中国书法"是一种活动的线条的舞蹈,那么,很自然地就会以草书作为它的范本",从美学的角度阐述了书法重节奏和韵律的美学特点,深化了我国书法美学研究。

20世纪90年代以来,中国改革开放进一步深化,工业化的弊端逐步显露。加上西方后现代文化的影响,中国文化领域逐步步入具有后现代色彩的反思与超越阶段。在美学领域,表现为对于两次美学大讨论,特别是对于"实践美学"的反思与超越,反思其固有的认识论理论根基、主客二分的思维模式与"人化自然"的理论局限,于是出现"后实践美学"。

首先是杨春时在1993年北京美学年会上提出了"超越实践美学,建立超越美学"的新见解,成为新时期当代中国美学的新气象。由此,出现"实践美学"与"后实践美学"的争论,这实际上是对实践美学的反思与超越,对于推进和活跃中国美学研究具有重要意义。杨春时也在批判以认识论为基础的实践美学的基础上建立了自己的生存论美学体系,用

"审美是自由的生存方式与超越解释方式"取代"美是人的本质力量的对象化"的定义,树立起自己的后实践美学的大旗。"生存"是其超越美学的逻辑起点,他认为,"生存"既不是"物的存在",也不是"动物的存在",而是"人的存在",是一种"自我的存在""有意义的存在"。"生存"与"实践"的区别在于它有超越性的本质,以理想超越现实,以感性超越理性,以精神超越物质,以个性超越社会性。2002年之后,他从生存论走向存在论,从主体性走向主体间性,逐步建立起自己的以"存在"为本体的"主体间性"超越美学的理论体系。由此说明,中国美学发展终于开始与世界美学的发展相同步。

1900年,胡塞尔即提出"现象学"方法,"悬搁"工具理性时代流行的主客二分对立,后来又发展到"相互主体性",即"主体间性",欧陆现象学以及由之产生的存在论哲学与美学逐步成为哲学与美学的主潮。与之相应,英美分析哲学与美学日渐发展,以"分析"解构了各种理性主义的本质主义。中国新时期的"后实践美学"就是试图以这种现象学与分析哲学的武器,突破传统美学,建设当代新的美学形态,朱立元就是从实践美学阵营中脱颖而出的当代美学家。他是继朱光潜、汝信与蒋孔阳之后我国西方美学研究方面的代表人物。他先是协助蒋孔阳主编了七卷本的《西方美学通史》,本人也著有多本西方美学论著,具有广泛的影响。朱立元长期继承发展蒋孔阳的实践美学思想,并持此观点参加当代学术界有关实践美学的讨论。但从20世纪90年代中期以后,朱立元开始反思实践美学认识本体论的局限。他从哲学范畴"本体"即"存在"的视角思考突破实践美学认识本体论的理论框架,逐步形成自己的"实践存在论美学"理论。2004年,朱立元发表论文正式提出自己的美学思想"以实践论与存在论的结合为哲学基础"。2008年,朱立元主编的《实践存在论美学丛书》五卷本出版,将实践存在论美学以较为完整的理论形态呈现于学术界。朱立元的"实践存在论美学"的基本特点是将马克思的"实践"概念赋予"实践存在论"的崭新含义,实际上是对传统实践美学的突破与发展。他指出,马克思在《1844年经济学哲学手稿》中多次提到"存在论的"(ontologisch)一词,"有力地证明了马克思存在论思想和维度的客观存在"。他以马克思的"实践存在论"为出发点,突破传统的"美的本质"的美学研究逻辑起点,认为"审美活动是美学问题的起点",因为审美活动是人的实践存在方式之一,而审美活动正是审美关系的具体展开。为此,朱立元突破传统的"美、美感与艺术"的三元美学研究逻辑框架,提出"审美活动—审美形态—审美经验—艺术审美—审美教育"的美学研究逻辑框架。朱立元的探索是对传统实践论美学的突破,也是对马克思美学思想的新理解与新阐释,具有重要的学术意义。

　　承蒙山东文艺出版社的抬爱,将笔者作品也收入本丛书。笔者是从20世纪80年代初期由于教学工作的需要参与美学研究的,主要在西方美学、审美教育与生态美学方面用力较多。西方美学方面出版《西方美学简论》《西方美学论纲》与《西方美学范畴研究》等论著,审美教育方面曾出版《美育十讲》与《美育十五讲》等论著。收入本丛书的是生态美学方面的论文。生态美学是20世纪90年代中期在反思与超越的基础上产生的一种美学形态,笔者第一篇生态美学文章《生态美学:后现代语境下崭新的生态存在论美学观》发表于2002年,此后出版《生态存在论美学论稿》《生态美学导论》《生态美学基本问题研究》与《中西对话中的生态美学》等论著。生态美学产生于反思我国严重的环境污染、人类中心论的蔓延与美学领域实践美学的"人本体""工具本体"与"自然人化"等美学观点,在哲学基础上由传统认识论过渡到实践存在论,并由人类中心论过渡到生态整体论;在美学研究对象上突破"美学是艺术哲学"的观点,而将人与自然的审美关系包含在审美对象之中;在哲学方法上,突破传统美学主客二分的认识论方法,运用生态现象学方法;在自然审美上突破传统的"人化自然"的观点,认为没有实体性的自然美,自然美是审美对象的审美属性与人的审美能力交互产生的人与自然的审美关系;在审美属性上,否定静观美学,倡导"参与美学";在美学范式上突破传统的以如画为主的形式美学,倡导一种生态存在论美学,将诗意的栖居、家园意识与场所意识等引入生态美学;在传统文化上,认为中国传统社会以农为本的特点决定了中国传统美学本身就是一种生态的美学与艺术,是一种生生美学,应当发扬光大。生态美学是一种正在建设发展中的美学形态,需要更好地结合生活与文化的现实,在中西比较对话中加以完善,有望成为与欧陆现象学生态美学、英美分析哲学环境美学鼎足而立的中国特色生态美学。

回顾历史是为了更好地推动中国美学发展,当前我国进入中国特色社会主义建设的新时代,在"两个一百年"奋斗目标中,国家将"美丽中国"建设写到社会主义宏伟蓝图之上,为我国美学学科的未来发展开辟了更加广阔的天地。相信更多的青年学者会在美学学科中大展宏图,书写更加辉煌的美学篇章。

注:本文写作过程中参阅了科学出版社出版的《20世纪中国知名科学家学术成就概览》(哲学卷)等文献。

曾繁仁2018年9月29日写,2019年3月21日改定

目录

序 / 001

第一辑　美学原理 / 001

论美学是第一哲学 / 002

审美意义的发现与证明 / 022

本体论的主体间性与美学建构 / 038

从现象学美学到审美现象学 / 050

意识结构与审美意识 / 067

走向"后实践美学" / 082

从实践美学的主体性到后实践美学的主体间性 / 096

第二辑　中华美学 / 109

中华审美现象学的构成 / 110

乐道、兴情、神韵

　　——中华美学的审美本质论 / 125

中华美学的世间性和隐超越性 / 142

中华美学的古典主体间性 / 163

论中华美学的诗学化特性

　　——兼论美学与诗学的关系 / 176

同情与理解：中西美学主体间性的互补 / 193

现代性体验与美学思潮 / 209

第三辑　文学理论 / 227

后现代主义与文学本质言说之可能 / 228

论文学的多重本质 / 243

论文艺的自然维度 / 258

文学理论：从主体性到主体间性 / 273

论文学语言的本源性 / 288

现代性视野中的中国文学思潮 / 302

中国恩情文化批判 / 316

附录　杨春时学术年表 / 333

序一

我是在读研究生期间开始发表学术论文的：从1981年发表第一篇，到1982年毕业共发表了4篇。从那时到现在，我从事美学研究已经37年，共出版学术著作逾20部，发表学术论文近300篇。本文选收入了21篇，大部分是公开发表的论文，还有若干篇未发表的文章和专著的节选。这21篇论文虽然不能呈现我的美学成果的全貌，但主要的美学思想还是体现出来了。我的研究范围大体上在美学原理、中国美学史、文学理论三个领域，因此本文选也相应划分为三辑。其实对于一个学者来说，成果的数量并不重要，重要的在于是否形成了一个自己的学术体系。可以自慰的是，已大体上形成了自己的理论体系，这是我近一生思考的结晶。我现在已经到了不逾之年，学术生涯临近尾声，可以盘点一下自己的美学思想了。如果除去那些一般化的思想，留下独创性的观点，我的学术建树大体上可以归纳如下：

首先，我建构了自己的哲学—美学体系。我认为，美学的根本问题是哲学问题，而我的第一个工作就是重建存在论和存在论美学。我提出，存在是我与世界的共在以及生存的根据，具有同一性和本真性。审美作为自由的生存方式，是向存在的回归，途径是通过审美的主体间性和超越性，实现存在的同一性和本真性。

我也在新的存在论的基础上重建了现象学和审美现象学。我认为，现象学就是对存在意义的呈现之学。但存在的意义不能直接呈现，胡塞尔开创的、海德格尔等改造的现象学只是"缺席现象学"，也仅仅导致"推定存在论"。现象学直观只有在审美体验中才有可能。审美不仅是自由的生存方式，也是超越的生存体验方式，它领会了存在的意义。真正的现象学还原就是审美，由此建立了审美现象学。它区别于以审美体验发现美的本质的现象学美学，而把审美作为发现存在意义的途径。总之，美学是充实的现象学，也是本源的存在论，美学是第一哲学。

我还考察了意识结构和审美意识，建立了系统的意识和审美意识理论。人类意识分为表层的自觉意识（符号性）、中层的非自觉意识（意象性）以及深层的无意识（原始意象）；还划分为感性、知性和超越性三种水平；还有认知和情意方面的划分。这样就构成了立体化的意识结构。而审美意识属于超越性的非自觉意识，是自由的意识。哲学意识作为超越性的自觉意识，是审美意识的反思形式。

与审美意识的性质和结构对应，我还考察了审美语言（符号）的性质和构成，建立了语言（符号）哲学和审美语言（符号）学。我论述了本源的语言（符号）的性质，是人与世界的充分对话，是对存在意义的显示。现实语言（符号）具有片面性，包括能指与所指的分离，造成主体与世界的分离以及抽象性、知情分离等，从而不能揭示存在的意义。审美语言（符号）克服了现实语言（符号）的非本源性，恢复了语言（符号）的本源性，包括能指与所指同一，达成主体与世界的同一以及意象性、知情合一等，从而显现了存在的意义。

在当代美学领域，我在1993年首先发动了关于实践美学与后实践美学的大讨论，在整体上批判了实践美学，并且开创了后实践美学学派。这是1949年以来的第三次美学大讨论，也成为中国美学走向现代性的里程碑。

在文学理论方面，我较早地提出了文学的审美超越性和审美主体间性理论，从而超越了实践美学的现实性和主体性理论。在1982年完成的硕士学位论文《论艺术的审美本质》中，我就已经提出了审美的超越性问题，并一直坚持了这一观点。后来进一步把审美超越性建基于存在的本真性之上，认为审美超越现实，回归存在。2000年代初，我又改造了胡塞尔的认识论的主体间性理论和哈贝马斯的社会学的主体间性理论，建立了本体论的主体间性理论。所谓本体论的主体间性，基于我与世界的共在即存在的同一性，克服了现实生存的主客对立。我进一步论证了审美的主体间性包括文学的主体间性。我认为，审美和文学活动克服了主体与世界的对立，通过理解和同情的对话，超越了现实存在，克服了主客对立，达到了我与世界（文本）的同一。

此外，针对传统的单一性的文学本质观和后现代主义的反本质主义的文学本质观，我建立了多层次的文学本质观。我认为，文学是原型层面、现实层面和审美层面的复合，从而具有消遣娱乐性、意识形态性和审美超越性三重属性,它们分别对应着通俗文学、严肃文学和纯文学的主导性质。

在中国现代文学理论史和中国现代美学史研究方面,我在国内较早地研究了文学现代性理论,提出了感性现代性、理性现代性和审美现代性的区分,认为审美现代性是对现代性的反思和批判。而且,三种现代性分别导致了通俗文学、严肃文学和纯文学的分化与发展。

我还批判了源自苏联文论的"创作方法"论,认为不存在所谓固定的创作方法,文学思潮也不是"创作方法"的体现,不能用现实主义和浪漫主义或现实主义与反现实主义来解释文学的历史。我用现代性理论重新界定文学思潮,把文学思潮确定为文学对现代性的反应,或者说是文学现代性的运动方式。在历史发展中,文学思潮呈现为多种形态:争取向现代性、诉诸启蒙理性的启蒙主义;争取建立现代民族国家、诉诸政治理性的新古典主义;反叛现代性、回归前现代性的浪漫主义;揭露现代性带来的社会灾难、诉诸人性的现实主义;反叛现代性、诉诸非理性的现代主义;解构理性和主体性、诉诸身体性和他者性的后现代主义等。值得注意的是,我论证了五四文学的启蒙主义性质,否定了所谓五四文学的现实主义和浪漫主义定性。同时,我还论证了中苏的"社会主义现实主义"或"革命现实主义"是争取建立现代民族国家的文学思潮,因此是新古典主义的变体——革命古典主义。

我还提出和论证了中国现代性与现代民族国家的冲突理论,从而在理论上阐释了"救亡压倒启蒙"的历史现象。正是由于二者的冲突以及建立现代民族国家历史任务的急迫性,才导致五四启蒙主义的退潮和其他文学思潮如现实主义、浪漫主义、现代主义文学思潮的弱小,而革命文学思潮(革命古典主义)壮大并成为主流。我也论证了在基本完成建立现代民族国家任务的历史背景下,改革开放后现代性重新启动,导致新时期革命古典主义的终结和新启蒙主义以及现实主义、浪漫主义、现代主义、后现代主义文学思潮的兴起。

同时,对于中国现代美学思潮,也运用现代性理论进行了界定和划分。我认为,美学思潮是对现代性体验的反思,如启蒙主义美学是对理性、主体性的肯定;现代主义美学是对理性和主体性的反思;后现代主义美学是对理性、主体性的解构。中国启蒙主义美学思潮包括五四文学艺术理论以及新时期形成的实践美学和主体性文论等;现代主义美学思潮包括王国维开创的、朱光潜等延续的现代主义美学和文论以及1990年代形成的后实践美学和现代文论等。在2000年以后形成了后现代主义美学和文学理论,如反本质主义文论、身体美学、日常生活美学、生态美学和生态批评等。此外,还有苏联传入的唯物论(客观论)美学和反映论文论;1990年代以后形成的面向中国传统的新古典主义美学、文论等。

我对中国古代美学和文论也有独到的研究,提出了中国美学没有走西方形而上学的道路,而具有诗学化特征。中国美学具有世间性和隐超越性以及现象学特性、情感论、主体间性论等特性。还提出了中西美学、文论对话,以中国美学、文论的主体间性、直观性、情感性补充西方美学、文论的主体性、概念化和认识论特性等。

针对当代的国学思潮，以及李泽厚的"情本体"论，我提出了中国文化的核心是恩德，并且分析了恩德文化的源流、性质以及与现代性的冲突。恩德文化是以施恩—报恩建构人与世界特别是人与人的本源关系，从而形成了中国的群体本位文化。这个研究还仅仅是开始，接下来将要全面展开。

杨春时

第一辑

美学原理

论美学是第一哲学

在传统的学科设置中,美学是哲学的分支。但现代美学已经表明,美学是哲学的基础。现代哲学中的两大谱系现象学与存在论合流,并且都走向了审美主义,证明了这一点。以此为据,我们就可能在建立审美现象学和审美存在论的基础上,确立美学为第一哲学。

一、美学是本源的存在论

如果排除分析哲学一派,现代哲学有两大系统:一是存在(实存)论系统;二是现象学系统。它们各自发展又互相交集,体现了内在的一致性。现象学和存在论都走向了审美主义,这意味着美学的本源的存在论和充实的现象学。

我们首先考察美学是本源的存在论。从历史上看,现代哲学的趋势之一是走向审美主义,这意味着哲学的美学化。审美主义是反思现代性的产物,而现代性是一种理性主义。审美主义相对于理性主义,是对理性主义的反拨。传统哲学认为审美低于理性,理性是哲学的最高形式。鲍姆加登把美学定义为感性学,其地位低于作为理性学的哲学和其他学科。康德认为审美介于感性与理性、现象与本体之间，其地位也低于伦理学、宗教和本体论。黑格尔把审美定位于绝对精神的感性阶段，其地位也低于绝对精神的更高阶段宗教和哲学。只是在19世纪末和20世纪，理性主义破产，才产生了审美主义倾向。审美主义的先驱可以追溯到席勒，他虽然服膺康德哲学，但在建立美育理论的过程中，突破了康德哲学的理性主义，揭示了审美超越感性（感性冲动）和理性（形式冲动）的自由性质（游戏冲动）。叔本华批判了理性主义的根基——主体性，破除了主体性的意志自由论。他认为意志本体导致生存的痛苦，而摆脱意志的唯一途径是审美，由此可以解脱生存痛苦。尼采否定理性而倡导超人哲学，但最终走向审美主义，认为审美才是最高的价值，人生审美化才是自由之路。他说："对于艺术世界的真正创造者来说，我们已是图画和艺术投影，我们的最高尊严就在作为艺术作品的价值之中——只有作为审美现象，生存和世界才是永远有充足的理由的。""艺术拯救他们，生命则通过艺术拯救他们而自救。"他还说："就在这里……艺术作为救苦救难的仙子降临了。唯她能够把生存荒谬可怕的厌世思想转变为使人借以活下去的表象，这些表象就是崇高和滑稽，前者用艺术来制服可怕，后者用艺术来解脱对于荒谬的厌恶。"[①]他还说："艺术的根本仍然在于使生命变得完美，在于制造完美性和充实感，艺术本质上是对生命的肯定和祝福，使生命神圣化。"[②]

现代美学是审美主义哲学的结晶。早期实存哲学排斥审美，基尔凯戈尔认为人的存在和发展依次有美学阶段、伦理学阶段和宗教阶段。美学阶段是耽于享乐的感性阶段，是人的存在的沉沦；人只

---

① ［德］尼采《悲剧的诞生》，周国平译，生活·读书·新知三联书店1986年版，第21、28、29页。

② ［德］尼采《权力意志》，张念东等译，中央编译出版社2000年版，第385页。

有向伦理学阶段和宗教阶段上升，才能获得拯救。显然，他认为审美属于感性，低于理性和宗教，因此他的哲学是反审美的。其他存在主义的宗教哲学家如雅斯贝尔斯、马塞尔等人同样没有通向审美主义。甚至海德格尔的早期哲学中，也没有审美的位置。他认为经过此在的畏的体验就可以领会存在的意义，而不需要审美的超越。只是在海德格尔后期，才走向审美主义。他摒弃此在的优先性而直接考察存在的发生和运作，从而由生存论转向存在论，并且走向审美主义。海德格尔后期用本有（Ereignis）来规定存在，本有使存在发生，存在是存在者之被给予性。波尔特评论海德格尔在1962年关于存在的观念时说："在1962年，他仍然在反思存在者的被给予性——那使得它们成为可得的存在之物者。他现在将这种被给予性称作'存在'，并追问存在本身是如何被给予的。他提出，存在是与时间一道被给予的，而那给出它们的'它'就是征用（引者注：'征用'即'本有'的另一种译法）。"①本有通过道说（Sage）运作，使存在显现。道说的方式有二：一是思；二是诗。他认为"作品的存在"就是存在之真理的根本发生方式之一种。他说："诗意的道说是'实存'。"②他提出要"诗意地栖居"，在诗性的生存中回归存在。加缪建立了存在主义的"荒谬哲学"，他认为荒谬是生存的本质，是体认到生存的无意义，因此，"我从荒谬中引申出三种结果，它们是我的反叛、自由和热情。"③他认为领会荒谬从而获得自觉的"荒谬的人"有四种典型：唐璜、演员、征服者和艺术家。艺术家作为反叛现实的典型，获得了最大的自由。由此可以看出，加缪

---

① ［美］波尔特《存在的急迫——论海德格尔的〈对哲学的献文〉》，张志和译，上海书店出版社2009年版，第48页。
② 孙周兴选编《海德格尔选集》下，上海三联书店1996年版，第761页。
③ 转引自徐崇温主编《存在主义哲学》，中国社会科学出版社1986年版，第397页。

哲学认为艺术是获得自由的根本途径，具有审美主义倾向。萨特也肯定了艺术的自由性，认为艺术是想象力的创造，实现了人的自由本质。这种艺术观具有审美主义的倾向。甚至后现代主义的福柯，也主张审美主义的自我呵护，以对抗理性的戕害。审美主义哲学的确立，表明了美学是本源的存在论。这就是说，审美不是别的，乃是一种自由的生存方式，而自由的生存方式就是向存在的回归。如此，美学研究审美的本质，也就是如何实现存在的学说。

实存哲学有其致命缺陷，那就是缺失了存在论的基础，使生存的选择失去了根据。生存的根据是存在，存在规定了生存的性质。而实存哲学离开存在，使生存失去了方向，自由成为无根的选择，因此不能真正实现存在论与美学的同一。必须改造主体性的实存哲学，建设存在论哲学。何谓存在？存在不是实体性的第一存在者，这种存在观已经被海德格尔批判。存在也不是主体性的生存，这一点作为海德格尔前期（以及萨特）的哲学，也被海德格尔后期所否定。存在也不是传统哲学所谓的"是"（being），这仍然是被海德格尔保留的形而上学的假概念。存在是我与世界的共在，具有同一性；是生存的根据，具有本真性。由此可知，生存具有两重性：一是现实性，即存在的异化；二是超越性，即回归存在的可能性。如何克服生存的现实性而实现其超越性，就是回归存在的途径。因此，存在的实现和存在论的建立要寻求一种超越现实生存的自由生存方式。

审美是自由的生存方式，是生存向存在的回归。审美具有超越性，它超越现实生存，克服了现实生存的异化，进入了自由的领域，从而恢复了存在的本真性。审美使现实主体（现实自我）升华为自由的主体（审美个性、审美意识），使现实对象提升为审美世界，使现实生存升华为自由的生存。审美具有主体间性，恢复了存在的同一性。审美使我与世界互为主体，世界成为另外一个主体，我与世界之间构成了主体间性的关系。审美主体间性消除了我与世界的对立，实现了我与世界之间的充分的理解与同情，使审美意识与审美对象充分同一，从而回归本真的存在。于是，我不再是片面的主体，而成为自由的主体；世界也不再是片面的客体，而成为另外的主体。我与世界之间失去了对立，互相依存，并且结为一体，回归了同一。这就是说，审美成为自由的生存方式，回归了存在。因此，美学就是关于自由的生存的学说，而自由的生存就回归于存在本身。所以，美学是存在论的本源，存在论就是美学的展开。哲学与美学一体化，它们的区别只在于：美学作为本源的存在论，发现了存在，并且建立了哲学的逻辑起点；而哲学作为这个逻辑起点的展开，论证了存在的本质。

美学是本源的存在论，是区别于传统存在论而言。古代哲学对存在的设定是一种独断论，存在作为实体被确定，至于它的来源并没有合法性，只是哲学家的独断，因此是无本源的存在论。现代实存哲学对存在的确定，是由生存来领会或选择的，而生存只是存在的异化，因此这种存在论也缺乏本源。美学通过自由的生存方式——审美，发现并且确定了存在，充分地展示了存在的本质和诸规定，因此是本源的存在论。

二、美学是充实的现象学

从现象学的历史看，审美主义也是最后的归宿，走向了现象学与美学的同一。如何确立存在、把握存在、领会存在的意义，这是哲学的基本问题。由于存在是不在场的、非对象性的，因此不能通过经验性的思维来把握。这就造成了哲学面临的千古难题：如何确定存在。古代哲学以独断的方式来确定存在，存在成为实体性的第一存在者。近代哲学通过认识论来考察存在，结果发现存在不能被认识（康德），或者只是一个错觉（休谟）。现代分析哲学通过语言分析把存在作为假概念排除，从而排除了本体论。而胡塞尔独辟蹊径，用本质直观来揭示事物的绝对本质，从而为现代哲学建立了现象学方法论。他的现象学从意识的意向性出发，企图还原到纯粹意识，进而直观对象的本质。但离开存在谈论意识以及事物的本质，就失去了根本。这就是说，现象学不应该是对事物绝对本质的把握，而应该是领会存在意义的方法论。而且，现象不是意识的产物，也不能定义为直观对象；现象学的根据是被给予性，而被给予性是存在的属性，存在的同一性才导致被给予性。现象是我与世界的共在，我与世界获得了同一性，于是世界自身呈现，这就是现象。因此，胡塞尔现象学必须进行改造，把被给予性而不是直观作为现象的基本性质。总之，要改造现象学，为现象学建立起本体论的基础。

由于存在不在场，不能成为直观对象，按照胡塞尔现象学的理论，它不能作为现象显现。但实存哲学改造了先验现象学，以领会存在的意义。实存哲学在本体论的层面上改造了现象学，企图通过超越性的生存体验来领会存在的意义。实存哲学认为，存在与虚无是一体性的，发现了虚无就把握了存在，从而建立了虚无现象学。海德格尔从此在在世出发，让生存面对此在"最本己的可能性"死亡，产生畏的情绪，畏使世界虚无化，从而摆脱公众意识，获得良知，并且据此进行先行决断。萨特也诉诸生存（自在的存在）的虚无性来把握存在的意义，这就是绝对的自由选择。但海德格尔等人的生存论的虚无现象学有先天的缺陷，那就是从生存即特殊的存在者此在之在出发，而不是从存在本身出发。但生存不能超越自身

（海德格尔所谓的时间性的筹划不是真正的超越），生存体验（包括死亡体验）不能通达存在。这就是说，死亡并不是生存的本质，畏也不能使虚无显现，生存体验不能使存在现身。这样，生存论的虚无现象学就走向了死胡同。

在胡塞尔之后，现象学发生了转折，形成了三种走向。第一种走向，是从胡塞尔的先验现象学变成了经验现象学，最后蜕化为哲学解释学。海德格尔、萨特等虚无现象学也具有经验现象学的倾向，因为他们的此在、自我都是现实性的；同时，海德格尔又企图赋予生存体验以超越性，如畏的体验具有某种超验性，因此其经验性并不纯粹。在经验现象学中，先验自我、先验意识变成了经验自我和经验意识，舍勒的情感现象学和梅洛-庞蒂的知觉现象学都属于经验现象学。他们企图通过经验自我和经验意识来实现现象学的还原。由于经验自我和经验意识的局限，它们不可能把握超越性的存在。因此，这种趋向就导致现象学的终结，即干脆放弃了对纯粹意识和绝对本质的追求，转向对历史文本的阐释，形成了解释学哲学。海德格尔已经开启了这一变化，加达默尔和利科等完成了这个变化。加达默尔强调了理解是阐释的基础，它在历史语境中展开了视域融合，视域融合不构成纯粹的现象，而是时空中对文本的理解。它达到了有限的主体间性，揭示了文本的历史意义，但缺失了其本真的意义。加达默尔解释学的缺陷在于：视域融合作为主体间性的实现，根源于存在的同一性，而这一点被他遗忘了。而且，解释不仅有现实的解释，还应该有超越的解释，即对存在的理解，这才是解释的根本依据。加达默尔放弃了对存在意义的探究，停留于文本的历史意义的阐释，这是对现象学的放弃和从哲学本体论的退缩。

第二种走向是缺席现象学。缺席现象学是根据生存的缺失体验而达到存在的被给予性。这就是说，由于存在的缺席，生存是有缺欠的，而生存的缺失感会导致对存在的向往以及感受到存在的召唤，从而使存在具有一种被给予性，也就是具有某种现象性。于是，就可以在某种程度上领会存在、推知存在、设定存在。缺席现象学就建立了一个推定存在论，使存在可以作为最原初的概念被设定。缺席现象学首先包括他者性哲学。列维纳斯、马里翁、德里达等建立了他者性哲学，也建立了一个他者现象学。列维纳斯、马里翁认为存在是有缺欠的，需要绝对他者的充实。他们把现象的显现推移到存在之外，构建了一个绝对的他者，使其成为本体，自我感受到他者的召唤，自我指向他者，成为为他的存在。德里达通过对语言意义的分析，把意义推延到无限，使现象成为一个存在之外的永远不在场的他者，最后解构了存在论和现象学。他者现象学虽然诉诸他者缺席的体验，但他者在存在之外，不仅不合乎逻辑，也泯灭了自我，从而使他者不能作为现象被把握。

缺席现象学还有另外一种形态，那就是存在论现象学。谓存在论现象学，不同于生存论现象学，它的存在概念不同于实存哲学的存在概念，而是完满的生存，是现实生存的根据。由于存在不在场，生存具有缺欠，因而这种缺欠意识使我们领会了存在。海德格尔后期建立的本有现象学就属于这一种缺席现象学。后期海德格尔确立了新的本体论范畴——本有（Ereignis），它是对存在的给予，是存在的本然发生，是人与存在的共属。由此可以看出，他的本有实际上相当于我们所说的本体论的存在，是人与世界的共在。于是，使存在显现不再是靠面向死亡的此在的生存体验，而是通过本有的"道说"——思与诗，达到"澄明"之境，使存在显现为现象。思的道说方式实际上是一种缺席现象学，由于本有隐匿自身，产生了一种缺席体验，即由存在的离弃状态产生急难（Not），进而跳跃到存有（Seyn），而存有的本质现身和存有的真理即本有。这就是说，海德格尔通过缺席现象学，建立起推定存在论。缺席现象学有一定的合理性，是对存在的合理的猜度和设定。这一设定具有必要性，为哲学奠定了一个逻辑起点，从而具有现象学的功能。同时，缺席现象学也具有局限性：缺席体验不是充实的意向，它发现的现象还没有充分的明见性，被设定的存在没有充分地被证明。因此，它还不是充实的现象学。

现象学并不甘心消失于解释学中或被解构，也不甘于缺席现象学的局限，它还有第三种走向，就是建立了基于存在论的审美现象学，从而实现了审美与现象学的同一。胡塞尔的先验现象学排除审美，他的范畴直观和先验还原与审美无关。加达默尔也以历史主义排除了审美主义。他认为审美与其他解释活动没有根本区别，审美只具有典范性，因此解释学可以代替美学（审美无区分）。海德格尔后期走向审美现象学。他提出本有的道说包括思与诗两种方式。思的进路导致上面所说的缺席现象学和推定存在论；诗的进路建立了充实（审美）现象学和审美存在论。海德格尔认为诗性的语言是本源的语言，"语言本身就是根本意义上的诗"[①]。而日常语言不过是"用罄了的诗"，是本源性语言的沦落。诗的语言使道说发生，使存在者解蔽，进入澄明之境，而这就使世界作为现象呈现。他说："作为澄明着的筹划，诗在无蔽状态那里展开的东西和先行抛入形态之裂痕中的东西，是让无蔽发生的敞开领域，并且是这样，即现在，敞开领域才在存在者中间使存在者发光和鸣响。"[②]莫里茨·盖格尔认为审美价值是现象，并且运用现象学方法建立了自己的价值

[①] 孙周兴选编《海德格尔选集》上，上海三联书店1996年版，第295页。
[②] 同上，第293页。

论美学体系。他认为审美还原了三重自我：一是生命的自我，这是自然的肉体的我；二是经验的自我，这是现实的我；三是存在的自我，这是自我的最高形态。审美对应的是存在的自我，因此审美是对存在的体验。他认为审美是"存在的幸福""存在的体验"，而且是"一种积极的、人的意义上的存在体验"。梅洛-庞蒂认为艺术高于科学，因为艺术直接以知觉为基础，接近实在，能够回到"事情本身"去。英加登指出文学作品四个层面之外的"形而上学质"，将"形而上学质"的显现描述为"气氛"和"光"，并提出了哲学美学的研究范围包括"艺术的形而上性质"。作为现象学美学发展的顶峰，杜夫海纳建立了审美现象学，认为审美真正地实现了现象学的理想。他说："审美经验在它是纯粹的那一瞬间，完成了现象学的还原。对世界的信仰被搁置起来了……说得更确切些，对主体而言，唯一仍然存在的世界并不是围绕对象的或在形象后面的世界，而是——这一点我们还将探讨——属于审美对象的世界。"[①]他还论证了审美对象不是客体，而是"准主体"，从而肯定是审美的主体间性。这就开辟了主体间性美学之路。后期的加达默尔也发生了审美主义转向，强调了审美解释的完美性、超越性和充分的主体间性。

　　于是，审美体验直接成为一种现象学的发现和还原：在审美体验中，现实世界虚无化，存在通过审美意象（现象）而在场化，直接呈现；而审美体验的反思即本质还原，它获得的审美意义即存在的意义。审美不仅是现象学的应用方式之一，也是现象学还原的充分的实现方式。美学就是充实的现象学，它使存在作为现象呈现。在美学诸分支中，存在着一种现象学美学，它用现象学方法研究美

---

① ［法］杜夫海纳《美学与哲学》，孙非译，中国社会科学出版社1985年版，第53—54页。

或艺术的本质。这一学科的代表是英加登。与此不同，在现象学诸分支中，存在着一种审美现象学，这是把审美当作一种现象学还原来考察，审美可以把握存在的意义。这一学科的代表是杜夫海纳。但他的"审美形而上学"并不完善，它认为审美是"灿烂的感性"，存在着自然主义的倾向。实际上，现象学美学必然通向审美现象学，因为前者要以承认审美的现象性为前提，而审美的现象性就意味着审美现象学。现象学的美学化有其根基和必然性。现象学理想只有在审美中才能充分实现（缺席现象学不是充实的现象学，仅仅具有有限的意义），也就是说，现象不能存在于审美之外，而只能是审美意象。从被给予性的角度看，审美与现象都是存在的显现，因此美学与现象学是相通的。审美是自由的生存方式和超越的体验方式，存在的回归和显现只能在审美中。因此，审美使存在现身，变成在场的，世界作为审美对象显现其本质。这就是说，美学与现象学都是存在的显现之学，美学就是现象学。

从审美意识与纯粹意识的关系上看，美学与现象学也是同一的。胡塞尔开创的现象学主张悬搁经验，回到纯粹意识、先验意识，使对象的本质呈现。所谓先验意识，是康德首先提出来的，它区别于经验意识，又使经验意识成为可能的先天意识结构。它包括感性的先验范畴，如时间、空间，以及知性的先验范畴，如逻辑性、统一性等。他认为先验意识不能成为经验意识，不能直接呈现，只是在经验意识中发挥作用。而胡塞尔却认为可以排除经验意识，还原到先验意识，使先验意识独立发挥意向性功能，显现对象的本质，从而实现本质的还原。胡塞尔的问题就在于，所谓先验意识不能还原，也不能独立存在，因此也不能"朝向实事本身"即现象，使事物的本质呈现出来。所谓纯粹意识是指排除了语言符号的中介而与对象直接相即，使对象具体呈现出来的意识。这种意识也不是先验意识，不是意识的一般结构，它实际上是非自觉意识，包括直觉想象和情感意志等非抽象化的意识。非自觉意识一方面与对象同一，区别于主客对立的自觉意识；另一方面是意象意识，对象作为意象呈现，而自觉意识的对象则作为表象、概念存在。非自觉意识既是先验意识（作为无意识结构）的现实化，也是现象学所说的"朝向实事本身"的纯粹意识。但非自觉意识在感性和知性水平上并不纯粹，也不能独立存在，它受到自觉意识（即语言符号化、逻辑化的抽象意识）的制约。现象学还原就必须排除自觉意识，解除其对非自觉意识的制约，但在感性和知性水平上这并无可能。只有超越感性和知性水平，达到超越性水平的非自觉意识才摆脱了自觉意识的限制，成为自由的意识、纯粹的意识，而这就是审美意识。超越水平的自觉意识仍然存在，但它并不限制非自觉意识，而是其反思形式；它就是同样作为自由意识的哲学思维。审美意识使对象世界摆脱了外在性、异在性，由表象而成为现象，"实事本身"得以呈现。审美意识是非自觉意识的充分形式，是纯粹直观的实现，对象不再是表象，而成为现象。审美意象就是真正的现象，它符合了现象的一切条件：充分的直观性、主体与对象的同一性、存在的显现等等。审美意识是自由的意识，而这种自由性就显现为明见性，它使意识与对象充分切合、完全同一。审美体验以审美意象的形式使存在现象化，存在得以现身，存在意义被领会。总之，审美作为现象的显现，不同于缺席现象学，而是充实的现象学，它使存在（世界）直接呈现。

三、美学是现象学与存在论的同一

如果排除分析哲学一派，现代哲学是存在论和现象学的合流，并且走向审美主义。由于意识到"科学的"现象学不能解决超验世界的问题，需要形而上学来补充，胡塞尔之后的现象学走向实存现象学，即通过生存的超越性使现象显现，领会存在意义，从而走向了存在论与现象学的合一。盖格尔、海德格尔以及萨特等开始了这个转向。盖格尔不仅在价值论上发展了现象学理论，而且建立了实存哲学，以价值论为中介把实存哲学与现象学美学连接起来。海德格尔改造了胡塞尔的意识论的先验现象学，把它建基于生存论之上，并且运用这个现象学方法建立了自己的生存论哲学。他批判胡塞尔现象学只是从意识和对象的关系出发，而遗忘了存在论的基础。他把现象学从意识哲学中解放出来，企图建立存在论（生存论）的现象学。他通过此在在世的体验进行了现象学的还原，试图领会存在的意义。但是，由于从此在在世出发，也就是从生存出发，而非从存在本身出发，因而没有克服主体性和实现超越性，没有使现象显现，从而无由领会存在的意义，最终没有完成存在论现象学的建设。萨特也把现象学与实存哲学结合起来，完成了现象学的本体论化。同样，由于他的生存论没有存在论的基础，陷于主体性的窠臼，使自由选择失去根据，因此不能真正地实现现象学与存在论的同一。

海德格尔后期尝试着真正地把现象学建立在存在论之上，而不是像前期那样把现象学建立在生存论之上，从而建立了本有现象学。后期海德格尔用本有（Ereignis）替代了存在概念，用澄明来标示现象的显现。本有是存在与此在的共属，是对存在的给予，通过本有，存在和存在者就成为本己的了，存在者就通达了存在，也就是发生了对存在者的本然意义的赋予。这就是一种现象学的论述，意味着存在论与现象学的沟通。存在作为不在场者，它如何显现呢？海德格尔说："然而，超出存在者之外，但不是离开存在者，而是在存在者之前，在那里还发生着另一回事情。在存在者整体中间有一个敞开的处所。一种澄明（Lichtung）在焉。从存在者方面来思考，此种澄明比存在者更具有存在者特性。""惟当存在者进入和出离这种澄明光亮领域之际，存在者才能作为存在者而存在。惟有这种澄明才允诺、并且保证我们人通达非人的存在者，走向我们本身所是的存在者。由于这种澄明，存在者才在确定的和不确定的程度上是无蔽的。"①他更明确地说："但澄明本身就是存在。"②他还说过："存在就意味着显现。这种显现并不是某种有时发生在存在身上的后来之物。存在恰恰作为显现而展现自身（Sein west als Erscheinen）。"③他把现象作为"存在"的显现，也就是解除遮蔽的澄明。此外，马塞尔也是现象学家兼实存哲学家。他认为内心的爱、欢乐、希望、信仰等情绪体验就是现象学的纯粹意识，可以达到最高本体，证明了"我"的存在。另外一个现象学家马里翁认为，现象学建立在被给予性之上，而被给予性是先于现象学直观的，这个被给予性是存在本身的属性。马里翁说："在严格的意义上，现象学只有以超越存在者到达存在的方式取代'事物'，才能成为一种方法。"④

哲学史表明，现象学与存在论可以互相沟通。现象学与存在论

---

① ［德］海德格尔《林中路》（修订本），孙周兴译，上海译文出版社2004年版，第39—40页。
② 孙周兴选编《海德格尔选集》上，上海三联书店1996年版，第375页。
③ 转引自［法］让-吕克·马里翁《还原与给予》，方向红译，上海译文出版社2009年版，第126页。
④ 转引自尚杰《马里翁与现象学》，《哲学研究》2007年第6期。

（本体论）本来就是相通一体的：现象学是对存在意义的发现，存在论是对存在意义的证明。这就是说，现象学是发现的逻辑，为哲学提供发现存在意义的方法论；存在论（本体论）是证明的逻辑，为哲学提供存在的意义的证明过程。发现与证明的统一即现象学与存在论的同一。存在论和现象学的真正沟通，必须对二者进行改造，建立更为合理的现象学和存在论。

一方面，现象学要基于存在论，才具有合理性。现象学的根据不在于意识的意向性，而在于存在的同一性，是存在作为现象显现。所谓"朝向实事本身"，不是胡塞尔所谓的事物的绝对本质，而是存在或世界整体的现身。马里翁认为，胡塞尔现象学中存在着被给予性和直观性的矛盾，他认为被给予性才是现象学的根据，因此不能直观者（如存在）才可能作为现象呈现。[①]现象学的根据是被给予性，而被给予性不是源于意向性，而是源于存在的本真性和同一性。当然，这种观点与理念不同，他认为被给予性来源于他者。存在是生存的根据，是我与世界的共在，具有本真性和同一性，因此，世界才能与我一体，并且作为现象呈现。现象学就是使存在显现出来的哲学方法论。现象不是表象，不是认知对象，而是存在的回归，是对存在意义的领会。在现实生存领域，世界成为我分离的表象，生存体验成为日常经验或知识、意识形态体系，失落了本真性而具有历史的局限性。在现实生存领域，存在缺席，其意义隐而不显。而现象学是对这种本真性和同一性的还原，它使现实生存体验回归为本真存在的体验，使我与世界的分离回归同一，于是世界作为现象向我呈现，从而领会存在的意义。海德格尔超越了胡塞尔

[①] 参阅［法］让-吕克·马里翁《还原与给予》，方向红译，上海译文出版社 2009年版。

的意识现象学,而把现象学作为理解存在的"思"。他说:"把'现象学'理解为让思的最本己的实事自己显现……这个存在之为存在(在)同时也就是那个正在思的东西的自己显现,这个东西需要一种与它相匹配的思。"①他认为,现象不是存在者,而是存在者的存在,因为它是被遮蔽的,而"在现象学的现象背后,本质是并没有什么别的东西,但应得成为现象的东西仍可能隐藏不露。恰恰因为现象首先与通常是未给予的,所以才需要现象学。遮蔽的状态是'现象'的对应概念"。②他还说:"被遮蔽的存在是现象的对立概念。"③现象学之可能,在于生存可以凭借其超越性回归存在,从而使世界由表象变成现象,我与世界回归同一,它们互相向对方直接呈现。

另一方面,存在论要基于现象学的发现,从而避免独断论和主体性。存在不是主体性的存在,也不是客体性的存在,而是我与世界的共在;不是现实生存,而是对现实生存的超越。这就是说,存在不是经验对象,不是现实生存,它不在场。那么,如何把握存在的意义呢?这就成为哲学面临的千古难题。古代哲学是实体本体论,存在作为实体被独断地确定,如理念、上帝等。近代哲学的认识论哲学,企图通过理性认识来确认存在,结果是否定的:康德认为本体(物自体)不能认识,只是信仰对象;休谟依据经验论干脆否定了实体观念,也排除了存在论的问题。现代分析哲学把存在作为没有意义的假概念排除掉,从而取消了本体论。现代哲学表明,

---

① 孙周兴选编《海德格尔选集》下,上海三联书店1996年版,第1275页。
② [德]海德格尔《存在与时间》,陈嘉映、王庆节译,生活·读书·新知三联书店1987年版,第45页。
③ 转引自[法]让-吕克·马里翁《还原与给予》,方向红译,上海译文出版社2009年版,第96页。

任何经验科学和传统认识论都不能完成把握存在的任务，要完成这个任务，只有诉诸现象学。现象学在胡塞尔之后，由海德格尔发端，开始与存在论合流，即运用现象学方法去领会存在的意义。因此，海德格尔指出："存在论只有作为现象学才是可能。"①

存在论与现象学的同一只有在审美中才能充分实现。如前所言，由于现象学直观不能达到存在本身，存在不是对象，不在场，因此不能作为现象显现；而缺席现象学仅仅具有有限的合理性和意义。因此，现象学必然走向审美主义，审美成为现象学的运用。真正的现象学还原只能是审美，审美是存在意义的发现。把现实生存体验升华到自由的生存体验即审美体验，进而通过对审美体验的反思，形成哲学范畴，从而揭示了存在的意义——自由。这就是说，存在的意义如何获得和确证，要通过现象学的发现，而美学即充实的现象学。同样，存在只有作为审美，才能真正实现。审美是自由的生存方式，是向存在的回归。于是，美学就成为本源的存在论。后期海德格尔揭示了美学与现象学、存在论的一体性。他认为："真理是存在者之为存在者的无蔽状态。真理是存在之真理。美与真理并非比肩而立的。当真理自行设置入作品，它便显现出来。这种显现（Ersheinen）——作为在作品中的真理的这一存在并且作为作品——就是美。……美属于真理的自行发生。"②因此，通过审美的现象性，审美就具有了本体论的性质，是生存向存在的回归。海德格尔说："诗意的道说是'实存'。'实存'（Dasein）这个词在此是形而上学的传统意义上使用的。它意味着：在场状态

---

① ［德］海德格尔《存在与时间》，陈嘉映、王庆节译，生活·读书·新知三联书店1987年版，第42页。

② 孙周兴选编《海德格尔选集》上，上海三联书店1996年版，第302页。

（Anwesenheit）。"①这就意味着，美学与存在论以及美学与现象学是同一的，因此存在论与现象学的同一在美学中得到实现。

美学与哲学的关系是什么呢？存在是哲学思维的逻辑起点，哲学不过是对存在意义的证明；但存在也是哲学论证的终点，只不过作为终点的存在应该是已经被证明、被阐释的存在，它的意义已经被揭示。存在如何证明自身？打破这个循环的关键在于审美的发现和确证。美学既是充实的现象学，可以发现存在；又是本源的存在论，可以证明存在。审美是自由的生存方式和超越的体验方式，是回归存在的方式，是存在的现身；审美可以领会存在的意义，或者说审美意义即存在的意义。审美意义或存在的意义即审美体验的反思，哲学思维不过是审美体验的反思形式，只有在审美体验的基础上，哲学反思才能进行；只有在美学的基础上，哲学才能展开。一个哲学家必须对世界人生有深切的体验，而这种体验的最充分的形式就是审美。对社会人生的审美体验就是领会了存在的意义，再反思这一体验，就形成了哲学思考。哲学不过是对审美体验的反思和逻辑证明。

从意识的角度上说，审美意识是非自觉意识的最高形式，即超越性的非自觉意识，它使用意象而非概念，不具有逻辑的形式；而哲学思维属于自觉意识的最高形式，即超越性的自觉意识，它使用哲学概念（范畴），这是审美意象的反思形式。这就是说，哲学思考必须建基于审美体验之上才有可能，哲学思维是对审美体验的反思。哲学不是经验论的归纳实证，也不是独断论的逻辑推演，而是审美体验的反思和证明。审美体验使存在显现，领会存在的意义，但还没有形成概念、逻辑体系。经过对审美体验的反思，存在的意

---

① 孙周兴选编《海德格尔选集》下，上海三联书店1996年版，第761页。

义才被自觉把握；经过对存在意义的逻辑证明，美学才获得了真理性。于是，美学是确定存在论。盖格尔指出："与美学相比，没有一种哲学学说，也没有一种科学学说更接近于人类存在的本质了。它们都没有更多地揭示人类存在的内在结构，没有更多地揭示人类的人格。"[①]但仅仅通过审美现象学发现存在的意义还不够，还要进行逻辑的证明和推演。哲学存在论就是在审美体验基础上对存在意义的论证：从存在范畴出发，论证存在的意义是自由，进而建立一个哲学逻辑体系。哲学必须运用逻辑来证明存在的意义，并且推演出一系列哲学范畴，而这一切都建立在审美体验的基础上。因此，美学与哲学，不是从属关系，而是体验与反思的互相依存、互相阐发的关系。后期海德格尔提出诗与思是把握真理的方式，而诗是审美体验，思是哲学思考，它们二者是"近邻"。他说："诗与思（Dichten und Denken）两者互相需要，就其极端情形而言，两者一向以它们的方式处于近邻关系中。"[②]"把诗与思带到近处的那个切近本身就是大道（Ereignis，或译为本有），由之而来，诗与思被指引而入于它们的本质之本己中。"[③]海德格尔所谓的思与诗的近邻关系，更确切地说是审美体验与哲学反思的关系：前者作为现象学"直观"，是对存在意义的发现；后者是对审美体验的反思，是对存在意义的论证，哲学体系由此构建。

审美作为现象学的还原的充实方式，在于它不仅使对象（审美对象充分地世界化，成为存在者整体）充分地被给予，而且被充分地直观。于是存在在场化，成为现象（审美意象），这使审美意

[①] ［德］盖格尔《艺术的意味》，艾彦译，华夏出版社1999年版，第194页。
[②] 孙周兴选编《海德格尔选集》下，上海三联书店1996年版，第1076页。
[③] 同上，第1099页。

义,即存在意义得以呈现。

  以上的考察说明美学沟通了现象学和存在论,成为第一哲学。由于把审美看作低于理性的感性活动,因此传统哲学把美学定位于哲学的分支,而且是比较边缘化的分支。但美学不是哲学的延伸或分支,它具有更为积极的作用和更重要的地位。美学不是感性学,而是使存在显现的充实的现象学和本源的存在论。这就是说,美学是哲学的基本方法论,只有美学才能发现存在、确立存在的意义;美学是存在论的基础,审美作为自由的生存方式,回归存在,从而成为哲学论证的出发点。

(原载于《中山大学学报》2014年第1期)

审美意义的发现与证明

审美本质（意义）问题是美学的基本问题。传统美学的研究方法或者是通过审美体验、范畴直观发现审美的本质（如中国古典美学或现象学美学），或者是以某种自明公理为起点进行逻辑推演得出审美的本质（如西方形而上学的美学），二者均有片面性：前者有发现而无证明，从而陷于主观性；后者有证明而无发现，从而陷于独断论。应当把审美意义的发现与证明结合起来，方能建立一个合理的美学体系。

一、审美意义的发现：自由

关于美学研究的根本问题，传统美学归结为"美的本质"问题。其实，并不存在着"美"这个实体性的存在物，也不存在着客观的"美的本质"。"美"只是一个意义对象，它在审美中发生、存在，在审美之外无"美"。在审美中现实对象转化为审美对象，并且也由现实意义转化为审美意义。因此，所谓"美的本质"应该是审美意义。审美意义必须从审美体验中获取。与传统的美学研究方法不同，不是采用归纳的或者演绎的方法，通过外在的认知，以获取外在的"美的本质"，而是运用人文科学的体验—理解方法，进入审美体验，在审美体验中领悟审美的意义；通过对审美体验的反思，自觉地把握审美的意义。这种发现审美"本质"的途径，是一种现象学还原的思维行程。

通过审美体验以及对它的反思（可以是无数次的印证过程），我发现了什么呢？这要经过二度反思。对审美体验的一度反思获致了某种审美范畴，如优美、崇高、悲剧、喜剧、丑陋、荒诞等，这是审美意义的具体抽象，还没有脱离具体的审美意义，但在其中就蕴涵着终极的审美意义；对审美体验的二度反思，就是对审美范畴的反思，它超越了具体的审美经验，获得了更根本的审美意义，这个根本的审美意义就是自由。美感就是自由的体验，审美作为自由的生存体验方式，也是一种自由的感觉。在美感体验中，主体获得解放，这是想象力与情感的充分发挥；同时对象世界也不再是压迫主体的对立面，而成为与我共在的对象，达到物我一体、主客两忘的境界，这就是自由。自由的本质是什么？自由是最高的生存境界，也是生存的最高意义。自由不是客体性的命题，即所谓"自由是对必然的认识"，因为认识必然意味着遵循必然规律，所以没有自由；自由也不是主体性的命题，即所谓"自由是意志的实现"，因为意志是受到人的实际需要支配的，而实际需要本身就是对主体自由的限制。而且，在主客对立中不能实现自由，无论是人对必然的认识，还是意志的实现都不可能彻底达到，因为客体仍然作为自在之物与主体对立。自由是一个主体间性和超越性的命题，即自由作为一种生存方式，是我与世界之间的主体间性共在，它克服了我与世界的对立；自由又是对现实的超越，现实生存是异化的生存方式，只有超越现实才有自由。自由即超越，超越即自由。审美即是自由的生存方式，也是超越的体验方式。超越性与自由性一样，成为审美的本质规定。把审美规定为自由和超越，不仅在审美体验中有自明性,还要有逻辑的证明,这正是本文的宗旨。

二、审美意义的证明之一:存在与生存

探讨审美的意义,首先要确定审美是一种生存方式,而生存又与存在相联系,是存在的表现方式。所谓"存在"是哲学的基本范畴和根本问题,关于存在的研究,构成了本体论的领域。对"存在"的不同认识导致了哲学体系的根本不同。古代哲学没有区分存在与存在者,把存在当作实体性的、客体性的超级存在者。自笛卡尔开始,近代哲学把存在归结为"我思",康德、黑格尔、谢林、费希特等继承了这一思路,形成了主体性的存在观,存在成为实体性的主体。海德格尔批判了实体性的存在观,把存在者还原为存在本身。海德格尔意识到存在的超越性,他说:"存在地地道道是 transcedems(超越)。"[①]但是前期的海德格尔并没有对存在作出明确地规定,也没有真正揭示存在的超越性(他对超越的理解并不彻底)。他从此在入手,认为此在在世界中存在,此在具有优先性,此在可以领会存在。由于此在是一种与他人的共在,此在听命于公众的意见,导致此在之在的非本真性,存在的意义被遮蔽。此在如何去蔽而领会存在的意义呢?海德格尔没有通过超越的途径,而是通过时间性的生存体验来揭示存在的本源。此在面对生存的时间性之源——死亡,获得了根本的生存体验——畏,而"畏启示着无",从而唤醒此在的自觉,确立"先行到死的决心",即摆脱对公众意见的盲从,按照良知作出决断。这就是对存在意义的领会。海德格

[①] [德]海德格尔《存在与时间》,陈嘉映、王节庆译,生活·读书·新知三联书店1987年版,第47页。

尔把生存体验确定为对死亡的意识，而没有进入超越时间的本真领域；他把本真的存在归结为主体性的自觉和自行决断，没有彻底走出主体性哲学；他对存在意义的把握是现实性的，没有达到超越。在现实领域，此在不可能真正独立地作出决断，不可能完全摆脱众人的意见和意识形态的纠缠，也就是不能"去蔽"，也不能达到自由，用海德格尔的话，就是没有摆脱"沉沦"。这就启示我们，生存（此在之在）不能通过时间性而回归存在，也不能由此领悟存在的意义，而只能超越现实生存才有可能。

那么，如何规定存在呢？如果要避免独断论，必须在论证后才能作出结论，而不是预设结论。但是，经由"缺席现象学"和"推定存在论"，我们可以对存在初步地进行一种描述，从而对存在作出初步的规定，这就是我与世界的共在。我与世界的共在不同于海德格尔的此在的共在，前者具有本真性、源始性，而后者是非本真的、非本源的。我与世界的共在，这是一个基本的事实，也是哲学思考的逻辑起点，即不是断定我单独地存在而世界不存在或世界是我的派生物；也不是断定世界单独地存在而我不存在或我是世界的派生物；同时也不是断定我与世界的二元性存在即各自孤立地存在。当然，我与世界的共在在这个阶段并没有得到具体的规定，我与世界之间是什么关系，各自如何定位，这要等到论证之后才能作出结论。我们在这里仅仅是陈述一个基本的事实，作为考察的前提。这样可以保留着各种可能，而不作独断的结论。

存在的第一个规定，是超越性，即它超越于现实。存在首先是一种逻辑的起点，是不在场的，而不是实际的存在。作为逻辑的规定，存在应该进入历史之中，从而得到具体性。这就是马克思所说的"从逻辑进入达到历史""从抽象上升到具体"的思维行程。存在的现实历史形态就是生存，即"我在世界中存在"，这也就是海德格尔的"此在在世"。但是，存在又不是一种纯粹逻辑的规定。存在是真实的，是一种必然性和可能性，因为它是被生存体验肯定的，具有明证性。生存也是生存体验，它赋予世界以意义，因此海德格尔说生存是解释性的。现实生存虽然并没有也不可能自然地揭示存在，但仍然从自身中昭示着存在。在现实条件下，存在并不彰显，而只是生存的一种内在的要求。它通常以反面的形式表现自己，那就是它的缺席导致生存的苦恼（马克思说"人是苦恼的动物"）。这就是说，生存并没有停留于自身，它感受到某种根本性的缺欠，并且有某种苦恼，这不是某种具体欲望导致的苦恼，而是无名的苦恼、生存本身的苦恼。人不能摆脱这一与生俱来的苦恼，社会的进步、生存条件的改善都不能消除这种苦恼。现代社会加剧了人的精神困顿，说明了这一点。另外，这种缺欠感也体现为一种期待，这不是某种实际的期望，而是没有具体对象的期待，是"等待戈多"的期待。人生中似乎都在期待着什么，好像人生不应该是现在的样子，还会有更理想的生活，具体是什么，却又不清楚，而且它不能真的实现。实际上这种朦胧而深刻的期待，就是超越性的要求。从另一方面说，这种期待又不是单向的、主体性的，它来源于存在对人的召唤。期待对象或召唤者不是虚无之物，而是存在本身，而期待就是对存在召唤的回应。它感受到彼岸的召唤，并且有一种趋向彼岸的内在冲动。这就表明生存指向某种超越之物，这个超越之物作为一个更真实的东西存在着，或者说是生存本身的更高的形式，而这就是存在本身。马里翁提出存在的召唤问题，从而反拨了海德格尔以死亡体验来回归存在的错误。但是，他的召唤又来自上帝，从而进入信仰领域。而本文认为，期待和召唤来自存在本身，从而形成了一种内在的要求即自由的、超越现实的要求。虽然通常状况下人并不自觉到这一自由的要求，但它确实地存在着，潜伏于无意识中，而且顽强地实现自己。因此，存在是逻辑的规定，也是真实的存在，是二者的同一。

存在与生存的关系，是本真性与非本真性的关系。存在是本质，生存是其现实形态，是我存在于世界之中。生存有两重性，一是现实性，二是超越性。生存的现实性来源于存在的沦落，这就是说，我生活在现实世界之中，受到历史条件、现实关系的限制，处于主客对立之中，因此要以主体性对抗世界，从而失去了自由，成为一种异化的、非本真的存在。用卢梭的话说，就是"人是生而自由的，却无往而不在枷锁中"。生存还有另一面，这就是超越性，它超越自身，指向存在。因此人才不是环境的附属物，才有"神性"。生存的超越性来源于存在的本真性，生存虽然是非本真的存在，但并不能完全脱离存在，它在一定历史水平上体现了存在的本质，因此人并没有完全泯灭自由的向往。这就体现为生存的超越性。所谓超越性，就是说生存并不是它现在的样子，它不满足于自身，而是自己否定自己，被存在召唤，有自由的向往，有回归存在的可能。这如同海德格尔所说："绽出之生存（EK-sistenz）植根于作为自由的真理，乃是那种进入存在者本身的被解蔽状态之中的展开。"① 生存的两重性，就是既体现着存在的本质，又失落了存在的本质，如果用海德格尔的语言，就是生存是存在的"残缺样式"。

生存的两重性，导致两种可能，一是常规性的情况，即超越性被现实性压制，从而遮蔽、遗忘了存在的意义；另一种是特殊的情况，就是生存的超越性冲破现实性的压制，得以突显，从而走向存在本身。正是这一情况，预示了存在的意义显现的可能。

---

① ［德］海德格尔《海德格尔存在哲学》，孙周兴等译，九州出版社2004年版，第95页。

由此可见，在生存之后设定存在的必要性，这使生存有了根据，有了本质的规定，也就是进入了本体论的领域。萨特的存在主义哲学与海德格尔的存在主义哲学相比，弱点就是离开存在而谈生存，或者把存在当作生存，使生存成为本体论范畴，丧失了本真性，从而导致主体性的偏颇。而海德格尔提出了存在与此在的关系问题，因此把对生存的考察引向深入。当然，如前所述，他对此在与存在的关系上也有问题，特别是把存在当作存在者的根据，即作为"是"，而不是作为生存的根据。这要另当别论。

三、审美意义的证明之二：生存与审美

从生存的超越之维，可以通达存在。审美是生存向存在回归的方式，它实现了生存的超越性。审美不是现实的生存方式，而是对现实生存的超越。在现实生存中，由于有自由的要求、超越的冲动，所以在特定情况下，审美就可能发生。具体说，就是某种现象（所谓"美"的形式）刺激了主体，使内在的自由要求突破理性防线，喷发而出，转化为审美理想。审美理想是超越的动力，是对存在的向往，它使现实主体升华为审美主体，使世界变成了审美对象，同时审美主体与审美对象消除了主客对立，变成了主体与主体的亲密关系，以至于充分融合、同一。这样，审美就超越了现实生存，而具有了本真性，变成了自由的生存方式。它克服了现实体验（感性和理性）的局限，弥合了认知与意向的分裂，以完整（审美意象）的方式，把握了存在的意义。

让我们从历史上存在的生存方式进行考察。如果对人类生存形态进行抽象，就会得出三种基本的生存方式：自然的生存方式、现实的生存方式、自由的生存方式。按照马克思主义的观点，生存方

式是由生产方式决定的。马克思和恩格斯认为,人类的生产活动包括物质生产,也包括人类自身的生产即种的繁衍,还有更高的精神生产。这三种生产方式分别决定了不同的生存方式。因此,我们可以从不同的生产方式中考察相应的生存方式。

第一种生存方式是自然的生存方式。自然的生存方式是原始人类的生存方式,它是建立在人类自身的生产的基础上的。在原始社会,不是物质生产,也不是精神生产,而是人类自身的生产主导了人的生存。原始社会的物质生产和精神生产都没有发展起来,可以说不存在真正意义上的物质生产和精神生产。原始劳动是动物性的猎取野兽或者采集野生植物的活动,也没有形成生产关系和社会关系,只有血缘关系和两性的自然分工。原始社会唯一的生产是人类自身的生产,就是生命的繁殖活动。人类自身的生产是最原始的生产方式,它直接地关系到种群的延续。原始社会也没有精神生产,精神活动只是巫术活动,它直接与物质活动结合在一起,没有获得独立。在原始社会的发展过程中,不是物质生产而是人类自身的生产起了决定作用。婚姻制度具有调节两性关系的功能,可以避免社会冲突,保持社会稳定,因此原始社会的婚姻制度发生了多次改变。原始社会经历了母系氏族、父系氏族以及群婚制、对偶婚制、一夫一妻制等阶段。由于一夫一妻制最大限度地减少了社会冲突,有利于社会稳定,因此一夫一妻制成为最后的选择,从而基本上解决了人类自身生产的问题。

在人类自身的生产为主导的基础上,形成了自然的生存方式。自然的生存方式还没有摆脱动物的生存水平,它只是最低限度的生存,停留于维持种族的存活的水平上,还不能算作真正的人的生存。自然的生存方式具有天人合一的性质,世界有生命,与人互相感应,人与自然没有分离。在自然的生存方式中,主体没有独立,没有能力征服自然，人还屈从于自然的淫威之下，自然界具有超自然的力量。同时，人的主体意识也没有觉醒，人没有把自己当作支配自然的主体，没有认识到自己的力量，巫术观念支配着人的思想和行为。因此，自然的生存方式是动物性的、蒙昧的生存方式。

第二种生存方式是现实的生存方式。所谓现实的生存方式是指文明社会人类的实际的生存方式，它是建立在物质生产的基础上的。由于人类自身的生产的问题已经基本解决，满足物质生存的需要成为第一位的需要，而物质生存就成为文明社会的基础。现实的生存方式对于自然的生存方式而言是历史的进步，它使人摆脱动物式的生存水平而成为文明人，从而为实现自由打下了基础。但是，物质需要是人的动物性生存需要，是较低级的需要，它表明人类还没有摆脱自然和社会的束缚，没有获得自由。物质生产也是异化的劳动，它表明人类还没有获得全面发展。在物质生产的基础上，产生了精神生产，包括科学活动和意识形态活动。这种精神生产已经从物质生产活动中分离出来，出现了脑力劳动和体力劳动的分工。但精神生产并没有获得完全的独立，还要受到物质生产的制约，并服务于生产力的发展的需要。马克思的历史唯物主义揭示了文明社会的物质生产基础，强调物质生产对精神生产的决定作用，即"物质生活的生产方式制约着整个社会生活、政治生活和精神生活的过程"[①]。这说明，物质生产基础上的精神生产是不充分的、不独立的，还不是"自由的精神生产"。而且这种精神生产是单纯的智力活动，与体力劳动脱离并且对立，因此同样是异化劳动。

在物质生产为主导的基础上，形成了现实的生存方式。现实的生存方式受制于物质需求和生产，是以物质生活为主导的生存方

[①]《马克思恩格斯选集》第二卷，人民出版社1972年版，第82页。

式,而人的"自由自觉"的本质则失落了。因此,现实生存方式是没有获得充分自由的生存方式。在现实生存方式中,主体与世界分离。通过社会实践,人可以在一定历史水平上支配世界,从而拥有了一定程度的主体性。但是,由于人与自然的对立,人类不可能完全战胜自然,自然依然对人类构成压迫。同样,由于人与社会的对立,特别是表现为阶级对立,因此人的生存不可能是充分自由的。而且,由于物质需要成为第一需要,因此物质欲望支配了社会生活,人成为消费动物,丧失了追求更高价值的能力,这意味着人的异化和堕落。这样,在现实生存方式中,人变成了片面的现实个性。所谓现实个性,是指没有获得全面发展的、不自由的个性形式。现实的人受到现实的社会关系的束缚,个性被扭曲、被片面化。为了生存,人只能适应现实,成为一定的社会角色。这种社会化的过程尽管是必要的,但人为此付出了丧失真实自我的代价。尽管人类通过社会实践不断提高对自然的控制能力,不断改善社会关系,但不能完全解决甚至加剧了人与世界的对立。这就表明,自由的领域仍然存在于现实生存方式的彼岸。

第三种生存方式是自由的生存方式。自由的生存方式是建立在以精神生产为主导的基础上的,是超越现实存在的精神生活。人不满足于现实生存的不自由状况,同时作为精神性的生物,又有精神创造的能力,因此,他就可以超越现实存在,通过精神性的创造,进入自由的生存方式。审美及其反思形式哲学等是独立的"精神生产",它们可以摆脱物质需要和物质生产的限制,按照人的自由的精神需要,充分发挥想象和思维能力,并创造出一个自由的精神世界。这就是人的精神生活。在这种精神生活中,人与自然、社会的对立都被克服,人成为自由的主体,世界成为自由的世界(世界主体),从而进入自由的生存方式。自由的生存方式克服了现实生存方式的局限，真正实现了生存的本质。马克思说："事实上，自由王国只是在必须和外在目的的规定要做的劳动终止的地方才开始；因为按照事物的本性来说，它存在于物质生产领域的彼岸。……在这必然王国的彼岸，作为目的本身的人类能力的发展，真正的自由王国，就开始了。但是，这个自由王国只有建立在必然王国的基础上，才能繁荣起来。工作日的缩短是根本条件。"①当然，关于自由的生存方式，并不应该变成一个乌托邦的社会理想，而应该导向审美。审美是自由的生活方式，人们在现实生存方式的基础上不断地创造着这种自由的生存方式。对现实的超越有三种方式，审美、宗教信仰、哲学思维。其中宗教信仰是通过对主体的贬抑、外在对象的崇拜而达到超越，因此并不具有自由的性质；哲学是一种思辨，不是完整的生存体验，而只是它的反思形式。只有审美是完整的生存形式和生存体验形式，也是自由的生存方式和体验方式。

四、审美意义的证明之三：审美与存在

生存是解释性的，它体验、领悟存在的意义。因此，生存也是体验、解释活动。这就是说，通过超越性，生存可以领悟存在的意义。但是，生存并不是自然地可以领悟存在的意义，在现实的维度上，毋宁说生存不能领悟存在的意义。这一点，正是海德格尔前期哲学没有解决的根本问题。现实生存也体验着自己，但它只是对存在的"残缺样式"的领悟，获得的是非本真的生存意义。具体地说，它局限于两种水平，一是感性水平的日常经验，一是知性水平的理论形态（科学与意识形态）；同时也局限于两个分裂的领域，

---

① 《马克思恩格斯全集》第25卷，人民出版社1974年版，第926—927页。

一是客观的知识，一是主观的价值。这种把握是有限的、不完整的、非本真的。具体地说，我对世界的把握不过是受到工具理性（科学）或价值理性（意识形态）限制的意义领会，而没有达到整体的存在意义的领悟。因此，现实生存没有把握存在意义，是非自觉的存在，是遗忘了本真性的存在。

但是，由于生存具有超越性，它不可遏止地指向存在，因此，它可以领悟存在的意义。在现实生存中，人不仅由于生存的局限而感到苦恼，而且由于生存之无意义而感到无聊。无聊也是苦恼的一种形式，而且是一种更本质的形式。现代人的生存体验就是无聊，无聊源于意义的缺失，它以反面的形式呼唤存在的意义。生存的超越性又使主体摆脱无聊，追求存在的意义。这种追求在生存向存在的回归中得到实现。

如何超越日常的生存体验，而达到对存在意义的把握，也就是存在能否被直观地把握，这是一个根本性的问题。要实现这一点，首先，必须解决主客对立问题，从而进入充分的直观。认知活动或者意向活动是分裂的客观和主观行为，主体与对象分立，对象作为"物自体"与主体隔绝，主体只能说明而不能把握它（康德）；同时，主体也是有限的现实主体，它也不能把握无限的世界。如何达到我与世界的同一，从而把握存在的意义呢？康德认为直观属于感性，只能把握现象，不能通达本体，只有通过信仰，才能把握本体。而现象学发现了直观性可以把握本质——"朝向实事本身"，认为在直观中事物的本质才能呈现出来。胡塞尔认为有理性（范畴）直观，它可以把握本质（本质还原）。但它的本质直观仍然是对具体存在者的直观，属于知性范畴（如他列举的普遍的红），仍然不是对整个世界的直观；而且，本质直观是理性主义的、非人化的认识形式，而不是人的存在体验，因此也不会达到对存在意义的把握

（存在被悬搁）。海德格尔则把现象学运用到对存在的把握，以生存体验代替本质直观，以揭示存在的意义。但他是通过此在对死亡的体验（畏—无）来领会存在的意义，而不是通过此在的超越性（他也强调了此在的超越性，但并不是在超越现实、通达自由的彼岸的意义上使用这个概念，而是指意向性的主体与世界的关联以及时间性的对未来的谋划）。这样，他对存在意义的把握就没有脱离现实领域，而归结为一种主体性的自我选择、自我决断，因此也没有真正揭示存在的意义。

审美体验如何成为存在体验，必须克服经验主体（现实自我）的局限和经验对象（现实之物）的有限性，以及我与世界的对立才有可能。当进入审美体验后，由于超越了现实体验，克服了现实存在的局限，以审美体验把握了存在本身，理解了存在的意义。首先，审美主体脱离了现实局限，在审美理想的提升下，成为审美个性即充分发展的个性，我不再是欲望和认知主体，而成为自由的主体，从而可以把握超越的世界整体。其次，审美最充分地把握了现象世界，它面对具体审美现象，但又把对象"世界化"，即成为完整的世界，从而超越了具体现象，而成为对存在本身的把握，对存在意义的揭示。审美对象"世界化"的可能性在于，在审美中，我与对象的共在成为本真的存在，具体的对象成为整个世界，而对象以外的现实世界不再存在了，被虚无化。因此，审美成为我对整个世界的体验，从而审美意义就成为存在的意义。例如，我观赏一幅绘画，此时画框以内就是整个世界，而画框以外的世界不复存在。同时，我也融入这个艺术世界，它作为一个主体与我交往，我充分地理解了它，体验着这种超越性的生存，也就是体验着存在的意义。而且，审美的超越性还意味着审美对现实、审美意识对现实意识的否定，这种否定使现实世界虚无化，而审美意义——存在意义得以显现。最后，审美是主体间性活动，它使对象变成主体，我与它交往，互相理解、彼此同情，世界不再是独立自在之物，而成为我的交往对象，从而克服了我与世界的对立，达到了充分的同一。这样，在审美体验中，我完全把握了对象，而不仅"说明"对象，从而领悟了存在的意义。这是主体间性的存在，是本真的存在方式。

在人类历史上，与三种生存方式相对应，也存在着三种体验方式：与自然的生存方式相对应的是巫术的体验方式；与现实的生存方式相对应的是现实的体验方式；与自由的生存方式相对应的是超越的体验方式。这三种体验方式既是逻辑的规定，也是历史的规定。通过这种逻辑—历史的行程，在审美的体验方式中，实现了生存体验的超越本质。

在自然的生存方式中，原始意识是巫术意识，以巫术把握世界，形成巫术的体验方式。巫术的体验方式具有原始的直接性，带有非理智、非逻辑的性质。原始人通过直觉、想象和情绪体验来感受世界，而不是像文明人类那样以理智和逻辑看待世界，因此他们对世界的感受是具体的、意象性的，而且充满惊惧、崇拜、祈望等情绪。他们与世界没有分化，世界在巫术体验中与原始人融为一体。巫术的体验方式还具有蒙昧性，在万物有灵观念的支配下，世界充满魔法，而通过运用魔法，就可以操纵世界。因此，世界对于他们仅仅具有巫术的意义。神话传说和巫术礼仪就是巫术的体验方式的产物。

在现实的生存方式中，人以现实经验来体验世界。现实体验还是有限的体验方式。它受到理智和逻辑的制约，因此丧失了生存体验的直接性，人与世界发生了分离，世界变成了抽象的、异己的世界。现实的体验方式仅具有现实性,它把世界当作实际需要的对象,世界仅仅具有现实的、功利的意义,反而遮蔽了存在意义。科学是对事物的理性认识,只能解释有限的世界的属性;意识形态是社会的价值体系,只是特定历史条件下的人类需要的体现,它们割裂了人的意义世界,都不是对存在意义的完整的、本真的把握。必须超越现实的体验,进入超越的体验,才能把握存在的意义。

在自由的生存方式特别是在审美活动中,我们进入了超越的体验方式。超越的体验方式摆脱了现实需要和现实观念,以自由的身份和自由的理想来体验世界,因而产生了超越的意义世界。超越的体验方式是充分自由的体验,它摆脱了理智的制约,不受逻辑、概念的干预,以充分的直觉、想象、情感以及身体性来感受世界,世界与人亲近而富有活生生的魅力,生存的直接性、具体性得到充分的实现。超越的体验是对自由的领有。由于超越的体验发生在自由的生存方式中,因此它就是对自由本身的体悟,从而就肯定了生存的意义——自由。自由就是超越,它不是现实之物,不是肯定性的意义,而是对现实性的否定、超越,在这种超越之中,就实现了自由。超越的体验方式并不是对现实世界的有限把握,而是超越现实水平,直接面对存在本身,获致存在的意义。这种对存在本身的把握只能通过对现实体验的超越而达到。因此,超越的体验就是对现实生存体验的超越。宗教的信仰、哲学的反思都以某种方式超越现实,获取对存在意义的把握。但审美是自由的生存方式,并且把握了存在的意义。值得注意的是,海德格尔后期放弃了通过此在的自行决断把握存在意义的主体性思路,而主张回归和建构主体间性的本真存在即天地神人的四重存在,通过思(哲学)与诗(审美)领会存在的意义,进入"诗意地栖居"。这一转变,是与我们的论述相通的。

总之，可以这样概括：审美作为自由的生存方式和超越的生存体验方式，克服了现实生存以及现实生存体验的局限，回归了存在本体，并且领悟了存在的意义。存在的意义就是自由，这是对现实意义的超越，是最高的价值和最高的真理，它使人的存在获得了自觉。

（原载于《四川师范大学学报》2011年第2期）

本体论的主体间性与美学建构

主体间性理论已经成为哲学、人文科学的前沿，而且正在取代主体性理论成为美学建设的基础。由于主体间性问题涉及不同的领域，形成不同含义的主体间性概念，因此，在主体间性基础上的美学建构也各不相同。无论在国内还是国外，这个问题都没有得到明确的解决。因此，有必要对主体间性所涉及的不同领域以及主体间性的不同含义加以区分，从而寻找到美学建设的合理基础。

一、主体间性的三个领域

主体间性概念的最初步的含义是主体与主体之间的统一性，但在不同的领域中，主体间性的意义是有差异的。在主体间性概念的形成历史过程中，事实上涉及了三个领域，从而也形成了三种含义不同的主体间性概念，这就是：社会学的主体间性、认识论的主体间性和本体论（存在论、解释学）的主体间性。

社会学（包括伦理学）的主体间性是指作为社会主体的人与人之间的关系，关涉到人际关系以及价值观念的统一性问题。社会学、伦理学本来就研究人与人的关系，天然地就属于主体间性的领域。因此，主体间性问题最早在伦理学领域内提出就不足为怪了。

古希腊哲学是客体性的实体本体论哲学,主体性没有确立,它的主体概念不是指人,而是指实体,是实体而不是人发挥了能动的支配作用。因此,主体间性不可能在认识论或本体论领域提出,而仅仅在伦理学领域提出。伦理学的主体间性关涉的问题是:普遍的伦理原则是如何确立的。柏拉图和亚里士多德以及中世纪的奥古斯丁、托马斯·阿奎纳等都探讨了这些伦理问题。中国古代的儒家学说更突出了伦理学倾向。由于个体价值尚未确立,古代的伦理学带有先验论、绝对主义、整体主义的性质,它对主体之间的统一性问题的解决只是主体间性的古典形态。近代、现代的哲学家在个体价值独立的基础上继续在伦理学的领域探讨这个问题,而且扩展为更为广泛的社会学领域。像康德、黑格尔直至马克思、哈贝马斯等都在社会学领域涉及主体间性问题。它关涉的问题是人的社会统一性问题。马克思把人的存在规定为"类的存在"和"社会存在";认为人的本质是社会关系的总和;通过社会实践将克服异化,建立人与人的自由关系。哈贝马斯认为在现实社会中人际关系分为工具行为和交往行为,工具行为是主客体关系,而交往行为是主体间性行为。他提倡交往行为,以建立互相理解、沟通的交往理性,以达到社会的和谐。

社会学、伦理学领域的主体间性仅仅限于社会关系、伦理原则的范围,没有进入哲学本体论的层次。而且社会学的主体间性是不充分的,在现实领域不可能真正解决主体与客体的对立。因此,包括哈贝马斯在内的主体间性理论都具有乌托邦的性质。古代哲学是实体本体论哲学,这是一种客体性哲学,存在被当作与人无关的实体,它没有可能涉及主体间性问题。社会学、伦理学的主体间性没有解决诸如审美何以可能等美学的基本问题,因此对美学研究的意义有限,不可能解决美学的根本性问题。

认识论领域的主体间性意指认识主体之间的关系，它关涉到知识的客观普遍性问题。西方近代哲学由本体论转入认识论，考察人的认识能力及其限度。由于自然地认为人类认识具有统一性，因此近代哲学无论是经验论哲学还是唯理论哲学都没有提出主体间性问题。近代哲学是主体性哲学，它在主客体对立的框架中考察主体的认识能力，对认识主体之间的关系并不注重，而把知识的可靠性建立在共同的认识结构、良知等未经反思的前提下：笛卡尔、莱布尼茨等提出天赋观念，康德提出先验主观性，黑格尔提出辩证的自我意识是认识的普遍性的根据。只是到了现代哲学，由于认识主体转向个体，从而尖锐地提出了认识的普遍性问题。最早涉及认识主体之间的关系的是现象学大师胡塞尔。胡塞尔建立了先验主体性的现象学，把先验自我的意向性构造作为知识的根源，这就产生了个体认识如何具有普遍性的问题。为了摆脱自我论的困境，他开始考察认识主体之间的关系。他认为认识主体之间的共识或知识的普遍性的根据是人的"统觉""同感""移情"等能力。胡塞尔的主体间性概念是在先验主体论的框架内提出的，只涉及认识主体之间的关系，而不是认识主体与对象世界的关系，因此只是认识论的主体间性，而不是本体论的主体间性。梅洛-庞蒂反对胡塞尔的先验现象学，主张知觉现象学，即身体—主体与世界的关系。在本体论意义上，他与胡塞尔一样，是主体论，而不是主体间性论。他也是通过对认识主体（即身体—主体）之间的关系的考察介入主体间性的。他认为自我主体的存在依赖于主体间性："现象学的世界不属于纯粹的存在，而是通过我的体验的相互作用，通过我的体验和他人的体验的相互作用，通过体验对体验的相互作用显现的意义。因此，主体性和主体间性是不可分离的，它们通过我过去的体验在我现在的体验中的再现，他人的体验在我的体验中的再现形成它们的统一性。"①认识论的主体间性仍然是在主客对立的框架中，仅仅考察认识主体之间的关系，而不承认人与世界关系的主体间性。因此，它不是本体论的主体间性。认识论的主体间性对美学的意义是有限的，只是可能解决审美意义的普遍性问题，而没有可能解决审美何以可能的问题。

本体论的主体间性意指存在或解释活动中的人与世界的同一性，它不是主客对立的关系，而是主体与主体之间的交往、理解关系。本体论的主体间性关涉自由何以可能、认识何以可能的问题。现代哲学否定了实体论，超越了主客对立的思维模式，由认识论哲学转入存在论和解释学哲学。海德格尔的存在论哲学提出了此在的共在问题，已经涉及本体论的主体间性问题，但仍然限于"此在"的范围，没有进入存在本身。后期他提出了"诗意地栖居""天地神人"和谐共在的思想，这就建立了本体论的主体间性。更为彻底的主体间性理论家是神学哲学家马丁·布伯，他认为存在是关系而非实体，而作为存在的关系本质上是一种"我—你"关系，而不是"我—他"关系，包括人与自然的关系、人与人的关系以及人与神的关系；"我—他"关系是主客关系，是非本真的关系，而"我—你"关系是本源性的关系，是超越因果必然性的自由领域。在"我—你"关系中，体现了纯净的、万有一体之情怀，"人通过'你'而成为'我'"。②此外，雅斯贝尔斯和马塞尔也提出了与马丁·布伯类似的主体间性思想。

建立在主体间性基础上的解释学解决了认识何以可能的问题。狄尔泰意识到传统认识论不能解决认识何以可能的问题，于是建立

---

① [法] 梅洛-庞蒂《知觉现象学》，商务印书馆2001年版，第17页。
② [德] 马丁·布伯《我与你》，生活·读书·新知三联书店1986年版，第44页。

了古典解释学，提出了"精神科学方法论"的问题。他认为精神科学的对象是精神现象而不是物质现象，因此不是认知而是理解才构成精神科学的方法。所谓精神现象实际上就是主体性的存在者，精神科学考察的是主体与主体之间的关系。但古典解释学没有明确地建立主体间性的哲学基础，因此也没有彻底解决认识的可能性问题。加达默尔作为海德格尔的学生，把存在论的主体间性引入解释学领域，也把古典解释学发展为现代解释学。存在是解释性的，而解释活动的基础是理解。理解只能在主体之间进行，因此文本不是客体，而是主体，对文本的解释是对话，是历史主体之间的"视域融合"。他认为解释具有"彼此的开放性"："流传物像一个'你'那样自行讲话。一个'你'不是对象，而是与我们发生关系。……因为流传物是一个真正的交往伙伴（Kommunikationspartner），我们与它的伙伴关系，正如'我'和'你'的伙伴关系。"①此外，巴赫金也认为文本不是客体，而是主体，要通过与文本的对话才能理解文本的意义。

存在为什么是主体间性的呢？现实存在是非本真的，作为主体的人与作为客体的世界的关系是对立的，人类征服世界，世界抵抗人类。这种主客对立的存在不是本真的存在，而是异化的存在，因为在主客对立之中没有自由可言，不仅人与自然的对立没有自由可言，而且人与自然的对立也必然产生人与人之间的对立，从而也没有自由可言。本真的存在不是现实存在，而是可能的存在、应然的存在，它指向自由。本真的存在何以可能，就在于超越现实存在，也就是超越主客对立的状态，进入物我一体、主客合一的境界。这

---

① ［德］加达默尔《真理与方法》上卷，洪汉鼎译，上海译文出版社1999年版，第460页。

个境界不是像道家那样把主体降格为客体，而是把客体升格为主体，变主体与客体的关系为主体与主体的关系。在主体与主体的平等关系中，人与世界互相尊重、互相交往，从而融合为一体。这就是主体间性的存在，存在的主体间性。

存在也是解释性的。解释不是主体对客体的认识，不是一种主体性的行为，像传统认识论所认为的那样。主体对客体的认识，像狄尔泰所说的，只是一种说明，不是真正的把握，因为客体仍然作为外在于主体的对象存在着。解释是理解，理解是主体间性的，是主体与主体的关系，主体与主体之间通过对话、交流而达到充分的沟通，彼此理解，最终把对象认识变成自我认识、自我认识变成对象认识，从而把握了世界的意义。这就是主体间性的解释，解释的主体间性。

存在论和解释学的主体间性进入了本体论的领域，从根本上解释了人与世界的关系，它对美学的建构具有根本的意义。本体论的主体间性解决了美学的根本问题即审美何以可能的问题，也就是说它解决了审美的两个根本问题，即审美作为生存方式的自由性问题；审美作为解释方式的超越性问题。

二、本体论的主体间性与现代美学

在主体间性的三个领域中，只有本体论（存在论、解释学）的主体间性可以成为美学建构的基础。中国当代美学的主流是以实践派为代表的主体性美学，它认为人类征服自然的实践是审美的基础，审美是实践的产物，是人的本质力量的对象化。这意味着中国当代美学尚没有实现由主体性美学向主体间性美学的转型。从20世纪90年代起，主体间性理论也开始介绍进来，但主要是社会学和认识论的主体间性，而且鲜有运用于美学和文学理论者。金元浦先生较早地引进主体间性理论,并运用于文学理论,出版了专著《文学解释学》。但是,金元浦先生对主体间性的界定是在社会学和认识论领域,他说:"在文学研究中,主体间性究竟具有何种含义及本质规定性呢?我以为主要包括:1. 主体间性在社会生活和文学实践中所表现的主体间的相互交流、相互作用、相互否定、相互协同,即社会性的交互主体性的含义;2. 主体间本位的交流实践及其验证中达到的客观性、协同性、解释的普遍有效性和理解的合理性;3. 主体间性在语言和传统中运作的历史性内涵。"[1]很明显,金元浦先生对主体间性的理解是在社会学和认识论领域内的,而没有进入本体论的主体间性。他确认的主体间性的第一个含义是社会学性质的,即他所说的"社会性的交互主体性的含义"。他主要是从人与人之间的社会交流和社会关系来谈论文学的,而避开了人与世界(也包括文本)的根本关系,这样就抽掉了主体间性的哲学内涵。他对主体间性含义的第二个界定是关于知识的普遍性问题的,这是胡塞尔意义上的、认识论的主体间性,意在解决文学价值的普遍性问题。至于他所论及的主体间性的第三个含义,则涉及主体间性与语言的关系以及其历史性,这固然是重要的,但不属于主体间性的基本内涵范围,只是其相关性的论述。后来国内其他研究文学、美学主体间性的学者对主体间性的理解也大都限于社会学和认识论的领域,没有进入哲学本体论的领域。他们运用主体间性理论解决文学理论的问题虽然也有一定的意义,但是由于没有确立文学、美学理论的哲学本体论基础,因此没有突破传统文学理论和美学体系,不能从根本上解决文学、美学根本性质问题。例如,认识论的主体间性就不能有效地解释文学以及审美何以发生,因为它涉及的不是人与世界

---

[1] 金元浦《文学解释学》,东北师范大学出版社1997年版,第132页。

的审美关系，只涉及审美价值的认同问题；社会学的主体间性不能合理地解释对自然美的欣赏以及描写自然风光的抒情诗，因为所涉及的不是人与人的关系，而是人与自然的关系。只有本体论（存在论和解释学）的主体间性才建立了文学和美学的哲学基础，从根本上解决了文学和审美的何以可能的问题。

自从国内开展"后实践美学"与"实践美学"之间的论争以来，主体性美学受到质疑和批评，主体间性美学开始确立。[①]这是一个具有划时代意义的历史转变。我主张本体论的主体间性，认为这才是真正有意义的、革命性的理论。在我的《文学理论：从主体性到主体间性》中指出："文学主体间性的第一个含义是把文学看作主体间的存在方式，从而确证了文学是本真的（自由的）生存方式。""文学通过对人的理解而达到对生存意义的领悟……文学活动是自我主体与文学形象间的对话、交流。"[②]主体间性美学的建构从两个方面进行，一个是从存在论的角度，解决了审美作为自由何以可能的问题；一个是从解释学的角度，解决了审美作为理解（认识）何以可能的问题。

先说存在论的主体间性对美学建构的意义。美学面临的一个问题是，审美作为一种自由是如何可能的？传统哲学、美学没有解决这个问题。古代哲学是实体本体论的客体性哲学，主体性尚未确立，因此没有可能解决自由何以可能的问题。近代哲学是主体性哲学，它认为自由是主体性的实现。古代的客体性美学认为美是实体的属性，美能自美，它具有超现实的魅力，人在对美的观照中就获得超越。柏拉图的美学就是如此，他认为美是理念的反光，审美是

[①] 参阅杨春时《中国美学的主体间性转向》，《光明日报》2005年2月22日。
[②] 杨春时《文学理论：从主体性到主体间性》，《厦门大学学报》2002年第1期。

对理念世界的回忆。中世纪美学也是如此,审美成为对上帝的光辉的体认。这种非主体的活动不可能带来自由,因为客体实体是主体的对立物,审美只是一种被动的观照,而不是主体的解放。近代主体性美学认为美是主体精神的化身,它通过主体的努力、摆脱了客体的压迫而获得了解放。康德把审美归结为先验范畴的作用,看作由现象认识到本体把握的过渡。黑格尔把审美看作理念在自我认识、自我复归历史行程中的感性阶段。青年马克思认为审美是人的本质力量的对象化活动。但是,主体性不能达到自由,因为客观世界不是主体的构造,主体不能把自己的意志强加于世界。审美也不是像实践美学所说的那样主体征服客体的主体性行为,征服不能消除主客对立,也不会带来自由,更不能达到审美的境界。迄今为止的社会实践,虽然在一定程度上改造了世界,但也产生了人与自然、社会的对立,自由还是彼岸的事情,审美也只是现实的对立面。审美是自由的存在方式,这是审美的最根本的性质。但是,我们处于现实存在之中,没有自由可言。如何实现自由,只有通过主体间性的实现,消除人与世界的对立,进入审美境界。

审美是主体间性活动,既是主体间性实现的途径,也是主体间性的结果,这是一而二、二而一的事情。在审美活动中,主体与世界的关系发生了根本性的变化,不再是对立的主客关系,而是主体与主体的同一关系。此时,由于审美理想的作用,突破了现实关系的束缚,自我由片面的、异化的现实个性升华为全面发展的自由个性,这就是审美个性;世界由死寂的、异己的客体变成有生命的、亲近的另一个主体。两个主体之间互相尊重、彼此欣赏,以至于最后融合为一体,达到主客合一、物我两忘的境界。在人与自然的关系上,我们把自然看作有生命的主体,而不是征服的对象。在人与自然的自由交往中,二者融合为一体,共同获得升华,如此才能有对自然的审美欣赏。在人与人的关系上,审美超越了现实的社会关系,变主客对立关系为主体与主体的平等交往关系,审美的同情取代了利益的冲突,从而使他人成为审美对象。审美在艺术活动中最鲜明地体现了主体间性。艺术中的自我与世界的关系已经转化为艺术主体与艺术形象的关系,艺术主体与艺术形象完全同一,我中有你,你中有我,彼此难以区分,共同成为艺术(审美)个性的表现。

  解释学的主体间性对美学建构具有同样根本的意义。审美不只是一种情感,而且是一种对存在意义的领悟。这种领悟如何可能呢?美学必须解决审美如何能够超越现实认识,达到对世界和存在意义的根本把握。传统哲学理论和美学理论无法解决认识何以可能的问题。古代客体性哲学独断地确定了世界的实体性,而对它的认识似乎并不存在问题。近代主体性哲学进入了认识论的领域,但认识的真理性也仅仅限于现象界,而不能及于本体(康德)。古代客体性美学把美作为实体的属性,它自动显现出来,与人的把握无关,如柏拉图的灵魂回忆说、中世纪的上帝光辉说等。这是一种神秘论、独断论,而且也没有涉及认识何以可能的问题。近代美学把审美当作感性认识,包括鲍姆加登对美学的命名"感性学",以及后来的"形象思维""反映现实"等说法在内。由于感性认识总是低于理性认识,所以感性认识说抹杀了审美的超越性和真理性。在现代美学阶段,加达默尔就提出了艺术的真理的说法,以反驳这种美学观,从而论证了认识何以可能的问题。他指出:"通过一部艺术作品所经验到的真理是用任何其他方式不能达到的,这一点构成了艺术维护自身而反对任何推理的哲学意义。所以,除了哲学的经验外,艺术的经验也是对科学意识的最严重的挑战,即要科学意识承认其自身的局限性。"①问题是审美如何会成为真理的把握？在主客对立格局中的现实认识不能真正把握世界，世界仍然作为"物自体"与主体对峙，人类的认识也只是一种"说明"（狄尔泰）。只有超越主客对立，进入主体间性才能真正把握世界。

审美超越现实认识，是对世界的真正把握。在审美活动中，世界的意义、存在的意义得以显现。特别是在艺术活动中，我们超越了世俗的观念，领悟了生存的意义。审美为什么会有如此的功能？从根本上说，审美消除了主客对立，通过主体间性的实现，达到了对世界的理解。认识的根基是理解，理解只在主体之间才有可能，因为它是对话、同情达到的沟通，而主体对客体的认识只是一种"说明"。把世界当作客体，就不可能理解它；只有把世界当作主体，与之交往、对话、沟通，才能达到理解。审美就是这样理解的过程，自我与审美对象之间有充分的同情和理解，在对象中体验了自我，在自我中体验了对象。在社会生活中，我们只有把他人看作与自我一样的主体，才能超越利益关系，真正以审美的态度对待他人，从而理解生活的意义。在与自然的关系中，只有摆脱对自然征服、占有的态度，把它看作有生命的主体，与之沟通，才能达到审美体验，从而理解世界的意义。在艺术活动中，只有把艺术形象看作与自己息息相关的主体，把主人公的命运当作自己的命运，才能从中领悟生存的意义。

中国现代美学的建构，应该超越主体性哲学，建立在主体间性的哲学基础上，应该加强对于主体间性的研究。主体间性理论产生于西方，但是建立主体间性的哲学体系并没有成为西方哲学的自觉

---

① ［德］加达默尔《真理与方法》上卷，洪汉鼎译，上海译文出版社1999年版，导言第18页。

和共识。西方也没有区分开不同领域的主体间性，也没有明确建立本体论的主体间性理论，还局限于胡塞尔和哈贝马斯的认识论的、社会学的主张间性理论。特别是在后现代主义的氛围下，哲学体系的建构问题被取消，主体间性哲学失去了发展的空间。但对于中国哲学而言，主体间性研究却有了广阔的空间。我们完全可以在西方主体间性哲学研究的基础上有所作为、有所发展，建立自己的主体间性现代哲学体系。对于中国现代美学而言，就是历史地对待和批判主体性美学，接受和建设主体间性哲学，特别要区分社会学的主体间性、认识论的主体间性和本体论的主体间性，在本体论的主体间性基础上建构新的美学体系。

（原载于《厦门大学学报》2006年第2期）

从现象学美学到审美现象学

现象学美学与审美现象学属于不同的学科类型,前者是把现象学方法应用于美学,后者是以审美作为现象学还原的典范形式。不仅如此,从现象学美学到审美现象学历史的、逻辑的进程,还深化了现代现象学和美学,使美学成为充实的现象学,进而奠定了哲学的本体论的基础。

一、现象学与现象学美学

传统哲学方法论建立在实体本体论的基础上,是基于主客对立的认识论的方法论。具体说来,认识论的方法论包括理性主义的演绎方法和经验主义的归纳方法,前者通过从更抽象的范畴存在推演出事物的本质;后者通过日常经验的概括得出事物的本质。但实体观念是一个假概念,本真的存在也不是主客对立,而是主客同一。因此,传统认识论及其方法论就失去了合法性。现象学是现代哲学方法论,它摒弃了实体论,也摒弃了传统的认识论的方法论。现象学认为,经验对象(表象)只是"自然态度"的产物,不是事物的本来面目(本质);必须通过对"存在"的悬搁,进行现象学还原,回到"纯粹意识"或"先验意识",从而使现象显现,并通过本质直观把握对象的本质，这就是所谓"朝向实事本身"。现象学作为现代哲学方法论，应用于许多人文科学领域，也包括审美领域，从而形成现象学美学。传统美学尽管观点各异，但从研究方法的角度看，都是把美作为实体或实体的属性，运用认识论的方法来把握美的本质。但是，无论是演绎法还是归纳法，都不能把握美的本质。首先，美不是实体或者实体的属性，不能成为认识论的对象，它只存在于审美体验之中，而不存在于经验意识中。其次，演绎法的出发点存在是被独断地确定的，因此推演出来的美的本质也不具有可靠性；归纳法对审美经验的考察，也必然是不完全的，是因人、因时、因地而生的。因此，对审美本质的概括也必然是不完全的，不能得出普遍的、绝对的本质。现代美学摒弃了认识论的研究方法，而运用现象学的方法，从而走向了现象学美学。

最初的现象学美学并没有形成自己的特殊的方法论，而只是把一般的现象学方法运用于美学研究，以把握美的本质。胡塞尔本人并没有建立现象学美学，但他提到过把现象学运用于美学的可能性，并且有所论述。胡塞尔一方面认为审美体验是一种现象学的直观，同时又没有明确地把审美体验归入现象学还原，因为他认为现象学的还原是通过对经验意识和经验世界的"悬搁"，回到"纯粹意识"或"先验意识"，而纯粹意识不是具体性的意识，而只是抽象化"一般的意识"，而且也排除了情感因素，因此现象学还原成为一种"科学的"活动，可以把握对象的绝对的、客观的本质。这样，他就认为审美意识并非纯粹意识，还需要对它进行还原，从而没有解决美学方法论的特殊性的问题。胡塞尔曾经论及"审美直觉"，他说："艺术作品将我们置身于一种纯粹美学的、排除了任何表态的直观之中。存在性的世界显露得越多或被利用得越多，一部艺术作品从自身出发对存在性表态要求得越多，这部作品在美学上便越是不纯。"①这里他把审美直观与经验意识区别开来,似乎确认了审美体验与现象学直观的一致性。他说:"现象学的直观与'纯粹'艺术中的美学直观是相近的。"②另一方面,胡塞尔又认为,审美体验与现象学直观有所区别,还要排除审美的情感性:"对一个纯粹美学的艺术作品的直观是在严格排除任何智慧的存在性表达和任何感情、意愿的表态的情况下进行的,后一种表态是以前一种表态为前提的。"③在这里,胡塞尔认为,要排除审美体验的情感性,才能进入一般性的本质直观。这样,胡塞尔就把审美体验与本质直观区别开来,认为还要对审美体验进行还原,排除其情感性,才能进入本质直观。实事上,审美体验本身带有情感性,不可能排除审美情感进入本质直观,甚至可以说审美情感就是审美直观。因此,胡塞尔的这种观点否定了审美体验具有现象学还原的性质,把审美体验与一般体验等同起来,把现象学美学方法与一般现象学等同起来。现象学美学面临的问题是,审美体验并不符合经典的现象学直观,不能当然地认为审美体验属于现象学还原,因为审美体验既不属于纯粹意识,也不属于先验意识。这样,就必须改造已经形成的现象学方法论,建立特殊的现象学美学方法论。于是,后来的现象学美学不再直接把现象学方法运用于审美,而是加以改造,使之适应审美体验,也就是把审美体验作为现象学直观的形式,从而真正地建立了现象学美学。

英加登正式把现象学方法运用于美学,以获取美的本质,从而建立了现象学美学。英加登把"审美认识"分为两种,一种是对具

---

① 倪梁康选编《胡塞尔选集》,上海三联书店1997年版,第1202页。
② 同上,第1203页。
③ 同上,第1202页。

体文学作品的审美体验（审美现象），另一种是对文学作品的一般结构的认识（本质还原）。他认为前者提供了具体的"现象"，为后者奠定了基础，"通过这些被极其精确地理解的现象，我们可以在这些被感知的现象中建立起本质的联系并因此确定文学的艺术作品的本质的、必需的结构。"[1]他认为文学艺术作品是一种"纯意向性对象"，可以通过审美体验来把握。英加登区别了文学艺术作品与审美对象，认为只有在欣赏过程中通过想象力的构造文学艺术作品才成为审美对象；对审美对象的直观和情感反应，是对审美价值的发现和肯定。可以说，这一过程就是一种现象学还原的过程。通过审美的现象学还原，英加登揭示了文学作品的结构，包括语音层、意义单元层、图式化观相层、再现的客体层（充满了未定点或"意义空白"），而在这个层次里面，显现了一种"形而上学质"，也就是作品体现的存在的意义。英加登认为，这种"形而上学质"，显现为"气氛"和"光"，并指出美学研究应该包括"艺术的形而上性质"。可以看出，英加登已经把审美体验与现象学还原统一起来，通过审美体验及其反思来把握文学艺术作品的审美价值，而这个审美价值又具有形而上的性质。

现象学美学认为，审美体验本身就是一种现象学还原，可以把握美的本质，或者说美只能通过审美体验呈现，美的本质只能通过审直观来把握。现象学美学的建立，对于美学研究具有重要的意义，它颠覆了传统的美学研究方法。传统美学研究运用认识论的方法，把美作为一种实体性的对象，通过理性的认知来把握美的本质。但美并不是实体，也不是实体的属性，而是审美体验的对象，

---

[1] ［波］英加登《对文学的艺术作品的认识》，陈燕谷等译，中国文联出版公司1988年版，第9—10页。

它作为现象直接呈现于审美体验中。现象学美学把审美体验而不是理性的认知作为发现美的本质的方法，建立了现代美学研究方法论，为把握审美意义开辟了合理的途径。

现象学的发展表明，一方面，现象学美学把审美体验作为一种本质直观，从而改造了经典的现象学为审美现象学；另一方面，现象学美学的宗旨是发现审美意义，而审美意义就是存在的意义（英加登发现了文学作品的结构，其最高端是形而上的意义层次），从而使审美现象学具有了一般现象学的性质，这就意味着现象学美学通向审美现象学，而审美现象学是现象学美学的必然归宿。

二、审美现象学的必然性

哲学的根本问题一直是存在的意义问题，而传统的逻辑推演的方法和经验归纳的方法都不能完成这个任务：前者陷于独断论，后者缺乏普遍必然性。现象学作为现代哲学方法论，以现象学还原和本质直观提供了解决这个问题的可能。

关键是确定现象学的性质问题，即现象学还原究竟是获得具体事物的本质，还是获得存在的意义？也就是说现象学是一种元科学还是哲学方法论？现象学的创始人胡塞尔并没有确定现象学的对象是存在，而是一切事物，他把现象学当作"严格的科学"，提供把握对象的本质的根本方法。同时，他也试图扩展现象学的对象，不仅包括经验对象，也包括所谓"观念对象"，并试图通过"先验还原"，进行"范畴直观"，来把握"观念对象"，从而可能把握"实在"本身。这就使他的现象学可能进入形而上的领域，而海德格尔就是依据这一思路来把握存在，把意识现象学变成了存在论现象学。但胡塞尔的现象学对象是在场者，而存在是不在场的，因此不能成为现象学的对象，这就是所谓"在场的形而上学"。胡塞尔现象学的缺陷是，事物的本质不能孤立地确定，它作为生存的客体，依存于存在，被存在所规定。因此，现象学的任务不是确定具体事物的本质（如胡塞尔所举例的红布之红），而是领会存在的意义。海德格尔把现象学用于领会存在的意义，而这一努力并没有获得胡塞尔的首肯。胡塞尔把海德格尔的转向称为一种背离现象学的人类学研究，而实际上正是海德格尔的转向使现象学真正成为哲学方法论。但是，前期海德格尔并没有完成领会存在的意义的任务，因为他的本体论设定有误。他不是从存在出发，而是从生存即此在在世出发，进行"现象学还原"：此在在世的体验是操心，这是一种沉沦的生存状态，表现为"闲言""两可"等，从而不能领会生存的真谛。他认为，必须"悬搁"这种沉沦的生存状态，面对死亡，还原到基本情绪"畏"，而"畏启示着无"，通过把世界虚无化，使存在现身。但是，此在毕竟是现实生存，这种现实体验不能克服自身的局限，即使面对死亡这一"此在本己的可能性"，也仍然不能超越现实生存而领会存在的意义。后期海德格尔扬弃了前期的此在论，而转向了"本有"。他认为本有是最基本的哲学范畴，是人与存在的共属，也就是我与世界的共在。在这个意义上，本有就相当于我们所说的存在。"本有"不在场，不能直观地把握它，那么如何实现还原呢？胡塞尔为了论证"范畴直观"的可能性，提出现象学还原的根据，不是直观，而是被给予性。这一思想为"缺席现象学"提供了依据。海德格尔的"本有"具有被给予性，因此属于现象学还原的对象。海德格尔所将建立的本有现象学不同于胡塞尔的"在场的形而上学",而是一种"缺席现象学"①。缺席现象学是我的命名,它是指这样一种现象学:存在不在场,不能被直观,但依据存在缺席所造成的缺失体验,使主体感受到存在的召唤,从而超越现实生存,向存在回归,最后对存在的意义有所领会。这样,存在(海德格尔的"本有")就具有了被给予性。由缺席体验可以推定存在在彼岸,从而构成一种"推定存在论",因此缺席现象学以"推定存在论"克服了独断论的存在论,具有为本体论奠基的作用。在后期海德格尔的缺席现象学构成中,前期的此在在世的"操心",变成了抑制等,这是一种"基本情调",即存在缺席的缺失体验,它由"存在的离弃状态"的"急难"所导致;前期的基本情绪"畏"变成了原思—道说;前期的作为"此在的本己可能性"的死亡变成了本有,它成为一种被还原的"现象学剩余"。对于这种"缺席现象学",海德格尔判定说:"这种现象学,是一种不显现的现象学。"②缺席现象学不仅有后期海德格尔的"本有"现象学,还有列维纳斯等人的"他者现象学"。他者现象学认为在存在之外,有一个"绝对的他者",它的缺席产生了一种缺失体验,感受到它的呼唤,使自我成为"为他的自我"。但这种缺席现象学面对的不是存在,而是存在之外的他者,这无疑复活了实体论。因而,无论是在逻辑上,还是在本体论上都难以成立。

缺席现象学相对于胡塞尔的在场的先验现象学,具有合理性:它可以推定存在,建立推定存在论,从而为哲学确定一个本体论的开端。但缺席现象学不能直接使存在显现,因此不是充实的现象

---

① 关于缺席现象学,可参阅杨春时《存在的原初确立:缺席现象学与推定存在论》,《哲学动态》2013年第12期。
② 转引自尚杰《马里翁与现象学》,《哲学研究》2007年第6期。

学，不能建立确定的存在论。现象学的宗旨是"朝向实事本身"，而这个实事根源于存在。因而实现这一任务就必须克服这样一种困难：如何使不在场的存在被直观。这只有审美才有可能。于是，现象学就必然走向审美现象学。

所谓审美现象学，就是把存在作为现象学还原的对象，把审美体验作为现象学还原的方式（本质直观），以获取存在的意义。它不同于现象学美学之处在于：其一，现象学美学不一定认为审美意识是现象学还原的产物，即"现象学剩余"，往往还要对审美体验进行"还原"，以进入无情感的"直观"；其二，现象学美学还原的产物仅仅是美的本质（审美意义），而审美现象学则以存在为对象，以存在的意义为现象学还原的产物。

现象学美学转为审美现象学的代表首先是后期海德格尔。海德格尔后期改变了前期的生存论，转向存在论，并且走向审美主义。一方面他建立了缺席现象学以推定存在，另一方面又建立了审美现象学以充分地把握存在，建立确定的存在论。他诉诸诗性的语言，以领会存在的意义。他不再谈论此在的先行决断，而是谈论诗意地栖居，回归天、地、神、人的亲密共在，即"世界游戏"，从而达到无蔽的澄明，存在现身为现象，使真理显现。这样，审美就具有了现象学的意义，可以领会存在的意义。他开启了现象学的新的形态——审美现象学。通过审美现象学，他得出了这样的结论："那么，艺术的本质或许就是：存在者的真理自行置入作品。""美是作为无蔽真理的一种现身方式。"[1]他还说："由于艺术的诗意创造本质，艺术就在存在者中间打开了一方敞开之地，在此

---

[1] ［德］海德格尔《林中路》（修订本），孙周兴译，上海译文出版社2004年版，第21、43页。

敞开之地的敞开性中，一切存在遂有迥然不同之仪态。凭借那种被置于作品中的、对自行向我们投射的存在者之无蔽状态的筹划（Entwurf），一切惯常之物和过去之物通过作品而成为非存在者（das Unseiende）。"①

莫里茨·盖格尔运用现象学方法于美学，认为审美价值即被还原的现象，而审美价值通向存在。他认为自我具有三重形态：生命的自我、经验的自我和存在的自我。其中存在的自我是最高形态，审美还原了存在的自我，因此审美是"存在的幸福""存在的体验"，而且是"一种积极的、人的意义上的存在体验"。这样，他的审美现象学就通向了存在论。梅洛-庞蒂也表达了审美现象学的思想，他认为艺术高于科学，在于艺术是一种更纯粹的知觉，它切近实在，从而实现了现象学的宗旨——"朝向实事本身"。

现象学美学家杜夫海纳进行了审美经验现象学的建构，从而使审美现象学进一步完善。他认为只有审美经验才具有现象性，完成了现象学还原。他的"现象学剩余"是"审美知觉"，他认为这才是纯粹的直觉。他说："审美经验在它是纯粹的那一瞬间，完成了现象学还原。对世界的信仰被搁置起来了……说得更确切些，对主体而言，唯一仍然存在的世界并不是围绕着对象和形象后面的世界，而是——这一点我们还将探讨——属于审美对象的世界。"②他认为审美知觉作为现象学直观使世界成为现象显现。他说："那个非现实的东西，那个'使我感受'的东西，正是现象学还原所想达到的'现

---

① ［德］海德格尔《林中路》（修订本），孙周兴译，上海译文出版社2004年版，第59—60页。
② ［法］杜夫海纳《美学与哲学》，孙非译，中国社会科学出版社1986年版，第54页。

象'，即在呈现中被给予的和被还原为感性的审美对象。"①杜夫海纳美学思想的重要意义在于，他超越了现象学美学，认为审美知觉（体验）就是现象学直观，作为审美体验的对象——现象才真正呈现，现象学还原才有可能。此外，杜夫海纳也指出了审美的形而上学的意义："这种作品总有一个第四维度，一个我们至少预感到的、构成作品深度的意义的气息。""审美对象……永远让思考得不到满足，使我们常常感到意义有一个宗教维度。"②杜夫海纳断言："是审美经验提示哲学要……从现象学走向本体论。"③当然，杜夫海纳的审美现象学也有缺陷，如他信从梅洛-庞蒂，把审美体验等同于感性知觉，因而具有自然主义倾向。他把审美还原为"灿烂的感性"，而遮蔽了审美的超越性，也遮蔽了存在的意义。

中国古典美学也建立了审美现象学。在中国古代，对于本体——道的把握，不是通过逻辑推演，也不是通过经验归纳，而是通过一种现象学的还原和直观：儒家的"正心""诚意"，道家的"心斋""坐忘"，禅宗的"悟"，使道作为"象"呈现。象不是概念，也不是表象，而具有现象的性质。在中国美学体系中，象最终演变为意象。意象是审美体验的产物，是道的体现，使本体作为现象显现。中国美学与西方的客观模仿说不同，也与主观的表情说不同，它认为艺术不是对客观事物的再现，也不是主观情感的复制，而是道的体现。《文心雕龙》论证了道化身为天地自然之文与人文，而人文经由圣人而作，故文以明道。文不是通过概念而是通过意象显

---

① [法] 杜夫海纳《审美经验现象学》，韩树站译，文化艺术出版社1992年版，第364页。

② 同上，第367页。

③ 同上，第418页。

现,使道被直接领会。在这种论述中,抛开蒙昧的思想杂质,可以看到审美现象学的思想。

审美意象与现象学的现象是同一的,只有审美意象才符合现象的特征,如物我合一、知情合一、直观体验、本质的呈现等。实际上,在审美之外没有现象学还原,现象也无从显现,审美就是现象学的还原和直观。当然,缺席现象学也有其合法地位,但它不是充实的现象学,不能使现象直接呈现;而审美使现象直接呈现,从而具有现象学的明证性。审美意象是审美意识的基本单位,审美意识就是审美意象的运动。审美意象即现象,是存在的显现,审美意识是关于存在的意识。因此,审美现象学是充实的现象学,是现象学的最标准的形式。

三、审美现象学的可能性和意义

以上我们从哲学史上考察了现象学的审美主义走向,但这还不够,还应该从理论上证明审美现象学的可能性,也就是说明审美如何使存在显现以及审美如何领会存在的意义等问题。

关于审美、艺术与真理的关系问题,古来就有争论。古希腊的艺术或者被认为是理念的不真实的模仿,低于现实事物(柏拉图);或者认为是现实的模仿,虽然可以体现某种历史的趋势,但仍然不会超越现实(亚里士多德)。近代西方美学也认为审美低于理性,"美学之父"鲍姆加登认为审美是感性的完善;康德提升了美学的地位,但也仅仅是从现象界到本体界的中介;黑格尔把美更提升到理性高度,但仍然是"理念的感性显现",低于宗教和哲学。但在现代,理性主义衰落,审美主义兴起。叔本华、尼采、海德格尔后期乃至福柯等都走向审美主义,他们认为审美是克服理性压迫而通向自由的途径，审美价值是最高的价值。这种审美主义也包含着这样一种思想，即审美是发现真理的途径，审美可以把握存在的意义。海德格尔后期就沿着这一路线建立了审美现象学；加达默尔也曾经提出过有艺术的真理；英加登提出艺术有形而上的层面，也与艺术的真理性相关。但艺术、审美似乎是一种涉及情感、想象、幻象的活动，能够具有真理性吗？能够把握存在的意义吗？这些问题都指向了审美现象学如何可能的问题。

审美现象学必须具有存在论的基础。存在作为本体论范畴，具有本真性和同一性。存在的本真性在于，存在是生存的根据，超越现实生存；存在的同一性在于，存在是我与世界的共在，彼此没有分化、对立，而是互相依存、构成。现象学的宗旨是使存在显现，也就是使生存回归存在；在这个过程中，本源的世界自动呈现出来，也就是"朝向实事本身"。这也就是说，现象学使存在的意义显现出来。如何使生存转化为存在呢？海德格尔力图让此在通过在世的体验领会存在的意义，但没有成功。这是因为，此在在世的体验仍然是一种现实意识，即使面对死亡，也仍然如此。缺席现象学似乎一定程度上解决了存在显现的问题，但缺席现象学不是充实的现象学，它对存在的把握只是一种推定，是推定存在论。要建立充实的现象学和确定的存在论，首先要建立审美现象学。从本体论上说，审美作为自由的生存方式，回归了存在。从现象学上说，审美作为自由的生存体验方式，也领会了存在的意义。因此，审美既是充实的现象学，也通向了确定的存在论。那么，审美现象学如何使现实意识升华为审美意识，从而使世界由表象转化为意象（现象）呢？从现实意识进入到审美体验本身就是一种"现象学还原"，这种还原不是回到作为"一般的意识"的纯粹意识或作为先天结构的先验意识，而是升华为审美意识。审美意识就是一种真正的"现象学直观",因为审美意识是非自觉意识的充分形式,它摆脱了自觉意识的制约,使想象力、情感体验、理解力融为一体,具有充分的直观性。审美意识是审美意象的运动,审美意象既是审美对象,也是审美意识,是二者的同一。这就是说,审美意象即现象,审美使主体具有了本真性,也使对象作为现象呈现。于是,在审美中,世界就回归本源,露出了本来的面目,存在的意义也得以显现。

审美现象学涉及审美对象与存在的关系问题,因为审美现象学必须以存在或世界整体为对象,才能获得存在的意义。但是,审美对象是具体事物,它如何能够在审美中成为世界整体呢?我们考察审美的过程,可以解决这个问题。在审美中,现实世界被虚无化,不复存在,而具体的审美对象已经脱离了现实世界,而成为审美主体面对的整个世界:作为审美意象,它已经不再是现实世界的一部分即表象,而是整个对象世界。我们对一幅画进行审美欣赏,就已经使画框以外的现实世界消失;此时的画像不再是画布加颜料,而成为审美意象。它不再局限于有限的画框之内,而呈现为整个世界。其他艺术作品也是如此。艺术对象不仅仅呈现为整个世界,而且具有本真性。它使我们穿透了表象化的现实世界,而进入更亲切、更真实、更使我感动的审美世界。总之,审美对象是存在的现身,是一个更加真实的世界。

审美现象学还面临着另外一个问题,就是现实自我如何克服自身的局限而能够把握超越性的存在。显然,现实的我即经验自我、经验意识具有局限性,只能把握经验世界,不能把握超验的存在。因此,康德才划定了现象领域与本体领域,前者是经验对象,可知;后者是超验对象,不可知,只是信仰的对象。胡塞尔的方法是克服"自然的态度",通过"悬搁"存在的信念而还原到纯粹意识或先验意识。但他的问题在于,在现实生存条件下,人不可能摆脱经验意识而还原到纯粹意识,也不存在这种非人化的"一般意识";而所谓先验意识更只存在于无意识领域,不能还原为显意识,更不能以此来把握实在。前期海德格尔的方法是让此在面对极端的情况死亡,产生畏的体验,进而使世界虚无化,使存在现身。但海德格尔的问题在于,此在作为现实自我,是否面对死亡就能超越自身而成为本真的自我?答案应该是否定的。死亡不是体验的对象,而只是观察对象,因为任何人都不能体验自己的死亡,观察他人死亡不能代替死亡体验,因此不能导致一种现象学的直观。而且,自我也不能因面对死亡而超越现实生存体验,也不能摆脱现实意识而获致对生存意义的透彻体悟。那么。现象学的出路何在呢?只能在审美。审美作为自由的生存方式,回归了存在的本真性,不仅提升了对象,也提升了自我。审美主体从现实个性转化为审美个性,这是理想的、自由的、全面发展的个性。审美主体从现实意识转化为审美意识,这是解放了的非自觉意识,因此具有自由性和超越性。审美个性或审美意识可以超越现实个性和现实意识的局限,进入超验的本体领域,领会存在的意义。从现象学的角度上说,就是审美"悬搁"了现实意识,使审美能意识成为被"还原"的"纯粹意识",从而可以使对象(存在)作为现象显现。

接下来的问题是,审美主体如何与审美对象同一。经验世界中主体与对象对立,主体不能完全把握对象,而只能"说明"世界。现象学认为,现象的显现就是意识与对象相即,也就是克服主客对立,使对象作为现象自行呈现出来。为了实现这一目标,传统现象学是通过先验论和意向性来解决的。胡塞尔诉诸意向性结构,以此消除对象的外在性,并且通过还原到纯粹意识和本质直观,达到意识与对象切合相即。前面已经说过,从经验意识还原到所谓纯粹意识并无可能,也没用所谓作为一般意识的"纯粹意识"。海德格尔把意向性变成了"此在在世界中存在"的操心,本质直观变成了畏的体验,最后使对象虚无化,从而领会存在的意义,实现主体与对象的同一。他们都是从主体性出发,以主体来统合对象,消除对象的外在性。但主体性不能消除对象世界,因此也不能实现主体与对象的同一并把握对象的本质。这也就是说,在主客对立的情况下,不能实现本质直观,也不能领会存在的意义。真正实现我与世界的同一,只能回归存在,而回归存在的途径只能是审美。这就是说,审美现象学真正解决了我与世界同一的问题。那么,审美现象学如何解决这个问题呢?审美作为自由的生存方式,回归了存在的同一性,而存在的同一性在审美中表现为主体间性。所谓主体间性,是存在的同一性的实现,它把主客关系变成了主体与主体的关系。这是我所说的本体论的主体间性,它建立在存在的同一性,即我与世界的共在的基础上,因此不同于胡塞尔的认识论的主体间性,也不同于哈贝马斯的社会学的主体间性。审美中,审美主体和审美对象都脱离了现实生存领域,进入了自由的生存方式,审美主体不再是现实自我,而成为审美意识、审美个性,这是自由的意识和个性;审美对象不再是死寂被动的现实世界,而是有生命、有灵性的审美世界。审美主体与审美对象之间失去了主客对立,审美主体超越了现实自我,不再对世界抱有占有的欲望,不再把片面的价值和知识加之于世界;世界也不再以片面的独立性抵制主体,它们互相交往,达到理解和同情,最后融合为一体。

审美经验特别是艺术经验证明了审美的主体间性。审美中我与世界之间是一种理解和同情的关系,这就是所谓意向性和现象学直观。理解和同情只能在主体之间进行,不能在主客体之间发生,而审美是理解和同情的充分形式。在表现艺术中,审美对象具有强烈的情感，并且与我的情感呼应，如此才能打动我们。在现代艺术中，艺术角色成为我交往的对象，我充分地理解了他们，同情他们的遭遇，他们成为我的化身。现代美学已经转向了主体间性，海德格尔描述了"天、地、神、人"四方的亲密关系构成的"世界游戏"；加达默尔指出了解释主体与文本之间的"视域融合"和"问答逻辑"；巴赫金提出了艺术形象与创作主体之间的对话关系；接受美学也认为文学文本不是客体，而是"准主体"，文本不是被动的接受对象。中华美学不同于西方古典美学，它强调了审美的主体间性。它认为审美不是外在的认识，而是一种"感兴"，即审美主体与审美对象互相触发，产生审美情感；通过情感的互动、沟通，消除了主客对立，达到了物我同一。钟嵘所谓："气之动物，物之感人，故摇荡性情，形诸舞咏。"（《诗品序》）刘勰所谓："春秋代序，阴阳惨舒，物色之动，心亦摇焉。""目既往还，心亦吐纳……情往似赠，兴来如答。"（《文心雕龙·物色》）王夫之进一步论述了情景相生的关系："夫景以情合，情以景生，初不相离，唯意所适。"（《姜斋诗话》）"景中生情，情中含景。故曰：景者情之景，情者景之情也。"（《唐诗评选》卷四岑参《首春渭西郊行，呈蓝田张二主簿》评语）唐志契说："山性即我性，山情即我情。"（《绘事微言》）叶燮说："物我相合而为诗。"（《原诗》）王国维说："一切景语皆情语也"（《人间词话》）。总之，从现象学的角度说，审美达到了主体与对象的契合无间，世界作为审美意象自动呈现出来，从而实现了"朝向实事本身"，领会了存在的意义。

审美现象学作为"充实的现象学"，其意义超越了美学领域，而具有了本体论的意义。审美现象学弥补了缺席现象学的不足，直接领会了存在的意义，而它就是自由。审美是一种自由的生存方式和生存体验，对它的反思即获得存在的意义——自由范畴。因此，审美现象学为哲学本体论提供了一个坚实的基础，克服了推定存在论的不足而建立了确定的存在论。审美现象学确立了存在的本质（意义）是自由，从而可以在这个基础上推导出系列的哲学范畴（如存在的同一性以及同一性范畴时间和空间；存在的本真性以及本真性范畴实有和虚无等），进而建立一个完整的哲学体系。这个更为庞大的工作，尚有待于我们去完成。

（本文系初次发表）

意识结构与审美意识

意识作为一个整体,具有自己的结构,而审美意识应该存在于这个结构之中。意识结构包括意识层次、意识水平以及认知方面和情意方面。审美意识属于意识的非自觉层次和超越性水平,并且具有知情合一性。由此,审美意识的性质和特征就得到了根本性的揭示。

一、人类意识层次

现实意识区分为无意识、非自觉意识和自觉意识三个层次。其中无意识是深层结构,非自觉意识是中层结构,自觉意识是表层结构。无意识是以原始意象形式存在的,它既是原始人类的"集体表象",又是个体童年时期形成的个体意象;它既包含着原始欲望,积聚着巨大的心理能量,又包含着原始思维逻辑,是非分析的(非形式的)逻辑即综合(内涵)逻辑,直觉想象和创造性思维就是依据这种逻辑。无意识是人类意识的深层动力和依据,人的情意活动和认知活动都以无意识为最终根据。但无意识又并不直接表现出来,而是通过非自觉意识发生作用。人类的认知意象和情感意象都是由无意识中(原始意象凝结的)原始范畴模塑经验材料生成的。无意识积聚的原始意象凝结成为原始范畴，它是人类的意识活动的"先验范畴"。康德提出人类的认识结果不是客观的再现，而是由"先验范畴"统合经验材料的产物。而现象学美学家杜夫海纳则认为，康德只考察了认识的先验范畴而忽略了情感先验范畴。他认为情感先验范畴是情感包括审美情感活动的依据或"前理解"，这是一个创造。但他又认为情感先验范畴就是审美范畴，这就成了问题。我们则认为，确实存在着情感先验范畴，但它不是审美范畴，而是原始范畴。审美范畴不是先验范畴而是超验范畴，是原始范畴的转化形式。

非自觉意识是无意识的合法表现形式，它把无意识中积聚的原始欲望部分地转化为合法的情感意志；也把无意识的直觉想象力部分地转化成为现实的直觉想象活动。因此，非自觉意识是自由的意识、创造的意识。同时，非自觉意识作为无意识和自觉意识的中介，既传导无意识冲动，推动自觉意识活动，又传达自觉意识的规范，抑制无意识冲动，从而保持意识的活力和平衡。

自觉意识是非自觉意识的反思形式，它使用语言等符号，具有自觉性，适应现实环境，并规范、制导非自觉意识；同时又能够积累、推广知识，建立价值体系。人类能够创造和使用语言符号，就因为具有自觉意识，而动物则因为不具有自觉意识，不能使用语言符号。

在意识结构中，无意识、自觉意识与非自觉意识的关系是互动的：一方面，非自觉意识是在自觉意识制约下由无意识中突发出来的；另一方面，自觉意识又是对非自觉意识反思的产物。这样就产生了自觉意识与非自觉意识究竟谁在先的问题，这类似于先有鸡还是先有蛋的悖论。实际上这个二律背反可由结构发生上得到解决。如前所述，现实意识系统由原始意识系统转化而来，通过对原始意识的反思，才产生了自觉意识，同时也使原始意识结构转化为无意识结构。在这个意义上，是自觉意识在先。随后，自觉意识与无意识的冲突产生了非自觉意识，非自觉意识是二者的缓冲地带，而对非自觉意识的反思产生了新的自觉意识。如此循环上升，现实意识得以发展。这个过程实质上就是无意识通过非自觉意识的中介不断向有意识转化的过程。非自觉意识是最基本的意识活动，是对对象的最直接的把握，这种把握有着人类历史实践的依据，因而具有普遍必然的有效性。自觉意识是对非自觉意识的控制（反思），是对对象的间接的（理智的）把握。非自觉意识是意识发展的能动力量，它不断冲破自觉意识的旧有思维模式和价值规范，建立新的自觉意识"范式"。同时，自觉意识"范式"又以一定的现实性为依据，抑制着非自觉意识的冲动，以保持人类意识的相对稳定性，使其成为现实性与可能性的统一体。弗洛伊德把意识区分为意识、前意识和无意识三个层次，但他片面强调无意识的冲动和意识的压抑作用，而前意识则成了消极的"检查员"，抹杀了前意识（相当于我们的非自觉意识）认识和创造的作用，并且取消了认知无意识的存在，这是其局限。

直觉、想象和灵感是统一的非自觉意识的不同表现形式，它们并不存在质的差别。直觉通过意象的发生直接把握对象，想象则是意象的运动，其结果便是直觉。灵感既可看作是想象的开端，又可看作是特殊的直觉发动。因此，当克罗齐说直觉即想象时，他是有道理的。

非自觉意识不同于原始意识的非自觉性，它不是盲目、被动的非自觉性，而是自由、能动的非自觉性。自觉意识的自觉性以主体与客体的对立为前提，它本身即是对意识自由的限制。非自觉意识则力求消除主客体的对立，发挥人类自由、能动的天性进行意识活动，因此不需要进行自我限制。借助于自觉意识的帮助，非自觉意识又可以被觉知，因为它是受到自觉意识制约的，因而区别于原始意识。总之，非自觉意识的非自觉性不仅是自觉性的不及，也是其超越，是超自觉意识。人类意识的根本功能就是把孤立分散的现象世界整合为知识系统以掌握世界；把盲目冲动的内部情意整合为观念系统以掌握自我，同时意识又力求超越这种有限的把握以进入自由的境界。这种能力应追溯到原始意识向无意识的转化，而直接体现于非自觉意识与自觉意识的能动关系。以无意识为中介，非自觉意识继承、改造了原始同一性范畴和综合逻辑，与原始意识间具有结构上的对应关系和心理能量上的承续关系。这种联系可以由儿童阶段意识发展水平（主要是直观、想象能力）对成人阶段创造能力的决定性影响中得到证明。当然，非自觉意识受到自觉意识的控制，它摒弃了原始意识的虚幻性，成为对对象的真实的、直接的把握。

从情意方面说，一切直接的内部体验活动（情绪欲望、情感意志和审美意识）都属于非自觉意识，一切价值判断（价值态度、价值观念和价值论范畴体系）都属于自觉意识，后者是对前者的反思形式。内部体验活动在价值判断的制约下体现着人的自我需要，是能动的价值创造力。价值判断面向现实，并使内部体验符号化，成为可以把握的规范形式。价值判断以抽象符号和思维活动来负载，内部体验则以意象和直觉、想象活动来负载。

总之，与自觉意识相比，非自觉意识摆脱了符号的抽象性和形式逻辑的限制，创造性地掌握主体和对象；摆脱了意识形态的局限，直接地发挥人的自由能动的天性。非自觉意识直接与实践活动相联系，这是其能动性、创造性的根据。同时，它又超前于实践，推动着实践，超越现实必然，指向可能性和自由的领域。因此，萨特指出:"想象不是意识借以获得经验的额外功能。想象是体现自由时的整个意识……"①马克思对想象更给予很高的评价,指出它"十分强烈地促进人类发展的伟大天赋"。总之,非自觉意识是人类意识的连续性和完整性的关键环节,它继承了人类意识发展的全部历史成果,并且成为面向未来的创造性的、自由的意识。

由上述分析可知,人类现实意识系统分为三个层次:无意识、非自觉意识和自觉意识。无意识继承了原始意识结构,成为人的认识能力和情感欲望的先天源泉。自觉意识是面向现实的不自由的意识,它又成为人类现实生存和发展的内部根据和能力。而作为中介和连续性因素的非自觉意识是创造性的自由意识,它最大程度地摆脱了对象的固有属性和主体片面需要的限制,按照人的自由天性能动地创造着自我和对象。如果说在感性和知性阶段由于受到自觉意识的制约,非自觉意识的自由性还没有得到充分发挥的话,那么在超越性阶段由于摆脱了自觉意识的限制,审美意识充分地体现了其自由本性,成为非自觉意识的最高形式。

二、人类意识水平

人类意识分为感性意识、知性意识、超越性意识三种水平,并体现在非自觉意识和自觉意识两个层次上。自觉意识由表象到概念、范畴的上升运动表现为抽象概括的过程,但这种上升运动形式是后成的,而非自觉意识的上升运动(由感性意象向知性意象、超越性意象的上升运动)则是先行的。由感性到知性、超越性的意象运动是发现、理解的过程,也就是直觉、想象(即直觉的"推

---

① 《外国理论家作家论形象思维》,中国社会科学出版社1979年版,第202页。

理"）活动。这种意象上升运动产生更高水平的新的意象，经由对它的反思，就形成新的自觉意识符号（概念、范畴）。人们便用新的符号体系来重新组织经验材料（表象或概念），建立起新的联系，形成新的知识体系。这样，由非自觉意识的发现、理解活动就转入证明、解释的自觉意识活动。非自觉意识作为创造性意识总是打破自觉意识的"范式"，形成革命性的知识、价值体系。另一方面，自觉意识的上升运动又是非自觉意识上升运动的条件，前者为后者提供了方向、目的和逻辑规范。在自觉意识的制导下，人的先天和后天积累的经验和能力都被调动起来，按照综合逻辑构造出更高水平的意象。

非自觉意识的感性形式是直观、联想的活动。感性意象直接发源于原始意象，儿童与原始民族遗觉象的普遍性证明了这一点。感性意象是对现象的直接把握，但不是照镜子般的反映，而是能动地从整体上构造对象；格式塔心理学揭示了知觉意象的这一特性。因此，人才能识别对象和进行回忆和联想活动。从情意方面说，感性意象是情绪欲望的表现形式，这是无意识内驱力的现实体现。

自觉意识的感性形式是表象，作为对感性意象的反思，它已经是初步的抽象。表象是对对象的外在特征的概括，而与具体的意象不同。一些心理学教科书把表象区分为一般表象和特殊表象，而实际上表象即一般表象，特殊表象只能是意象。由于表象是对现象的类的概括，具有一定的可逆性，因此可以进行低级的思维活动，如儿童的具体运算和表象思维。观察活动就是在知性思维指导下的表象（经验材料）积累，成为科学思维的基础。表象以其抽象、概括区别于意象的具体、丰富，后者含有更多的理解因素。从情意方面说，自觉意识的表象是价值态度，这是最初级的价值判断形式，即简单的肯定与否定形式。价值态度是对情绪欲望的自觉把握，但已失了情绪欲望的丰富性、具体性和能动性。某些概念的例证、图示，模型可以看作是认知表象，而某些礼仪形式（如敬礼、鸣礼炮、下半旗等）和礼仪符号（十字架、黑纱、徽帜等）则属于价值表象。词可以是概念，也可以是表象。传统观点认为词即概念，从而成为知性的抽象，这是一个极大的误解。表象联结着感性意象，所以能用抽象的词描述具体的东西，直到创造艺术形象，就在于创造了形象化的语境，使词呈现为表象，并隐含着意象。

非自觉意识的知性意象活动即直觉、想象。知性意象是感性意象的升华，后者是对现象的直观把握，前者是对本质的直观把握。人类能够在思维活动的基础上运用直觉、想象能力创造知识，这已被科学实践所证实。爱因斯坦指出，在感性经验材料到科学理论之间没有逻辑的桥梁，必须诉之于直觉、想象；直觉和想象是科学研究中的实在因素，因此他强调"我相信直觉和灵感"。知性意象的发生是在由表象到概念的思维活动促使下，感性意象在无意识中重新组合、深化的结果，这点前面已经阐述过了。知性意象较感性意象要更具有概括性，它不是具体对象的表面现象，而是一种深刻、具体、丰富的理解，这种理解只可描述、体会，却没有一种符号能够完全对应地加以表达，概念只是它抽象化的符号。

对知性意象的反思产生概念，概念的运动即思维。概念是知性意象的自觉掌握，它作为逻辑符号构成知识体系。概念与知性意象相随，它才是可以理解的。但抽象概念体系容纳不下丰富、具体的意象体系，这就产生了中国古代的"言不尽意"的说法。知性思维活动遵循形式逻辑，它是直觉、想象活动的逻辑化、规范化，从而成为自觉性的意识活动。直觉、想象活动依据综合逻辑可以进行发现、理解活动，而逻辑思维依据形式逻辑则可以进行证明和解释。

从情意方面看，知性意象的内容即情感意志，它较之感性意象即情绪欲望具有更深刻的内涵。它已不是朦朦胧胧的冲动,而是有着明确的情意的要求。但情感意志又是生动、丰富,具体的意象,所以不能与思维并列于同一层次。对情感意志的反思即一定的价值观念,这是价值态度的理论形式,是情感意志的抽象化、规范化,它可以用概念来表述。情感意志直接是人的需要的体现,同时又受一定价值观念的制约。情感意志总是在可能的现实条件下冲破价值观念体系的束缚,从而形成新的价值观念体系,这标志着主观与客观矛盾的进一步解决。社会的价值观念体系即意识形态,而情感意志属于社会心理,前者制约后者,后者不断突破前者,社会意识由此得到发展。弗洛伊德的有意识抑制无意识,无意识冲破有意识的思想不过是上述合理思想的心理学表述。

在感性、知性水平之上,还存在着超越性意识。以往我们仅仅把意识区分为感性和理性两种水平,其实康德和黑格尔都把人类意识划分为感性、知性和理性三种水平。哲学思维区别于科学或意识形态等知性思维,是理性思维。在这里,我们不使用理性概念而使用超越性概念,因为理性是一个含混的概念,它不仅用于意识水平的划分,如与感性相对的用法;也是意识层次的划分,有理智,自觉意识的含义,如与非理性主义相对的理性主义等用法。我们以超越性来代替作为意识水平的理性概念,也就是说,与感性意识、知性意识相对的是超越性意识。超越性意识是具有形上高度的自由意识,它从总体上把握生存的意义。非自觉意识的超越性水平是审美意识,自觉意识的超越性水平是哲学意识,它们都是自由的意识。超越性意识不是对现象世界的感性和知性把握,而是对存在意义的把握。它体现了人类生存的自觉性。在现实意识结构中,我们找到了审美意识的位置,从而也可以进一步揭示审美意识的性质和特征。

我们把现实意识系统区分为三个层次（自觉意识、非自觉意识和无意识）、三种水平（感性、知性和超越性）和两个方面（认知和情意）。这样，就构造出复杂而又有序的现实意识系统的结构模型。

意识水平 心理层次	感性	知性	超越性
自觉意识	表象 （经验认识/ 价值态度）	概念 （科学认识/ 价值观念）	范畴 （哲学意识）
非自觉意识	意象 （直观联想/ 情绪欲望）	意象 （直觉想象/ 情感意志）	意象 （审美意识）
无意识	原始意象 （原始欲望/原始逻辑）		

三、审美意识的性质和特征

审美意识是超越性非自觉意识，其基本性质有两点，一是具有充分的非自觉性，一是具有超越性。这两点的集合就是自由的意识。

审美意识属于非自觉意识，而且是非自觉意识的最高形式。这就是说，审美意识具有充分的非自觉意识特征，如意象性、非逻辑性、情感性等。由于审美理想解除了自觉意识对非自觉意识的束缚，使非自觉意识得到充分解放。这样，审美意识就具有了充分的意象性、非逻辑性、情感性等特征，成为自由的意识。审美意识具有充分的创造性，并且使人从社会抑制和自我抑制中解脱，成为自由的人。

审美意识还属于超越性意识，是非自觉意识的充分形式。超越性意识具有超越性，是对现实意识的超越。感性意识和知性意识都属于现实意识，现实意识是有限的、不自由的意识。审美意识超越感性、知性水平，达到了超越性水平。审美意识是对生存意义的直接体验，达到哲学意识的高度，使人成为自觉的人。因此，审美不仅仅是好听好看，更在于使人超越现实意识的局限，拥有自由的意识。

审美意识的自由、超越性质表现为以下特征：

第一，审美意识是自我意识与对象意识的完全同一。原始人对世界的依从和无知，使他们没有主体与客体的分别。他们既没有自我意识，也没有对象意识，只有一种动物式的统一的世界意识。在原始人看来，人与外物是密不可分地联系在一起的固有的同一物，二者都不具有独立自在的意义，人可以变成外物（通过巫术活动，如咒语、模仿、歌舞等），万物也具有灵魂、力量等人的属性（如自然崇拜和图腾崇拜）。在原始巫术意识中，人与世界完全同一。原始意识瓦解后，产生了现实意识。现实意识的对象是片面的、外在于人的世界，统一的世界意识瓦解了。这时人开始把主体与客体严格区分，把客体从与人的联系中抽象、分离出来加以认识，以掌握其各方面的属性；把主体从与客体的联系中抽象、分离出来，以控制主体的情意。这是认识和改造世界的科学方法，但世界的统一感却被分割了、被抽象化了，这表明现实意识还不是全面的自由的意识形态。恩格斯在《自然辩证法》中曾经指出，古希腊人对世界的整体的直观要比17和18世纪的形而上学的细节方面的精确观察总的说来要正确些。在消除主体与客体对立的审美意识活动中，统一的世界意识才真正地得到恢复。这时，人把世界当作自己的外在现实和无机的身体，当作自由意识和个性的对象，才能见花落泪，见柳伤情，它们有生命、有感情，与人同欢乐、共忧愁；才能同情艺术中的人物，仿佛他们就是自己一样。这种真实的幻觉根源于原始意识与儿童意识的结构承续性，而又构筑在现实意识的基础上，具有更高的水平。它体现着人与世界的和谐、一致，是人类的美好理想。在审美的精神创造中，理想变成了现实，世界不再是与人隔绝的了，而成了人的"无机的身体"。主体与客体，主观与客观在实践创造的统一性的基础上，经过审美创造而达到了完全的同一。桑塔亚纳提出美是内在的、客观化的价值，就是意识到审美中主客观的同一，因而审美价值是完全对象化的。审美意识中自我意识与对象意识的同一根源于人与世界的主体间性关系的实现。由于克服了主客对立关系，进入了主体间性关系，因此，自我意识与对象意识融合为一。

第二，审美意识是无意识与自觉意识对立的消失。原始社会人的本质力量还没有发展起来，还没有形成人的要求和认识能力，原始意识还没有超出本能的水平。这就决定了原始意识既无自觉性，也无潜在的要求，也就是不存在自觉意识、非自觉意识和无意识的分化和对立，是完全混一的意识。进入阶级社会后，人的本质力量与社会关系发生矛盾，一部分欲望得到实现或有可能得到实现，就形成了人的自觉意识；一部分受到社会条件的束缚，没有可能得到实现，受到自觉意识的压制而潜伏于意识的底层，形成无意识。无意识作为能动的因素冲击着自觉的意识，同时又受到自觉意识的抑制。人不断通过社会实践改造着现实关系，实现着内在的发展要求，使无意识有可能不断地转化为自觉意识，从而发展着人类的现实意识。但是，这种矛盾又会在新的水平上生产出来，生生不息，流动转化。应当申明的是，无意识并不限于弗洛伊德所泛化的性欲，而是指人的一切潜在的需要、愿望和能力，主要是性欲和攻击性。而且，除了"情感无意识"外，也包括"认知无意识"，即原始直观和原始思维逻辑。无意识不仅根源于人的先天的本能，它同样也与社会生活密切相关。只有人类生活本身，才使自觉意识与无意识有可能产生和转化、发展。对于原始人、狼孩，既无自觉意识，也没有无意识可言。人的无意识、非自觉意识、自觉意识之间是可以转化的。如《安娜·卡列尼娜》一书中有这样一段情节：安娜在舞会上结识渥伦斯基后，由莫斯科返回彼得堡，她丈夫卡列宁到车站接她。安娜突然觉得他的耳朵很难看，而以前却没有这个感觉。这个细节说明安娜处于一种无意识状态的、对真正的爱情的渴求开始觉醒，转化为非自觉意识。在这种非自觉意识感觉的基础上，安娜终于产生了对不幸婚姻的自觉意识。只有在审美意识中，无意识与自觉意识的对立才完全消除。在审美意识活动中，聚集在无意识中的人的潜在的自由要求转化为审美理想，它解除了现实关系和现实意识的束缚，突破了自觉意识的防线，把感性意象创造为审美意象。在审美意识中，人的最高要求得到了实现，无意识与自觉意识完全同一。因而，在审美和艺术中人才会觉得那么自由，获得彻底解脱。

第三，审美意识是认知与情意的完全同一。由于主体与客体的关系不同，因而人类意识的客观方面（认知部分）和主观方面（情意部分）的关系也不同。原始人所拥有的统一的世界意识，决定了原始意识没有认知与情意的区分，它们融合在原始意象之中。对原始人来说，对象没有固有属性与价值属性之分，意识活动没有客观（认知）方面和主观（情意）方面之分，它们是混沌未分的直接同一。随着人们实践活动的发展，认识和需要也得到发展和分化。商品生产的产生和发展，产生了具体劳动和抽象劳动的对立，事物的客观属性与价值属性分离，认识与需要不相符合，一方面劳动者对于产品的客观意义的认识抽象化,对个体来说:"……十二小时劳动的意义并不在于织布、纺纱、钻孔等等,而在于这是赚钱,赚钱使他能吃饭、喝酒、睡觉。"①在异化劳动的另一极也一样:"贩卖矿物的商人只看到矿物的商业价值,而看不到矿物的美和特征:他没有矿物学的感觉。"②这就产生了对象的价值意义与客观意义在个体意识中的不相符合,即情意与认知的矛盾。这种矛盾是人与自然的对立、主观与客观的分离在意识中的反映。现实意识的矛盾双方在实践中又保持着相对的统一。在审美意识中,由于异化活动的克服,主体与客体对立的解决,认知与情意达到了完全的同一。审美意象既是审美认识,又是审美情感,它们是同一个东西。美既是客体的特征,又是主体的态度,在审美状态中认识因素与情感意志因素无法区分。因此,审美意识的认知功能与情意功能是一致的。当我们审美时,既仿佛认识到了某种深刻的人生哲理,又仿佛受到了一种激情的感染。再现艺术偏于认识,但小说、戏剧打动人的感情绝不比诗歌、音乐逊色。同样,表现艺术偏于表情,但深刻的音乐也会启发我们思考社会人生。真和善,标志着一种人对世界和自身的有限的、片面的掌握;至真和至善,则是人对世界和自身的绝对的、全面的掌握,这就是审美的掌握。美与艺术是至真和至善的同一。至真与至善是一个东西,审美认识与审美情感也是一个东西,现实关系的片面性使知情分裂,在审美关系中复归同一。

第四,审美意识具有充分的意象性。审美意识是非自觉意识的充分实现,非自觉意识是意象意识,因此审美意识也具有充分的意象性。原始意识是意象意识,但具有巫术性。现实意识被抽象化,

---

① 《马克思恩格斯全集》第6卷,人民出版社1974年版,第478页。
② 马克思《1844年经济学—哲学手稿》,人民出版社1979年版,第80页。

感性、知性意象受到自觉意识的限制，不能独立存在，不具有充分的意象性。审美意识克服了现实意识的抽象性，在更高水平上恢复了原始意识的意象性。审美意识比感性、知性非自觉意识具有更充分的意象性，因为它完全摆脱了自觉意识的制约、限制，意象意识获得独立和解放。审美不使用抽象符号，不对感觉进行表象和概念的抽象，而是充分的意象直观，世界不经过抽象化而被直接把握，它始终保持生动、具体的面貌，这才是世界的"本来面目"。这就是俄国文艺理论家什克洛夫斯基所说的事物在审美活动中的"陌生化"。艺术的形象性就是审美意识的意象性的体现。所谓形象思维实际上就是意象思维，就是非自觉意识活动。艺术作为审美意识活动，是意象思维的充分形式。

第五，审美意识具有非逻辑性，是自由的创造活动。原始意识不遵从形式逻辑，而遵从原始逻辑，是直觉体验和想象创造。现实意识遵从形式逻辑，通过概念、判断、推理进行思维，在这个过程中，直觉想象力受到限制。这实际上是现实世界对人的自由的限制。审美是直觉想象力的解放，它在审美理想的支配下，解除了自觉意识和逻辑思维的限制，克服了现实意识的不自由性，进行自由的创造。审美意识是审美意象的创造、联结和转化，它只遵从审美自身的规律，不受形式逻辑规则制约。艺术活动就是如此，它不使用概念，不进行判断、推理，而是通过艺术想象和直觉体验，创造艺术形象。所谓形象思维的非逻辑性也源于此。审美意识对逻辑规律的超越，实际上是人对现实世界限制的超越，是自由的实现。

第六，审美意识是个体意识与集体意识的完全同一。原始意识是集体意识（所谓"集体表象"），个体意识完全湮没于其中，失去了独立性，原始人之间没有个性的区别，所以马克思、恩格斯称之为"畜群的意识"。这是狭隘的集体生活方式造成的。社会分工和阶级的分化，促使个体意识与集体意识发生分化与对立。这时，社会意识对个体意识的规范带有强制性和束缚性，这种矛盾有时会发展到对抗的地步。马克思在《共产党宣言》中认为，在共产主义社会，"真实的集体"将取代"虚假的集体"，并且"排除一切不依赖于个人而存在的东西"，人的个性得到充分发展。这样，个体意识与集体意识高度同一，个体意识充分体现着集体意识，集体意识完全寓于个体意识之中。这与审美意识的本质是一致的。个体审美意识与整个社会的审美意识充分一致，这种一致在于，个体审美意识越独特，个体越能发现、创造独特的美，这种美就越深刻、越充分、越能被人们所欣赏。个体审美意识间并不互相矛盾、排斥，每个人尽可以有自己的偏好，但并不否认别人的美感，仍然会有同感。由此，艺术品的独特性与普遍性（越具有个性就越有普遍价值）的统一可以找到答案。这是因为，审美意识是现实意识的升华，从而超越了其局限性，弥合了其分裂。总之，审美意识是普遍的自由意识。

（原载于《福建论坛》2005年第6期）

走向"后实践美学"

中国当代美学的发展经历了"文革"前的"前实践美学"阶段，新时期的"实践美学"阶段，现在又进入了"后实践美学"时期。"后实践美学"是中国美学超越"实践美学"、走向世界、走向现代的阶段。

五六十年代，是中国当代美学刚刚起步的时期。在这个时期，五四前后传入中国的西方美学与后来传入中国的苏联化的"马克思主义美学"发生碰撞，引发了以批判朱光潜先生的"唯心主义美学"为起因的美学大讨论。在这场大讨论中，崛起了两个主要学派，一个是以蔡仪先生为代表的"客观自然派"（主张美是客观的自然属性，美感是其反映）；一个是以李泽厚先生为代表的"客观社会派"（主张美是客观的社会属性，美是人创造的）。这个时期美学研究还集中在美的主客观属性问题，各派均未形成完整的理论体系；同时，"客观自然派"与"客观社会派"也势均力敌，尚未形成主流学派。但是，这场论争为以后的美学发展建构了基本的格局：李泽厚一派已经具有了实践美学思想的萌芽，在新时期发展为完整的"实践美学"体系；蔡仪一派的"自然属性说"也在新时期发展为"反映论美学"体系。

八十年代美学的大发展是以实践美学兴起并成为主流学派为标

志的。马克思的《1844年经济学—哲学手稿》的重新翻译出版，形成了"《手稿》热"，马克思主义实践哲学迅速兴起，并对苏联传入的现行哲学体系构成重大冲击。李泽厚先生代表的"客观社会派"找到了实践哲学这个坚实的哲学基础，突出并发展了美学思想中的实践观，从而形成了较完整的实践美学体系。蔡仪一派仍坚持自己的观点，并且突出了反映论原则，建立了更系统化的反映论美学。在两种美学思想的论争中，实践美学具有无可争议的理论优势，因而成为普遍接受的美学理论。

实践美学成为主流学派并非偶然，因为它具有巨大的历史合理性。实践美学在马克思的历史唯物主义实践哲学基础上，确立了美学的基本范畴和逻辑起点——实践。实践美学认为美是人类历史实践的产物，是人的本质力量的对象化。实践美学较之反映论美学具有更多的理论合理性，这主要表现在：第一，实践美学摒弃了实体观念，认为存在不是物质或精神实体，而是社会存在即人们的历史实践；客体不是实体而是实践对象。在这种哲学观基础上，美就不再是某种物质实体，而是人的对象，它打上了主体的印记。这种实体观念向对象观念的转变，为解决美是什么这个千古之谜指出了方向。第二，实践作为基本范畴和逻辑起点，统一了主体和客体，从而克服了唯心主义的片面主观性和旧唯物主义的片面客观性，并为解决美的主客观属性问题奠定了基础。第三，实践美学在历史唯物主义基础上，为审美找到了社会历史实践这个坚实的现实基础，从而克服了传统美学的直观性和纯思辨性。第四，实践美学从实践的主体性出发，揭示了审美的自由性和反异化性质，推动了新时期的思想解放运动，形成了古今中外罕有的"美学热"。

尽管如此，实践美学仍然存在着历史的局限性和理论上的不足：

第一，实践美学残留着理性主义印记，把审美划入理性活动领域，从而忽略了审美的超理性特征。理性主义是古典哲学和古典美学的基本特征之一，它认为人是理性生物，人类区别于动物即在于人有理智、受理性支配；世界是合乎理性的，可以被理性（如科学）所认识；社会也是合乎理性的，依靠理性指引可以创造一个完善的社会和人类自身。在这里，理性并非仅仅相对于感性而言，而是相对于非理性和超理性而言，因为感性也是受理性支配的。理性包括工具理性（科学技术）和实践理性（伦理道德等）。理性主义的乐观精神在现代被冲毁了，人们发现理性并非自己的唯一本质，非理性（无意识）和超理性（终极追求）同样是人的本质属性；世界也不是理性化的，理性并不能彻底认识世界（量子力学）；社会和人也不能按照理性原则达到完善，人的精神世界的苦恼和超越性追求并非理性所能解决。实践美学的基本范畴和逻辑起点"实践"，以及"美是人的本质力量的对象化"命题中的"人的本质力量"都是理性化概念。尽管实践是一种感性活动，人的本质也有感性内容，但它们都是受理性支配的，从而排除了非理性和超理性的因素。这样，审美活动也就成为理性化的活动（尽管有感性形式，但如李泽厚所言，是感性中积淀了理性）。但是，审美并不是理性化的活动，也不是受理性支配的感性活动，而是超理性活动。审美发源于非理性（无意识）领域，并突破理性控制，进入到超理性领域。这不仅体现为审美的直觉性、非逻辑性、幻想性、极度的动情性，更由于它实现了人的超越性追求，即成为审美理想的创造。因此，审美突破理性规范，既超越科学认识又超越意识形态规范，具有超理性特征。

第二，实践美学具有现实化倾向，把审美划入现实活动领域，从而忽略了审美的超现实特征。实践是一种现实活动，它改造现实、维持人的现实生存，它不能超出现实领域。人是在现实中生存的生物，现实性是人的重要属性。但是，现实性又不是人的最高、最本质的属性，因为人还有超现实性。所谓超现实性，即人的生存不附着于现实，总是趋向于突破既有水平，具有指向彼岸世界的超越性特征。人不满足于现实的给予，还要达到对世界的终极认识，对终极价值的占有的要求。这种超现实要求通过审美形式得以实现。审美是超现实的活动，它创造了一个超现实的美好境界，这个境界在现实领域中并不存在，只有经过超现实的审美创造，才会出现。实践美学从现实的实践活动出发，认为美是实践的产物，等于把审美现实化，这就抹杀了审美的超现实性。实践美学的现实化倾向还体现在它把现实审美化的企图上。实践美学认为通过社会实践能够创造一个审美的人和审美的世界。事实上，尽管实践能够把社会推向前进，但却不能消除现实与审美的界限。生活条件的改善、社会关系的改善，只能解决人类生存的外部环境问题，不能解决生存本身的矛盾。已经实现现代化的发达国家，人的精神苦恼更加突出。生存的意义问题不是现实努力所能解决的，它需要超越性的审美创造。审美世界永远超越于现实世界，二者不会完全重合。

第三，实践美学强调实践的物质性，因此，由物质实践出发来考察审美，就不可避免地忽略了审美的纯精神性。实践是物质生产活动，这是历史唯物主义的最基本规定。尽管物质实践是精神活动的基础，但不能取代精神活动；精神活动也不能还原为物质活动。实践美学把物质实践作为出发点，认为美是实践的产物，甚至得出了"劳动创造了美"的命题，这无疑抹杀了审美的纯精神性，企图以物质生产规律解释审美规律。事实上，美直接是审美活动的产品，物质生产、劳动不能直接创造美，它们只是起到一种间接的、基础的作用。所谓原始人在自己劳动创造的产品中看到自己的本质力量,因而产生喜悦心情,这种关于审美起源的说法只是一种臆测,因为这种现实功利态度不会变成美感。此外,实践美学也无法解答这样的问题:未经实践改造过的自然为什么也会成为审美对象?在物质生产与审美中间存在着一系列复杂的中介,如原始艺术和原始意识结构的转化等,而实践美学却抹杀了这些中介,直接用物质实践解释审美,犯有简单化的毛病。马克思指出:"真正自由的领域只存在于物质生产领域的彼岸",审美的自由王国同样不属于物质生产领域,它是"自由的精神生产"。

第四,实践美学强调实践的社会性,仅仅从社会活动角度考察审美,从而忽略了审美的个性化特征。人的现实存在是社会性的,实践是社会群体行为,这是历史唯物主义的基本观点。但是,直接以社会实践来解释审美活动,就会发生谬误。实践美学认为美是社会实践的产物,是普遍的人的本质的对象化,这种美学观在肯定审美的社会性的同时,却抹杀了审美的更为本质的属性——充分的个性化。审美不同于其他实践活动,就在于它超越了社会关系的限制,充分发展和实现了人的个性,创造了审美个性及其对象——美。实践美学从社会实践出发,必然陷入无视审美个性化的盲区。

第五,实践美学虽然从实践本体论出发,以对象取代实体范畴,在一定程度上克服了主客体对立的二元结构,从而为解决美的本质和主客观属性问题奠定了基础。但是,由于在实践水平上主体与客体只能达到相对的统一,主客体的差异仍然存在。因此,并未彻底克服主客二分的二元结构。由此出发,美作为对象与主体并未达到同一,实践美学仍然认为美是客观的东西。而事实上,审美克服了主客体间的差异和对立,美是审美主体(审美个性)的充分对象化,也就是说,审美主体与审美对象合为一体。因此,美不是客观的,也不是主观的,审美是主观与客观的完全同一。

第六，实践美学有时也意识到实践与审美间的差异，为了沟通二者，又采用了决定论模式，即认为审美是由社会实践决定的，实践规律、实践水平决定了审美规律和水平。表面上看，这种观点合乎社会存在决定社会意识的原理，但实际上，它混淆了审美意识与一般社会意识的区别。审美虽然建立在社会存在基础上，但它是"自由的精神生产"，并不受社会实践的决定，实践只是影响审美的外部因素，而且是间接因素。它不能直接影响审美的自由品格，更不能决定审美自身的规律。审美与现实活动的关系是超因果非决定论的关系，这是保持自由品格的前提。实践活动不能充分解释审美活动，审美具有超实践的意义。李泽厚先生提出了著名的"积淀说"，他认为社会实践积淀为人的文化—心理结构，沟通了理性与感性、集体与个体、内容与形式，从而创造了美的规律。李先生的"积淀说"有其合理一面，同时又存在着决定论倾向。就人类深层心理结构而言，确实是由人类童年时期的历史活动积淀而成的，这已为弗洛伊德的无意识理论、荣格的"集体无意识"理论、皮亚杰的"发生认识论"，甚至更早的康德的"先验范畴"学说所阐释。但是，就文明人类的实践活动和表层心理结构而言，并不存在"积淀"的问题。实践活动可以形成后天的文化习惯和意识观念，但它们是可以改变的，而深层心理结构则是不能改变的。李先生正是在这里陷入误区，他混淆了原始人类的"前实践"活动（包括儿童活动）与文明人类的实践活动（包括成人活动），也混淆了深层心理结构与表层心理结构（文化意识的观念），从而导致一种"实践决定论"。按照这种理论，人类数千年历史实践积淀为牢不可破的文化—心理结构和文化传统、个体活动，包括审美都不能逃脱其桎梏，因为个体、感性和形式中都积淀了集体、理性和内容。这就导致了对主体性的抹杀。事实上，应该这样理解：人类早期历史活动形成了深层心理结构，而文明时代的实践活动则创造了现实的文化观念。这也可以理解为无意识与有意识的冲突。审美是这种冲突的解决，它使无意识突破有意识压制，升华为自由的审美意识，从而实现了个体、感性和形式的解放。审美意识的深层解构虽然是原始积淀物，但并非文明人类实践积淀的产物，而是主体突破实践水平的超越性努力的结果，因此这里无决定论可言。

第七，实践美学以实践为本体论范畴，由于实践活动脱离了个体，"本体"被客观化、实体化，因而不能彻底克服片面的客观性和实体观念。实践美学认为，实践是社会的活动，而不是自我的活动，因而是自我主体之外的客观实在。由于排除了自我主体，实践活动又被实体化了。实践美学认为，美是人类集体创造的，因而是不以个人（自我主体）意志为转移的、客观的社会属性。这种观点的错误在于，审美不仅仅是客观的社会实践行为，而首先是自我主体从事的活动，因此它不是客观性的实体，而是消除主客体界限的自我创造与对象创造活动。美首先是自我主体的创造物，对于自我主体而言失去了客观性。

第八，实践美学强调了实践的生产性、创造性，从实践范畴出发，就必然导致片面肯定审美的生产性、创造性，忽视审美的消费性、接受性。审美是生产与消费、创造与接受的同一，片面强调某一方面都必然割裂了审美的本质。

第九，实践美学以实践本体论为哲学基础，而缺乏解释学的基础，因此其理论体系是不完备的。实践是本体论范畴、实践哲学是本体论哲学，因此实践美学只能在本体论领域内建构，把审美作为生产方式（生存方式的基础）来考察，而不能在解释学领域内建构，把审美作为解释方式（意义创造）来考察。这就造成了实践美学体系的巨大空白。"反映论美学"在体系上则比较完备，它不仅有物质本体论基础，而且还有认识论（反映论）基础。实践美学虽然占有理论思想上的优势，但理论体系上的缺陷也削弱了它对"反映论美学"的批判力。

第十，实践美学由于实践范畴的局限，存在着以一般性取代特殊性的倾向，因而不能揭示审美的特殊本质。实践美学肯定了审美的主体性，提出了"美是人的本质力量的对象化"的命题。应该说，美的本质关乎人的本质，这没有问题。但是，仅仅停留于这一水平，并没有解决美学自身的问题。"美是人的本质力量的对象化"，这个命题过于宽泛，缺乏具体规定性，它套用了"实践是人的力量的对象化"的命题。实践活动使世界成为人的对象，一切事物无不打上人的印记，成为人的本质力量的对象化，不独美为然。那么，美的特殊本质是什么呢？实践美学无法作出回答。事实上，实践是以异化劳动的方式呈现的，因此它不是人的本质的全面实现，而是生产片面的人，或者说是人的本质的异化。而审美活动则超越实践活动，成为自由的生存方式，从而体现了人的全面的、自由的本质。

实践美学的上述缺陷，引起了人们的深思，也提示人们超越实践美学，建立更加合理的美学理论体系。因此，在进入九十年代的"后新时期"以后，一方面是实践美学在近乎没有敌手的情况下建立了权威；另一方面，一种叛逆性的、新的美学思潮却悄悄地涌起，中国美学开始进入"后实践美学"时期。尽管这些新的美学思潮还不成熟，甚至没有完备的体系，因此表面上还不能与实践美学相抗衡。但是，由于实践美学在完成理论体系的建构后已经无所建树，停止发展，从而完成了自己的历史使命；而新的美学思潮却正在努力创造、蓬勃发展，从而代表了美学发展的新的历史趋势。因此，可以认定中国美学已经结束了实践美学阶段，进入了"后实践美学"时期。

"后实践美学"有三个基本特点：第一，实践美学主要汲取马克思早期著作《1844年经济学—哲学手稿》中的美学思想以及德国古典美学，对于当代西方美学思想汲取较少；更由于其前身"客观社会派"以批判朱光潜的西方美学思想起步，因而带有先天与后天的封闭性（尽管实践美学创始人李泽厚先生的思想是非常开放的，但实践美学体系自身的封闭性却是难以克服的）。而"后实践美学"则更多地汲取当代美学的最新成果，与世界美学对话，从而恢复了五四以来向西方美学开放的传统。"后实践美学"大量地借鉴了现象学、解释学、语言哲学、接受美学以及后结构主义等美学思想，因而具有很强的开放性、现代性。第二，"后实践美学"改变了实践美学一统天下的局面，各种观点、学说并出，呈现多元化格局，有的已经初步形成自己的体系，如体验美学、生命美学、审美活动论等。尽管"后实践美学"未来发展也可能形成主流学派，但多元化格局不会改变。第三，"后实践美学"虽然试图超越实践美学，但仍然不可避免地受到实践美学的影响，有意无意地接受了其许多合理成果。因此，在这个意义上，"后实践美学"只是在实践美学基础上的新发展，是对实践美学的继承、批判、扬弃与超越。

当前，"后实践美学"的主要弱点是接受西方美学的思想成果时缺少必要的改造、综合功夫，有直接移植的偏向，从而造成理论自身的薄弱。因此，当前美学建设的迫切任务是综合国内外已有美学研究成果，创造具有权威性的现代美学体系。而其中的关键，是坚实的哲学基础和可靠的逻辑起点，整个美学的范畴体系应该能够从这个逻辑起点中推演出来。黑格尔的哲学和美学体系就其严整性来说，应该成为一个范例。他以理念作为逻辑起点，由理念异化和复归（自我认识）作为历史演进过程，并把审美（艺术）作为理念自我认识的感性阶段，美成为理念的感性显现。因此，美就包含在理念范畴之中，并在理念自我运动中显现出来。很显然，实践美学没有找到这样一个逻辑起点，审美并不包含于实践概念中，它也不能从实践中推演出来。应该找到一个比实践概念更全面、更基本的范畴作为美学的逻辑起点，它还应该把实践包含于其中而不是排斥掉。为了找到这个逻辑起点，我们还是回到马克思那里去，看看马克思哲学的逻辑起点。

马克思对传统的西方哲学进行了改造，创立了历史唯物主义。传统西方哲学把存在作为逻辑起点和本体论的基本范畴，这个存在被理解为物质的或精神的实体性的东西。马克思把存在理解为社会存在，即人的历史性活动，这是哲学史上翻天覆地的革命。因此，马克思的哲学可以称为社会存在哲学。由于马克思更关心解决历史发展规律和革命道路问题，因此他没有对建构形而上的哲学体系付出更大精力，而更关注形而下的问题，即社会存在的现实基础问题，而这就是物质实践问题，并在这个基础上建立了历史唯物主义理论体系。可以说，历史唯物主义包含着形而上的哲学和形而下的历史科学两个层面。作为哲学，它以社会存在为逻辑起点，通过对历史过程的最高抽象，强调了人的存在的个体性、感性和自由性。作为历史科学，它从物质实践出发，强调了社会发展的超个体性、理性和现实性规律。表面上看来，历史唯物主义似乎同时强调了矛盾的东西，而实际上，它们分属哲学与历史科学两个层面。而按照"从逻辑进入到历史"或者"由抽象上升到具体"的方法，对社会存在的哲学规定最终将体现于历史的终点。因此，尽管马克思强调历史实践的超个体性、理性和现实性，但又认为这是在历史发展的初级阶段才具有的规律性，而一旦进入共产主义，结束了人类的"史前史"，历史规律就将体现为个体性、感性和自由性，人类就进入了自由王国。只有在这个"历史的终点",人的存在的本质才真正显现出来,而在这之前只是人的本质的异化状态,是一个"史前史"。所以,马克思的哲学应该称为社会存在哲学,称实践哲学并不确切。由于马克思出自实际斗争需要,侧重于强调社会存在的实践含义,因此造成了所谓实践哲学的印象。社会存在的含义比实践要全面得多,正如恩格斯所说:"人们的存在就是他们的实际生活过程",而实践不过是其物质基础。因此,以实践或者劳动作为美学的起点是不合理的。

通过上述分析,应该确认社会存在即人的存在作为逻辑起点。为了把它的古典主义和形而下因素剔除掉,我把它改造为生存。人的社会存在即生存,万事万物都包括于生存之中,它是第一性存在,是哲学反思唯一能够肯定的东西,因而也是美学的逻辑起点。生存以实践(物质生存活动)为基础,但又超出实践水平,更为全面、丰富。我们以生存作为美学的逻辑起点,推导出美学范畴体系和审美的本质规定。

首先,我们分析人的生存方式,进而从生存方式角度对审美作出界定。有三种生存方式:自然生存方式、现实生存方式和自由生存方式,它们以不同的生产方式为基础,并且与不同的解释方式相对应。

自然生存方式是原始人类的生存方式,它还未挣脱自然的襁褓,因而是动物式的生存方式。自然生存方式以人类自身的生产为基础,调整两性关系和确立家族制度成为基本的社会问题。原始社会物质生产还未发展起来,采集植物种子和狩猎还不能算真正意义上的物质生产,简陋的木制、石制工具也算不上真正意义上的生产资料。因此,原始社会不是公有制而是"无所有制"。真正意义上的精神生产也没有发生,巫术文化与原始活动结合在一起,精神尚未觉醒和独立。在人类自身生产基础上，血缘关系成为基本的社会关系。在自然生存方式下，人还没有作为自然对立面而独立。

现实生存方式是文明人类的生存方式。在文明时代，人类从自然中分离，并且征服自然、发展自身。现实生存方式以物质生产为基础，生产关系成为基本的社会关系，而人类自身生产已经基本上获得解决，并作为前提而被扬弃。精神生产发展起来，但尚依附于物质生产，如科学和意识形态受物质实践制约并服务于物质实践，因此未成为独立自由的精神生产。现实生存方式中，人还未获得自由，还受到物质需求和物质实践能力的限制。

自由生存方式在时间顺序上与现实生存方式并列，它们都发生于自然生存方式瓦解后；但是在逻辑顺序上，自由生存方式又在现实生存方式之后，只有在现实生存方式基础上进行超越性创造，才会产生自由的生存方式。自由的生存方式以独立自由的精神生产为基础，因为"真正自由的领域只存在于物质生产领域的彼岸"。审美及其反思形式哲学是不依附于物质生产的"自由的精神生产"，因而属于自由生存方式，它超越现实生存方式。

与三种生存方式相对应，还有三种解释方式。与自然生存方式相对应的是巫术的解释方式，原始人以巫术观念解释世界，创造了一个巫术化的意义世界；与现实生存方式相对应的是理性化的解释方式，它通过知识体系和价值系统创造一个理性化的意义世界；与自由生存方式相对应的是超理性的解释方式，它通过审美体验和哲学反思，创造一个超理性的意义世界。因此，我们可以作出结论说，审美是超越现实的自由生存方式和超越理性的解释方式。肯定了这一点，就在现代水平上肯定了审美的自由性。自由并非传统哲学所说的对必然的认识或对自然的改造，而是对现实的超越，超越即自由，审美是超越的途径和形式。因此，尽管以生存为逻辑起点，但我并不打算称这个美学体系为"生存美学"，而宁愿称之为"超越美学"。超越性把审美与现实活动以及这个美学体系与其他美学体系区别开来。

超越是生存的本质规定，审美成为生存的最高形式。因此，以生存作为逻辑起点，就可以推导出审美诸种质的规定性。第一，生存具有理性基础，同时又具有超理性本质，因为人的生存总是超越理性局限，寻求终极知识和终极价值。审美不是理性活动，而是超理性活动，它突破理智，获得了对生存意义的终极领悟。第二，生存具有现实基础，但本质上是超现实的，因为它总是要突破现实局限，进入自由境界。审美不是现实活动，它以审美想象创造一个超现实的理想世界。第三，生存具有物质基础，但本质上是精神性的，精神性使人与动物相区别，它是生存的最高层次。审美不是物质活动，而是纯精神性的，美是精神性的对象而非物质实体。第四，生存具有社会基础，但本质是个体性的，这也是人区别于动物之处。人类历史就是个性走向独立和全面发展的历史，每个人都有自己独特的生存方式和意义世界。在现实领域，这种个体性受社会关系制约未能充分实现，但在审美活动中充分发展和实现，主体成为审美个性，美成为充分个性化的对象和意义世界。因此，不是共性而是个性成为美的本质。第五，生存范畴克服主客二分模式，把主体与客体统一于生存状态之中。在现实生存方式中，主客体对立未能消除，在自由生存方式即审美中，主客对立消失，主体充分对象化，对象充分主体化。因此，也就解决了美的主客观属性问题，即美不是主观的，也不是客观的。审美消除了主客观对立，美在主客观范畴之外。第六，生存范畴肯定了生存的超越性、自由性，因而也排除了因果决定论模式。审美作为自由生存方式，具有超因果非决定论性质。审美的性质、规律就在自身，而不由他者决定。第七,生存非他人生存,乃自我生存,其他存在包括于其中。这样,就排除了把存在实体化、客观化倾向。由此出发,也就把审美作为自我生存活动,把美当作自我创造的对象,从而克服了把美客观化的弊病。第八,生存即是生产、创造,也是消费、接受。以生存为逻辑起点,就克服了实践美学的片面性,把审美作为生产与消费、创造与接受相同一的活动。第九,生存既是本体论范畴,又沟通解释学,因为生存是解释性的,它创造了本真的意义世界。这样,审美就既作为自存方式,又作为解释方式,具有了本体论与解释学相统一的哲学基础,理论体系上更趋完备。第十,以"审美是自由的生存方式和超理性的解释方式"的命题取代"美是人的本质力量的对象化"的命题,克服了实践美学以一般性代替特殊性的偏向,揭示了审美不同于其他活动的特殊本质。

上述建立"超越美学"的构想,不过是引玉之砖,以期引起更深入的讨论,并希望中国美学能够在"后实践美学"阶段走向世界、走向现代化。

(原载于《学术月刊》1994年第5期)

从实践美学的主体性到后实践美学的主体间性

在实践美学与后实践美学的论争中,有一个重要的分歧尚没有涉及,这就是实践美学的主体性与后实践美学的主体间性。这是一个非常本质的分歧,关系到美学的现代性问题,应当深入探讨。

一

中国的实践美学的核心是主体性,这一点它的代表人物李泽厚先生并不讳言,并且以此区别蔡仪的客体性美学。李先生认为,实践美学的基本思想是,美是人化自然的产物;而其他实践美学家则用"人的本质力量的对象化"来定义美。总之,实践美学认为美是人类实践创造的,是人类征服自然的产物,体现了人的本质力量。这就是说,实践美学是主体性的美学。实践美学的哲学基础是实践哲学,李泽厚先生称之为"主体性实践哲学",这就清楚地表明了实践美学的主体性。实践哲学建立在实践本体论的基础上,它认为存在是社会存在,而社会存在是人的物质实践活动,即在一定的社会关系中进行的人类改造自然的活动。实践美学思想渊源于青年马克思的《1844年经济学—哲学手稿》。而李泽厚的主体性哲学除了来源于青年马克思之外,还渊源于康德的主体性先验哲学。他把康德的先验主体性与马克思的实践（后验）主体性结合起来，从而建立了自己的"积淀说"。这实际上是以马克思的实践论来论证康德的先验论，即李泽厚的所谓"后验变先验"。无论是青年马克思的实践论，还是康德的先验论，都属于主体性哲学。因此，实践美学的价值与缺陷都集中在主体性上面，对主体性理论的分析就成为评价实践美学的关键所在。

主体性是启蒙时代的哲学思潮，它以哲学思辨的形式肯定了人的价值。康德以先验主体性论证了"人为自然立法"；黑格尔以倒置的主体性——绝对精神的异化和复归论证了自由意志的合法性；青年马克思以理想化的实践论证了人对世界的主体地位。总之，主体性是启蒙哲学的基本理念。主体性哲学具有特定的学术价值和历史意义。它否定了传统实体本体论，肯定了存在的属人本质，从而推动了哲学的发展，并为启蒙提供了理论根据。中国的主体性哲学同样适应了新时期思想启蒙的需要，因此青年马克思的《手稿》成为圣经，而实践唯物主义哲学取代传统的辩证唯物主义哲学成为主流。但是，尽管主体性哲学（实践的和非实践的）具有某种历史的合理性，但又同样具有历史的局限性。在现代社会，主体性的历史实践产生了严重的负面作用：人对自然的征服导致生存环境濒临毁灭，个体的膨胀导致生存价值的丧失。另一方面，主体性哲学的理论缺陷突显出来，导致唯我论，而且不能解决认识何以可能以及自由何以可能的问题，因此出现了被弗莱德·R·多尔迈称为"主体性的黄昏"的现象，即主体性哲学被扬弃，现代西方哲学开始了向主体间性的转化。胡塞尔提出主体间性概念，企图以此弥补先验主体性的唯我论倾向；海德格尔把主体间性提升到本体论的高度，论证了此在的主体间性（共在）；加达默尔建立了以问答逻辑和视域融合为核心的哲学解释学；哈贝马斯提出了交往理性的概念。总之，主体间性取代了主体性。

　　美学也经历了由主体性向主体间性转化的过程。启蒙时期，建立了主体性美学。康德确认了审美的自由的情感属性，审美成为由现象把握到本体把握的中介；席勒认为审美是摆脱了自然力量和社会力量压迫的自由的游戏活动，是由感性到理性的过渡；黑格尔把美定义为"理念的感性显现"，即人类理性精神的感性形式；青年马克思的实践美学也强调了美是人的本质的对象化，他们都认为审美是人的自由本质的表现。主体性美学相对于基于实体本体论的客体性美学具有理论和历史的合理性，它肯定了审美是人的创造而不是物的属性；它高扬了人的价值，推动了思想启蒙运动。但主体性美学也同样存在着理论的缺陷和历史的局限。它以主体构造和征服客体，认为自由的根据在主体自身。这种美学观不能最终解决主客二元对立的问题，从而也不能解决审美的自由和超越本质问题。它所肯定的主体性原则也因现代社会的异化而丧失了合理性。因此，现代西方美学转向了主体间性，审美不再是主体对客体的胜利，而成为自我主体与世界主体之间的和谐共处、交往体验，特别是解释学的美学强调了接受者与文本之间的主体间性关系；巴赫金提出了主体与文本之间的对话理论。

　　中国20世纪80年代形成的实践哲学和实践美学也适应了新时期思想启蒙的需要，它高扬主体性，批判传统体制对人的压制和"左"的思想对人的摧残。因此，实践哲学和实践美学具有巨大的历史合理性，发挥了促进思想解放的社会作用。但是，在20世纪90年代，由于市场经济的发展，美学面临着为现代人寻找精神家园的新课题。这就意味着，对现代人而言，自由不仅是解除客体对主体的压迫，不仅是主体性的胜利，而且还是寻求生存意义的问题。而传统主体性理论无法解决这个问题，必然被扬弃。实践美学也出现了理论上的问题，即实践范畴不能解决审美的自由和超越本质问题。在这种历史条件下，实践美学遇到了新的对手——后实践美学，而后实践美学则开始了主体间性的转向。

二

实践美学的要害是主体性。主体性哲学建立在主客二元对立的本体论基础上，这种本体论把存在分割为主体与客体两部分。古代哲学以客体作为主体的根据，近代哲学以主体作为客体的根据，它们都不能避免二元论的弊端。实践哲学力图克服主体与客体间的对立，把二者统一于实践活动之中。但实践作为物质生产活动，本身就是建立在主体与客体分离的前提之下，而且实践活动也不可能最终消除主客对立，因为世界作为主体征服的对象不会消失，它仍然与人对峙。建立在实践哲学基础上的实践美学，必然产生一个根本性的问题，即审美如何克服主体与客体间的对立。实践美学作了这样的逻辑推理：实践是主体征服客体，人改造、征服自然，使自然人化，打上人的本质力量的烙印，自然就会成为人的"无机的身体"，从而克服了主客对立。这种推理的谬误在于，以为实践征服客体就可以解决主体与客体的对立，而实际上实践没有解决主客对立的二元论问题，主体与客体的对立仍然存在。事实上不是实践解决了主客对立，毋宁说正因为实践才出现了主体与客体的对立，因为在人类社会实践产生之前的原始社会，主客体的对立还没有发生。实践美学本来认为可以创造一个实践一元论，但结果恰恰相反，而又没有避免主客二分而沦为二元论，这是其始料不及的。哲学的出发点——存在应当是一元的，必须克服主客对立，才能完成现代美学的建构。

实践美学把审美对象当作主体的对象化，认为通过实践或者"人化自然"使客体（自然）打上主体的印记，使世界主体化，人就可以在对象身上"直观自身"，这就是对美的欣赏。这种推理是行不通的。实践美学否定了把美当作客体的自然属性的观点，这是其历史的贡献。但实践对客体（自然）的改造，虽然可以在一定历史水平上使自然人化、给客体打上主体的印记，但在实践关系中，客体仍然是客体，而没有成为主体。这样，实践美学就又遇到了客体性美学的困境：人与异己的客体无法交往，也不可能发生审美关系。实际上，审美对象或美压根就不是客体，或者说客体压根就不是审美对象或美。只有不是把世界当作与人分离的客体，而是当作与自我一样的主体，与之交往，才可能使之成为审美对象或美。也就是说，只有在主体间性关系中，世界才能成为美。这种情况只有在超越现实的精神创造中才可能发生，而在现实的实践活动中是不可能发生的。同时，客体作为实践对象，虽然打上了人的印记，但它仅仅是人的现实的、物质的力量，体现着人的现实的、物质的需求，而不是人的自由的、精神的需求和力量。因此，对实践客体的观照，仍然是人与物的关系，是现实的观照，而不可能是自由的审美。在现实与审美之间存在着本质的界限，这个界限不是靠物质实践，而是靠精神的超越才能突破。实践美学抹杀了这种界限，这是一个原则的错误。最后，实践美学认为审美是在对象上面的自我观照，这就等于说审美的根据在主体。这是经过改造的自我论，是黑格尔的理念自我认识论的翻版。它的谬误在于，自我欣赏并不等于审美意识，哪怕是经过实践中介的自我欣赏也一样。如果审美不是对世界作为权利主体的一种承认，而仅仅把世界当作自我的符号，那就没有自由的感受，也不会有审美意识。中国庄子的美学承认自然、世界是权利主体，而不是孤立的客体，也不是自我的符号，在自我主体与自然、世界权利主体的交往、体验中才产生了美感。中国儒家的美学也把他人作为权利主体，通过伦理性的交往而达到一种"中和之美"。中国古典美学的主体间性是对西方古代美学的客体性和西方近代美学的主体性的片面性的纠正。当然，中国美学的主体间性是古典的主体间性，它缺乏现代性，因此需要现代性的改造。

实践美学认为通过实践可以使人变成审美的主体，即李泽厚所说的"内在自然的人化"。李泽厚认为，实践一方面使外在的自然人化，同时又使内在的自然人化；前者创造了美，后者创造了美感；而内在自然的人化包括了感官的人化和情欲的人化两方面，这也就是人类实践的历史积淀的成果。这里的问题仍然在于，外在自然的人化并没有创造出美的世界，内在自然的人化也不可能创造出审美意识。因为所谓自然人化实际上是一个异化的历史过程，主体在这个过程中虽然获得了某种主体性，但并没有成为自由的人，他还受到物质需求的支配。无论是感官还是情欲的人化，都仅仅是现实的感觉和情欲，而现实的感觉和情欲是异化的意识，不是自由的意识和审美意识。李泽厚的主体论是古典式的理性主体观，他把实践主体或"人化"的主体理想化，认为这个主体本身就是自由的。而事实上实践主体是异化的人，而不是自由的人。他的"感官的人化"也不会导致自由的审美意识。他也忘记了现实的人不仅有意识，还有受到压抑的无意识，而无意识包藏着非理性的欲望，二者之间有冲突。这也就是说，实践创造的主体不是自由的主体，而仅仅是现实的、异化的主体；主体远没有那么单纯、理想，不可能自然成为审美主体。当然，这个主体也具备了成为审美主体的可能性，因为他可以通过超越性的努力，成为自由的主体（审美个性），而这种超越性的努力就是对现实世界和现实自我的否定，也是对实践的超越。李泽厚混淆了实践创造的现实的感觉和情欲与通过超越性努力创造的审美意识（美感），这是一个根本性的错误。

在主客对立的前提下，主体性不可能是自由的根据。唯心主义的自我膨胀固然不能达到自由，而实践导致的主体性的胜利也不能获致自由。不错，实践高扬了主体性，使人从对自然的屈服中解放出来。但是，这并不意味着自由，因为仍然存在着主体与客体的对立，而只要世界仍然作为客体与人对峙，就没有自由可言。况且，实践对主体性的肯定是以人的异化形式出现的，人特别是个体的人并不是自由的主体。因此，实践美学企图由实践肯定主体性，进而推导出审美的自由本质，这存在着难以逾越的障碍。李泽厚认为："通过漫长历史的社会实践，自然人化了，人的目的对象化了。自然为人类所控制、征服和利用，成为顺从人的自然，成为人的'非有机的躯体'，人成为掌握控制自然的主人。自然与人、真与善、规律与目的、必然与自由，在这里才具有真正的矛盾统一。真与善、合规律性与合目的性在这里才有了真正的渗透、交融与一致。理性才能积淀在感性中，内容才能积淀在形式中，自然的形式才能成为自由的形式，这也就是美。"[①]李先生对自由的看法完全是古典的。他认为自由是主体对客体的征服："从主体性实践哲学看，自由是对必然的支配，使人具有普遍形式（规律）的力量。"[②]而现代哲学认为，自由不是外在的关系，而是精神的超越；不是主体对客体的认识或征服，而是自我主体与世界主体间的和谐和理解。实践虽然可以在一定历史水平上改造自然，但自然不可能完全"顺从人"，更不能成为人的"非有机的躯体"，因此也不可能达到自

---

① 李泽厚《批判哲学的批判》，人民出版社1979年版，第403页。
② 李泽厚《李泽厚十年集》第1卷，安徽文艺出版社1994年版，第467页。

由。现代社会对自然的征服，加剧了人与自然的对立，也带来了技术异化，证明了这一点。

在主客对立的现实条件下，主体性的膨胀不能达到自由；只有在消除主客对立的审美活动中，充分实现主体间性，即把世界当作另一个主体，与之和谐相处，才能达到自由。自由只存在于超越现实的领域，因此马克思一方面重视历史实践对人类进步的推动作用，同时又清醒地认识到："事实上，自由王国只是在必需和外在目的规定要做的劳动终止的地方才开始；因为按照事物的本性来说，它存在于物质生产领域的彼岸。"[①]而李泽厚却乐观地认为实践劳动本身就可以实现自由。他是实践万能论，相信实践可以达到"真与善、合规律性与合目的性"的一致，因此实践与审美是一致的。而事实上实践远不是那么理想，它迄今为止还是异化的活动；它虽然改善了人的物质生活，但并没有带来自由。实践只创造了自由的可能性，而不是自由本身。自由从可能性到实现是超越性的精神创造的结果，而不是实践的结果。实践美学把实践与审美等同，以实践解释审美的发生和审美的性质，不仅把实践理想化，而且也抹杀了审美的超现实、超实践的本性，这是其根本性的错误。

为了从社会物质的实践过渡到个体精神的审美，李泽厚创立了"积淀说"，即认为人的心理结构包括审美意识是人类历史实践的积淀。关于"积淀说"，许多学者和我本人多有批评，此不重复。但必须指出的是，实践没有解决自由的问题，它的"积淀"（假定实践可以积淀为心理结构）也不会成为自由的意识。因为按照实践哲学，社会存在决定社会意识，异化的社会存在不可能产生自由的意识。如果说审美是自由的意识，也不是因为它是实践的积淀，而是

[①]《马克思恩格斯全集》第23卷，人民出版社1972年版，第926—927页。

因为它超越了实践，克服了实践的片面主体性。

　　实践美学无法以主体性论证审美的真理性，即审美是对世界的本质把握问题。人对世界的认识何以可能，一直是西方哲学的基本问题之一。近代哲学在主体性中寻找认识的根据，因此有康德的先验范畴说，有黑格尔的理念自我认识说等。但是，由于主体与客体的对立，主体就不可能从根本上认识客体。传统哲学认识论不能解决主体如何认识客体的问题，因为正像康德说的，客体作为自在之物是在人的认识能力之外的；或者像胡塞尔说的，自然的思维不能切中"超越之物"。于是，康德把审美作为由现象认识到本体把握的中介，而加达默尔主张确立艺术的真理。审美不是感性认识，也不仅是情感活动，而是对世界的根本性的体验，是对存在意义的理解。这一点，在艺术中表现得最为充分。对审美的这个重要的性质，实践美学却遗忘了，这应该是重大的缺陷。实践美学有用实践论代替认识论的倾向，它企图以实践对意识的决定论解决审美对世界的认识问题。因此，实践美学在认识论上是比较薄弱的。李泽厚为了克服实践美学的这种缺陷而作了努力，他把马克思的实践论与康德的先验论结合起来，即认为人对世界的认识的可能性在于先验主体，而这个先验主体是实践创造的，是实践的历史积淀。他由此论证了"后验变先验"，实际上走的是康德的先验主体性的路子。暂且不管"积淀说"的漏洞，假设可以"后验变先验"，也会遇到康德的问题，即先验范畴只能应用于现象领域，认识不能达到本体领域，审美对世界的本质把握仍然无从论证。但李泽厚并没有深入解决这个问题，事实上他也无法解决这个问题。他的实践美学是"新感性论"和"情感本体论"，基本上回避了审美的真理性问题。虽然李泽厚也说"以美启真"，但事实上他主要是从情感领域来谈论审美，而基本上没有从认识论角度谈论审美，这是他受康德影响和实践美学局限的结果。

三

后实践美学作为对实践美学的扬弃和超越，把主体性改造为主体间性。主体间性不仅是社会学的概念，也是一个哲学概念。作为社会学的概念，主体间性指社会关系，而不包括人对自然的关系。现实的社会关系往往会导向异化的关系，因此在这个意义上，主体间性并不是真正人的关系，实际上是一种变相的主体与客体的关系。正如马克思所说的，资本主义的社会关系是商品关系的表现。哈贝马斯的交往理性是对这种社会学的主体间性的理想化设计，它在现实中不可能实现。哲学的主体间性是本体论的规定，它认为存在不是客体的存在，也不是主体的孤立存在，而是主体间的存在，不仅包括人与人的关系，而且包括人与自然的关系。哲学的主体间性是人与世界关系的根本规定，它认为人与世界的关系不是人与物的关系，不是主体与客体的关系，而是主体与主体的关系。只有把世界当作另一个自我，与之交往、对话，才能体验和理解世界，获得存在的意义。真正的主体间性在现实生活中并不存在，它只存在于超越的领域。审美作为超越的生存方式和体验方式，真正实现了主体间性。用主体性不能解释审美的本质，只有用主体间性才能解释审美的本质。这就是说，不能从主体性的实践论出发，而必须从主体间性的存在论出发，去论证审美的自由性和真理性。

后实践美学认为，审美是自由的生存方式，而这是由审美的充分主体间性所决定的。在现实生存中，人与世界的关系是主体与客体的关系；人与自然的关系是对抗的关系；人与人的关系也变成了主客关系，或者说是不充分的主体间性的关系。在这种现实关系中，主体不可能是自由的。在审美活动中，自我进入另一种生存状态，人与世界的关系真正成为主体间的关系。人与自然的关系变成了我与另一个我的关系，我把自然当成有生命的、有情感的主体，我与之交往、对话、和谐相处，双方都获得了升华，我成为自由的个性，自然成为自由的对象。因此，我才能为自然所感动，在对自然的体验中获得升华。同样，人与人的关系也不再是互相隔膜的主体与客体的关系或不充分的主体间的关系，而成为真正的主体间的关系。这在文学艺术中体现得最为显著：我把作品中塑造的人物形象当成自我的化身，与之同呼吸、共命运，他（她）就是我，我就是他（她），人与人互相理解、亲密无间。只有在文学艺术中，人与人才可能这样亲近，这样和谐。在这种自由的关系中，我与艺术形象都获得了升华，克服了现实关系的异化，成为真正的主体。总之，由于在审美活动中主体间性的充分实现，我就进入了自由的存在，审美成为自由的生存方式。

后实践美学认为，审美是超越的体验方式，正是这种超越的体验才使审美成为对存在意义的把握。这同样是由审美的充分主体间性决定的。在现实世界，我与世界的关系是主体与客体的关系，在这种关系中，我不可能真正认识世界。我只有克服世界的外在性，才能真正把握世界。审美活动使我与世界的关系发生了根本的变化，世界不再是异己的客体，而成为与我契合的主体。无论是自然还是其他人，都成为我的交往、对话的主体。主体与主体之间才有可能真正互相理解，诉诸体验和理解正是人文科学特有的方法论。从狄尔泰创立的精神科学方法论到胡塞尔现象学再到加达默尔的解释学，都注重对精神现象的体验、理解，以区别自然科学对物的认识。审美对世界的体验、理解是最充分的，因为它实现了真正的主体间性。在审美活动中，我体验、理解着世界（自然和人），同时也是自我体验和理解,世界的外在性、异己性消失了,为我所完全把握。比如鲁迅的《阿Q正传》中的阿Q,如果在现实中,我不可能理解他,他只能是我讨厌的陌生的对象。但在文学中,我与他交往、对话,我对他倾注了满腔的同情,我把他当作自我来体验,阿Q的命运就是我的命运,阿Q的灵魂就是我的灵魂,于是我完全理解了阿Q,也理解了自我,进而理解了中国的"国民性"。由此,审美就不只是一种情感活动,它也是一种对存在的体验和对生存意义的理解,是获得真理的一种方式。这种方式超越了现实认识,超越了经验(现象)的领域,达到了对本体的把握。

由实践美学的主体性到后实践美学的主体间性的转化,体现了中国美学获得现代性的过程。美学作为哲学的分支,具有反思、批判、超越现实的功能。因此,现代美学也应当对世俗现代性即主体性有所反思、批判、超越。而这就意味着美学要获得现代性,成为现代美学,必须展开对主体性的批判。实践美学对主体性的强调,实际上是对世俗现代性的认同,而没有对世俗现代性进行批判。这是由实践美学发生的历史环境——新时期的启蒙运动决定的。这表明实践美学还不具有现代性,还不是现代美学。从20世纪90年代开始形成的后实践美学,对实践美学的主体性展开了批判,走上了建立主体间性美学的道路,这是中国美学现代性的道路。后实践美学继承了中国古典美学的主体间性传统,并与现代西方美学接轨,从而将在主体间性的基础上重建现代中国美学。

(原载于《厦门大学学报》2002年第5期)

第二辑 中华美学

中华审美现象学的构成

一、中华美学的现象学性质

胡塞尔创立现象学的宗旨是"朝向实事本身",它建立在意向性的基础上,被规定为"严格的科学"。海德格尔摒弃了意识现象学,把现象学建立在存在论的基础上,使之成为哲学方法论即领会存在意义的途径。与哲学走向审美主义同步,现象学最终走向审美现象学。西方美学与现象学结缘是现代的事情。古代西方美学是实体本体论美学,美具有实体性,如理念的光辉、数的和谐、逼真的模仿、上帝的属性等。这种美学观与现象学无关,因为主体没有参与美的创造,美是客体性的存在,主体只是旁观者。近代西方美学是认识论美学,审美被看作感性认识的完善,审美对象只是主体意识的创造,因此也与现象学无关。胡塞尔的现象学也不涉及美学,因为现象学还原只是回到意识的原初的结构即纯粹意识,而非审美意识;本质直观也只是认知性的,排除了情感。胡塞尔之后的现象学发生了转向,走向情感现象学(舍勒等)和存在论现象学(后期海德格尔等),最终走向审美现象学(杜夫海纳等),美学才具有了现象学的性质。

美学与现象学的关系，有两种理论建构，一种是用现象学方法来发现美的本质，这就形成了现象学美学；另一种是把审美作为现象学的方法，来发现存在的意义，这就形成了审美现象学。前者的代表有英加登，他用现象学方法即审美体验来发现文学作品的意义构成。后者的代表有后期海德格尔和杜夫海纳，他们把审美作为真正的现象学方法，用以领会存在的意义。后期海德格尔以及杜夫海纳都把审美建立在存在论的基础上，并且认为审美是对存在意义的直接领会，美就是存在的在场、显现。

实际上，现象学并没有标准化，也没有标准的现象学。从胡塞尔以来的各个学派观点歧异，现象学只能算作一种运动。因此，我们也没有现成的现象学理论，而只能依据学理，独立地进行理论的创造。笔者认为，现象学必须建立在存在论的基础上才能成立，它作为一种方法论，成为领会存在的意义的途径。这就要从根本上进行考察。首先提出的问题就是：存在是什么？古往今来定义众多，从实体性的"存在者"到"是"（being），都为未能道其真义。笔者认为，所谓存在，就是我与世界的共在，具有同一性；是生存的根据，具有本真性。那么如何把握存在，也就是领会世界的意义，就需要一种方法，这就涉及第二个问题：现象学是什么？笔者认为，如何沟通我与世界，从现实生存进入本真的存在，进而领会存在的意义，就是现象学的宗旨。现象学的还原，就是从现实体验到超越的体验，实现存在的本真性；从主体性的认知到主体间性的直观，实现存在的同一性。所以，现象学不是"严格的科学"，而是哲学方法论，是把握存在的途径。但现象学的理想并不能通过还原到纯粹意识或先验意识，进行本质直观来实现，因为纯粹意识无法还原；而且存在不在场，在超越的彼岸，无法进行本质直观。笔者认为，审美具有现象学的性质，所谓现象学的还原只能是审美，充实的现象学就是审美现象学。审美解放了非自觉意识,成为自由的意识,它超越现实意识,进入本真的生存体验,从而达成了存在的本真性。同时,审美意识消除了我与世界的分离,达成了主体间性,也就是恢复了存在的同一性。这样,审美意象作为现象呈现,也就是世界作为现象呈现。这就是说,审美把握了存在,显示了存在的意义,从而充分地实现了现象学还原。

中华哲学具有现象学的特性,老子通过"致虚极,守敬笃"、庄子通过"心斋""坐忘"以发现无声无形的自然之道,儒家以诚体道,都贯穿着一条现象学还原的思想线索。中华美学天生就是现象学美学,它通过审美来发现美的本质。同时,中华美学也天生就是审美现象学,它认为审美是体道的方式。中华美学认为,道非经验表象,只能作为象(意象)呈现。审美是意象创造,审美体验使道作为意象显现,而审美就成为一种现象学还原。由此,中华美学提出了"明道""乐道"的美学观。中华美学与西方美学不同,它不是关于感性认识的理论,而是如何体道、乐道的学说,因此既是存在论,也是现象学。

中华审美现象学没有形成西方那种统一的逻辑体系,但在各种美学思想的表述中,仍然可以梳理出一条现象学的思想线索。中华审美现象学虽然遵循了现象学的基本法则,但也有自己的特色和创造。在这里把中华审美现象学的基本环节叙述如下。

二、感兴、神会——意向性构成

现象学从意识的意向性出发,认为意识是指一个对象,对象是意向性的构造物,意向性成为现象学的基本概念。西方现象学是主体性的,它奠基于意识对对象的意向性构成。西方现象学的意向性虽然包括情感意志，但主要是认知性的。而中华审美现象学具有主体间性，而且主要是情感意向，情感把我与世界连接起来。

中华美学不是客观性的再现论、反映论，也不是主观性的表现论、移情论，而是主体间性的感兴论。感兴论实际是中国的审美发生论，即从现实生存和现实体验升华到审美的自由生存和体验的过程。在这个基础上，形成了中国的审美现象学。感兴不是主观性的表情，而是物我之间的情感互动，而感兴也就成为相当于意向的概念，使对象成为现象。从现象学的角度来说，感兴是主体与对象之间的构成性，是现象发生的契机。感兴即所谓"触物以起情谓之兴。"①物感动人，人发生审美情感，并以此回应物，彼此交流，进入物我一体的境界，从而表现为审美和艺术。《礼记·乐记》云："凡音之起，由人心生也。人心之动，物使之然也。感于物而动，故形于声。声相应，故生变。变成方，谓之音。比音而乐之，及干戚羽旄谓之乐。乐者，音之所由生也，其本在人心之感于物也。"东汉王延寿提出："诗人之兴，感物而作。"②刘勰说："人禀七情，应物斯感，感物吟志，莫非自然。"（《文心雕龙·明诗》）"情以物兴……物以情观……"（《文心雕龙·诠赋》）陆机说："感物兴哀。"③傅亮称："怅然有怀，感物兴思。"（《感物赋（并序）》）萧统称："睹物兴情。"④"……盖感时而骋思，睹物而兴辞。"（潘尼《安石榴赋（并序）》）"夫情以物感，而心由目畅。"（李峤《楚望赋序》）感兴的原动力是气，这是中华美学的泛生命论的

---

① 胡寅《与李叔易书》引李仲蒙语，见《四库全书》本《斐然集》卷一八。
② 王延寿《鲁灵光殿赋序》，中华书局影印本《全后汉文》卷五八。
③ 陆机《赠弟士龙诗序》，见《四部丛刊》本《陆士龙文集》卷三所附《兄平原赠》。
④ 萧统《答晋安王书》，中华书局影印本《全梁文》卷二十。

解释。钟嵘说:"气之动物,物之感人,故摇荡性情,形诸舞咏。"(《诗品序》)这里的气不是客观的物质,而是充塞天地、沟通人与自然的原始生命力,它是感兴的内在动因。所以气动物,物感人,情感发生,回应万物。在这里,审美对象本身也具有生命,它打动我,我感应对象,产生了感兴。这是主体间性的关系,与西方的主体性的认知关系或者移情关系不同。总之,感兴是审美主体与对象世界的双向的意向性关系,它以情感互动构造了现象——审美意象。

中华审美现象学还有两个与感兴相关的概念——兴会、神会等,它们都具有意向性内涵,只不过角度不同。感兴是意向性的发生,强调主体与对象之间的互相触发过程;而兴会则侧重于意向性的结果,强调主体与对象之间的互相融合状态。因此,可以认为兴会是感兴的延续和结果。兴会概念原指情兴所会,运用在审美上,则有情与境之间际会的意思。陆机讲"应感之会"(《文赋》),实即兴会。而神会也与感兴相关,它意谓主体与对象的精神性的交往、会合。宗炳讲:"应会感神,神超理得。"(《画山水序》)王昌龄讲:"神会于物,因心而得。"(《诗格》)皎然讲:"于其间或偶然中者,岂非神会而得也。"(《诗式》)在神会中,我和物都超越现实,作为精神性的存在者而互相交往、融会为一体。此外,兴会(或神会)还具有非自觉性,即陆机言:"虽兹物之在我,非余力之所戮。"体现为"来不可遏,去不可止。"和"藏若景灭,行犹响起。"(《文赋》)这是审美意识的特征和意向性的极致,是现象性的体现。

三、真情、童心——悬搁与还原

现象学认为，通过对经验意识的"悬搁"，就可以还原到意识的本源，这也就是胡塞尔所谓的"纯粹意识"或"先验自我"。我认为，现象学还原并非回到原初的自我，而是回归我与世界的本源关系，其中包括本真的自我和本真的世界。中华审美现象学也体现了这种观念，它认为审美还原的产物不仅仅是真我，还包括真的世界。

先看现象学还原的主体方面。中华审美现象学认为，现象学还原不是回到一般的意识，而是使现实意识升华到审美意识。因此，中华审美现象学把这种现象还原的过程归结为一种"兴情"的过程，也就是所谓"感物兴情"。但这个情，不是现实的情，而是审美情感。现实的情感不具有本真性，乃是世俗之我、经验之我的意识。现实意识具有局限性，不能把握本质即"道"。只有把现实意识升华为审美意识才能把握"道"。因此，必须超越现实意识，回归本真的意识。这就相当于"悬搁"，即把现实经验排除掉，而悬搁的产物就是审美意识（审美情感）。那么，在中华审美现象学中，这个还原后的"现象学剩余"是什么呢？就是所谓"真情"和"童心"。中华美学是情感论美学，特别是强调了审美情感之真，它不同于不真的日常情感。如果说早期中华美学还讲审美的情感性的话，那么在后期则突出了真情。徐渭、黄宗羲、王夫之、袁枚、刘熙载、金圣叹乃至王国维等都论述了审美情感的本真性。黄宗羲说："盖情之至真，时不我限也。斯论美矣。……凡情之至者，其文未有不至者也。"（《论文管见》，《南雷文定》三集卷三）王国维讲意境（境界），就说要有"真景物""真情感"，其实就是真实的人生体验,而这个真实的人生体验就包括审美情感,审美也总是表达了真情感。金圣叹也以真情论艺术形象。他赞颂才子佳人为有真情者:"彼才子有必至之情,佳人有必至之情。"(《琴心》总评)明代的李贽提出了"童心说",这也是审美还原的产物。童心是未被世俗社会污染的纯洁之心,它只存在于审美体验之中。所以李贽认为有童心,才会有"至文"。这也是经过审美现象学的还原而产生的"现象学剩余",即本真的自我。

另一方面,审美现象学的还原不仅是回到纯粹意识,即主体的"真情""真我",也呈现了本真的对象世界。中华美学讲求写景抒情,成为审美对象的景物不再是现实的景物,而成为与主体的本真情感同一的真景物;不再是"形似",而是"神似"。所谓"神似",一方面指"传神",就是表达了真情感;另一方面也是指"传道",就是揭示了事物的本质,即本真的世界,体现了天道的世界。因此,它与本真的自我一起构成现象世界。

四、意象、意境——现象的显现

西方美学把美看作实体的属性,它具有外在于人的性质。因此,美就成为客体性的表象,而审美意识成为感性的认识。这就是说,西方美学没有把美作为现象,而只作为表象。"美学之父"鲍姆加登把美学定义为感性认识的科学,是低级的认识,美不是本体的显现。康德认为现象是感性直观的对象,审美处于现象界与本体界的中间位置,并不是本体的充分显现,而且美作为反思判断的对象也不具有现象性。黑格尔认为美是理念的感性显现,它低于理念的理性认识哲学,因此也同样不能充分地体现理念本体。由于黑格尔的哲学是实体论的哲学,理念是客观实体,因此其感性显现——美仍然是与人相分的表象，而不是与主体融合的现象，主体只能在外面把握它，而不能直接呈现。中华美学与西方美学根本不同，它认为美即物我同一的意象，审美具有现象学的性质。

现象学的核心概念是现象，而现象是本质即存在的显现。通过现象的直观，对象作为现象而显现。中华美学认为，道是文的本质，文是的道的显现。于是，审美如何显道，就成为中华美学的基本问题，也是现象学的基本问题。宗炳崇信佛学，以佛法为道。佛法普照万物，所以山水有灵。"山水质有而趣灵""万趣融其神思""山水以形媚道"。（《画山水序》）他把山水及山水画当作对道的亲近和美好表现，从而具有了现象学的意义。刘勰进一步论证了审美的现象性。在《文心雕龙》中，刘勰认为道体现为文，而文包括天地之文和人文乃至审美艺术。这个文的概念一方面具有含混性，混淆了自然现象与文化、审美；另一方面又具有了美的性质，即一切具有审美属性的事物都可以称为文。他认为文是道心的显现："道沿圣以垂文，圣因文而明道。""文之为德也大矣，与天地并生者何哉？夫玄黄色杂，方圆体分，日月叠璧，以垂丽天之象；山川焕绮，以铺理地之形：此盖道之文也。仰观吐曜，俯察含章，高卑定位，故两仪既生矣。惟人参之，性灵所钟，是谓三才。为五行之秀，实天地之心，心生而言立，言立而文明，自然之道也。"（《文心雕龙·原道》）这样，文作为审美的产物，就成为道的显现，而对文的体验，就是对道的领会。自此以后，文以明道、文以载道的审美观念，成为中国美学理论的主流，贯穿在中华美学的历史中。但是，在文与道之间，还存在着诸多环节，正是这些环节才构成了中华审美现象学。

中华美学的意象概念相当于现象学的现象。西方哲学重理性认识，审美成为理性指导下的感性认识活动，从而形成了建立在表象概念基础上的诸如形象、典型等客观性的概念。而中华美学认为审美活动不是理性化的认知,而是对本体世界的感悟,它具有直觉性(包括情感体验)和主客同一性,形成了意象概念,从而就具有了现象学的性质。由传统的"象"概念——道象、卦象,到美学的"意象"概念,中国现象学走向审美主义。中华美学认为,审美意象不是表象,不是理性认识的对象,而是直觉体验的产物。刘勰认为,文显现为象(易象、意象):"人文之元,肇自太极,幽赞神明,《易》象惟先。……言之文也,天地之心哉!……谁其尸之?亦神理而已。"《文心雕龙·原道》后来,象征性的易象(卦象)演变成意象,进入审美领域。意象是具有具体的形象性,同时又融合意与象、物与我,从而能够显现天道。这样,意象就具有了现象学的意义,把粗略的"文"具体化为"现象"。谢赫的《古画品录》提出了"六法",其中有"应物象形",这不应理解为自然主义的物象再现,而应该理解为画家与物的双向感应(应物),并且创造了审美意象。宗炳的"澄怀味象"继承了庄子的"心斋""坐忘"思想,排除理性意念、以澄明心境体会自然,而获得了对天道的现象学把握。刘勰具体探讨了意象生成的过程,这个过程是"感物"而达物象,再通过创造想象使之升华为意象:"诗人感物,联类不穷。流连万象之际,沉吟视听之区。"(《文心雕龙·物色》)刘勰讲"圆照之象",也是借用佛家概念"圆照"来使现象(象)呈现,审美意象作为道的体现,并非经验认识的对象——物象(表象),乃是审美直觉的产物,因此具有亦实亦虚、朦胧恍惚的特点。王昌龄的"久用精思,未契意象"[1],司空图的"意象欲出,造化已奇"[2]都指出

---

[1] 王昌龄《诗格》,见叶朗主编《中国历代美学文库·隋唐五代卷上》,高等教育出版社2003年版,第369页。

[2] 司空图《二十四诗品·缜密》,见叶朗主编《中国历代美学文库·隋唐五代卷下》,高等教育出版社2003年版,第428页。

对意象的把握不是经验认识，而是一种直觉感悟，具有融会物我的浑然一体的特性。严羽说："盛唐诸人惟在兴趣，羚羊挂角，无迹可求。故其妙处透彻玲珑不可凑泊，如空中之音、相中之色、水中之月、镜中之象，言有尽而意无穷。"①他所谓的兴趣，其内涵可以包容于意象概念之中，乃是审美体验的产物。正是意象的直接表意功能，才使审美具有了动情性和趣味性。王廷相说："言征实则寡余味也，情直致而难动物也，故示以意象，使人思而咀之，感而契之，邈哉深矣！此诗之大致也。"②说明了中国古典诗歌重在情感体悟，而且意象具有情感内涵。

意象作为道的现象，具有超越表象的丰富内涵即审美意义。这就是说，意象不是现实事物的表象（物象），而是具有超越性的现象。存在（道）是实有和虚无的同一。意象作为存在（道）的显现，不仅具有实有性，还具有虚无性。因此，中华美学不同于西方美学，艺术不是对事物的模仿，不是表象，而是超越表象的意象。意象非实体，超越现实，具有虚无性；也非幻象，乃是道的显现，因此具有实有性。正是意象的超越性，才使物象变成了艺术，也才能超越事物的现实意义，而把握了道的意义。荆浩提出，绘画不是对物象的模仿，而要"度物象而取其真"，这个真，就是超越物象的审美意象。叶燮进一步指出，意象表达的不是一般的理和事，而是不可言的理与事："可言之理，人人能言之，又安在诗人之言之？可征之事，人人能述之，又安在诗人之述之？必有不可言之理，不可述之事，遇之于默会意象之表，而理与事无不灿然于前者也。"

---

① 严羽《沧浪诗话·诗辨》，见《沧浪诗话校释》，郭绍虞校释，人民文学出版社1983年版，第26页。

② 王廷相《与郭价夫学士论诗书》，见叶朗主编《中国历代美学文库·明代卷下》，高等教育出版社2003年版，第166—167页。

(《原诗》)这个不可言、不可述的理与事,就是超越经验世界的道,是天地之文,这个本体在诗歌的意象中被直接呈现、领会。

意象必然超越表象(物象),具有审美意义。刘禹锡讲:"境生于象外。"(《董氏武陵集记》)司空图讲"象外之象,景外之景。"(《与极浦书》)"韵外之致""味外之旨"(《与李生论诗书》)"超以象外,得其环中。"(《二十四诗品·雄浑》)这里说的象(或境)外,是物象(表象)之外,指超越物象(表象)才有意象,意象是物象的升华,因此象才可以尽意,才可以显道。在这里,显露了象、意象概念的局限性,它容易与物象概念混淆,所以才要用"超"的方式表达。因此,为了突出现象的超越性,意境概念就应运而生。现象的超越性主要不是体现在意象概念上,而是体现在意境(境界)概念上。意境(境界)与意象都是存在本体的显现,是日常经验和现实世界的升华,从而也就是现象的呈现,只不过意象强调了直观性,而意境强调了超越性。境界概念来源于佛教,特别是禅宗,特指超脱世俗意念所达到的精神世界。《俱合诵疏》云:"心之所游履攀援者,故称为境。"传为王昌龄所作的《诗格》中,借用佛理提出:"诗有三境,一曰物境,二曰情境,三曰意境。"物境求神似,情境求情深,意境得其真。他强调"夫置意作诗,即须凝心,目击其物,便以心击之,深穿其境。"意境概念在此具有了超脱物理世界和经验世界的精神性和审美品格。刘禹锡提出"境生于象外"的命题,把境界与表象(经验世界)加以区别,涉及境界的超越性。皎然《诗式》中提出"取境之时,须至难至险,始见奇句",主张"诗情缘境发",提出作诗取境要高。他还提出"境象非一,虚实难明。……可以偶虚,亦可以偶实。"涉及意境的亦虚亦实的特性。而在王国维的美学思想中,意境或境界概念才最终具有了本体论的意义,揭示了审美的超越性。

五、妙悟、妙观——本质直观

所谓本质直观,又称本质还原,是使对象的本质得以显现的方法。中华美学的现象直观,其来有自。从庄子的"吾游心于物之初"开始,就发现了现象学直观,并且用于审美。中华美学的妙悟概念相当于本质直观概念。神思概念主要表达现象学的纯粹意识,以构成现象,因此与意象概念相联系,构成一对范畴。而妙悟概念主要表达本质直观,以领会本体,实现现象学还原,因此与意境(境界)概念相通,构成一对范畴。

通过悬搁而获得纯粹意识,再进一步纯化为本质直观,实现本质还原。所谓本质直观,就是说被还原的"纯粹意识"是一种直接的意识,它不经语言符号的中介,直接与对象相即。在中国,这种现象学方法始于老子。老子讲:"为学日益,为道日损。损之又损,以至于无为。无为而无不为。"(《老子·四十八章》)这实际上是现象学的本质还原方法。而损的方法就是"致虚极,守敬笃",使万物虚无化,直取道的本质。庄子假借孔子之口讲:"若夫人者,目击而道存矣,亦不可以容声矣。"(《庄子·田子方》)这就是说,要直观道,无须语言的中介。陆机《文赋》中借用老子"玄览"概念来表示审美的本质直观:"伫中区以玄览,颐情志于典坟。"道家不仅主张直观道,还提出以情体道。庄子虚拟了黄帝与臣子北门成的对话,描绘了主体的审美体验:"乐也者,始于惧,惧故祟。吾又次之以怠,怠故遁;卒之以惑,惑故愚;愚故道,道可载而与之俱也。"(《庄子·天运》)这个思想与海德格尔通过"畏启示着无"来领会存在的意义相通,可谓现象学方法的应用。刘勰提出了"妙鉴"的概念,也是本质直观的代名词,以审美意识直观道。老庄哲学又与佛学融会,最后形成了妙悟的概念。悟作为哲学概念来源于佛教,特别是禅宗的顿悟,同时还继承了先秦道家的体道方式。竺道生云:"夫称顿者,明理不可分,悟语极照。以不二之悟,符不分之理,谓之顿悟。""不二之悟"即主客不分的直觉,而"不分之理"即现象中的本体(道)。宋代以前,悟还没有正式成为美学范畴,只是有一些理论家借用悟的概念表达审美之思。但近似的概念表达还是出现了,如宗炳提出了"澄怀观道",意为弃绝经验意识的杂质,还原到纯粹意识,从而可以"观道"。这里使用的还是道家的概念,但已经具有了悟的内涵。严羽正式提出了"妙悟"的概念,他说:"大抵禅道惟在妙悟,诗道亦在妙悟,且孟襄阳学力下韩退之远甚,而其诗独出退之之上者,一味妙悟而已。惟悟乃为当行,乃为本色。"(《沧浪诗话·诗辨》)他还强调了诗歌"不涉理路、不落言筌"的特性。这里强调了艺术思维区别于才学知识的获得,具有直观领会的特性。但是,严羽的"妙悟说"虽然揭示了审美思维的特性,但还局限于审美本身范围之内,围绕着"兴趣"论说,而没有直击存在本体,成为体道的方式。但妙悟概念一经提出,就超越了原初语境,而具有了特殊的现象学意义。于是在广义的语境中,妙悟成为体道的方式。审美之悟,不仅是对审美兴趣的把握,最终是对道的领会,对人生意义的参悟。后来的诗论家正是从这个意义上理解妙悟的。如江西派诗人晁冲之在《送一上人还滁州琅琊山》中云:"世间何事无妙理,悟处不独非风幡。"这里的悟就达到了对"妙理"的领会。因此,可以说正是妙悟概念表达了现象学还原的意义,获得了对道的把握。钟嵘提出了"即目""直寻"的概念,也表达了审美的直观性。他说:"至乎吟咏情性,亦何贵于用事?'思君如流水',既是即目;'高台多悲风',亦惟所见;'清晨登陇首',羌无故实;'明月照积雪',讵出经史?观古今胜语,多非补假,皆由直寻。"(《诗品序》)在这里,钟嵘认为诗歌吟咏性情,不能靠用事用典,只能以"即目"的方式克服主客对立,融合物我,以"直寻"的方式克服语言的符号性,用审美的语言直接表达,它接近于现象学的直观方法。严羽说:"夫诗有别材,非关书也;诗有别趣,非关理也。……所谓不涉理路、不落言筌者,上也。"(《沧浪诗话·诗辨》)"所谓不涉理路、不落言筌",实际就是区别于理性认识的审美直观。王夫之提出了"现量"概念,来说明审美的直观性。所谓现量,是佛家用语,王夫之借用于诗学。他说:"'现量'现者,有现在义,有现成义,有显现真实义。现在,不缘过去作影。现成,一触即觉,不假思量计较。显现真实,乃彼之体性本自如此,显现无疑,不参虚妄。"(《相宗络索·三量》)这简直就是现象学思想的标准表达。所谓"现在",就是克服时空距离,使物我相遇。所谓"现成",即是直观,不经反思,不用概念。所谓"显现真实",即对象自身作为现象直接呈现。"现量"思想运用于美学,王夫之就表述为"寓目吟成""即景会心""只于心目相取处得景得句。"这就是审美现象学的思想表达。王国维谈审美思维:"自一方面言之,则必吾人之胸中洞然无物,而后其观物也深,而其体物也切;……自他方面言之,则激烈之感情,亦得为直观之对象、文学之材料;而观物与其描写之也,亦有无限之快乐伴之。"[①]与神思相类似的概念还有刘勰的"圆照"("圆照之象")和"妙鉴"。

中华现象学不同于西方现象学,在于其情感性。西方现象学是认知现象学(胡塞尔),后来才转向情感现象学(海德格尔、舍勒、杜夫海纳等)。中华现象学讲直观,但是要通过情感,是情感体验。审美意识既是"真情",也是纯粹直观,从而可以使对象作为

[①] 王国维《王国维文学美学论著集》,北岳文艺出版社1987年版,第25页。

现象呈现。中华审美现象学还原的纯粹意识，不同于胡塞尔，后者认为现象还原的结果是不涉及情感态度的纯粹意识或先验意识，属于认知范畴，而中华美学还原的审美意识是情感体验、情感直观。情感体验也属于非自觉意识，而审美情感则摆脱了非自觉意识以及符号概念的限制，直接与对象同一，从而使对象作为现象显现。所以刘勰说："夫唯深识鉴奥，必欢然内怿，譬春台之熙众人，乐饵之止过客，……书亦国华，玩绎方美。"（《文心雕龙·知音》）"欢然内怿"就是审美体验，而通过审美的情感体验才能"深识鉴奥"，即把握对象的本质。道家讲无情，强调直观体验，但这个无情仍然是一种生活态度，是消解现实情感后达到的超脱的情感，而不是认知性的直观。在《庄子·天运》中，黄帝对道的领会，是通过情感体验及"惧""怠""惑"而产生的"崇""遁""愚"的心理效果。这很像海德格尔的通过"畏"的基本情绪而领会生存意义。儒家诉诸情感体验，从价值角度把握存在的意义。

中华审美现象学的本质直观就是情感体验，以情体道。刘勰讲"物以情观"，就是审美情感体验直接把握道。王夫之把审美情感体验与本质还原联系起来，他说："两间之固有者，自然之华，因流动生变而成其绮丽。心目之所及，文情赴之，貌其本荣，如所存而显之，即以华奕照耀，动人无际矣。"（《古诗评选》卷五）他的意思是说，天地之间万物自有其美，以文情相即，则使其显现，从而产生审美的魅力。这里最重要的思想是认为审美情感可以"貌其本荣，如所存而显之"，这不是事物的经验性的再现——表象，而是现象学所追求的本质还原——"回到实事本身"，而这个实事本身就是存在——"道"的显现。正是在王夫之这里，中华审美现象学达到了顶峰。

（原载于《学术月刊》2017年第6期）

乐道、兴情、神韵
——中华美学的审美本质论

中华美学对美的规定是渐次深入的，从乐道到兴情到神韵，逐步揭示了审美的本质。

一、乐道：审美的本质

运用现象学方法来还原美的本质，就要进入审美体验。在审美体验中，获得了什么呢？中华美学认为，获得了道。这个道不是通过单纯的认知把握的，而是通过一种情感体验——乐把握的，所以，中华美学把审美的本质归结为乐道。儒家在日常生活中践行道德规范，并且自觉地认同天道，从而获得一种高尚的快乐，这就是乐道。所谓点之歌，颜之乐是也。孔子通过艺术而闻道，他说："子在齐闻《韶》，三月不知肉味。曰：不图为乐之至于斯也！"（《论语·述而》）。这里的乐就是音乐表达的闻道之乐，它超越了感性之乐。道家在归返自然时达到怡然自得的逍遥状态，这就是乐道。庄子寓言多描述审美体验，物我两忘、同于大通，感到逍遥之乐——天乐，天乐即乐道。《庄子·天运》中虚拟了黄帝与臣子北门成的对话，谈论对"至乐"的看法。黄帝说先描述了闻"至乐"

的体验,然后总结到:"乐也者,始于惧,惧故崇。吾又次之以怠,怠故遁;卒之以惑,惑故愚;愚故道,道可载而与之俱也。"这就是说,通过审美体验而悟道,悟道也是一种"天乐",所以审美即乐道。总之,乐道为(审)美,就是中华美学的本质论,它通向哲学本体论。

西方哲学天人分离,世界具有实体性,美也具有实体性。西方古代美学认为美是实体的属性,与主体无关,具有客观性。西方近代美学认为主体是实体,美具有主体性,是主体意识的对象化。因此,西方美学认为美是认识的对象,美学是感性学。而在中国,由于天人合一,道具有非实体性,它体现于万世万物,也体现于人心人性,道在天人之际,所以是变相的存在论。因此,作为道的显现的美也就具有了非实体性,美学也具有了存在论的性质。中华美学认为美不是实体也不是实体的属性,美即审美,是天人感应。乐道即审美,这一观点排除了实体性的美的观念,意味着主体介入才有美,美不能自美。柳宗元曰:"夫美不自美,因人而彰。兰亭也,不遭右军,则清湍修竹,芜没于空山矣。"(《邕州柳中丞作马退山茅亭记》)在中国语言中,美不仅是名词,也是形容词,还可以作动词,既可以是物的属性,也可以是美感,还可以是审美活动。这一语言现象体现了中华美学的存在论性质,即美不是与人无关的实体,而是人参与其中的审美活动,是一种理想的生存方式。

中华美学认为,伦理是践行道,审美是乐道,二者都是道的体现。因此,美与善(伦理)相关,也由此规定了美的特性。行道为善,具有实际功利性;乐道为美,超越直接的实际功利性,但仍然具有实际功利的基础。因此,中华美学认为美与善相近,美的前提为善;美又超越善,为善锦上添花,因此"美善相乐"。但美与善毕竟不同,二者的区别在于,善偏于内容,美偏于形式;善偏于理性,美偏于感性;善偏于实用,美偏于情感。悟道、行道是出自实际需要,这是伦理范围的善,具有实用理性的品格。而乐道则超越了实际需要,而把悟道、行道作为一种满足精神需要的手段,从而超越了实用功利。子曰:"吾未见好德如好色者也。"这是说好德对常人来说,不具有必然性,非人之自然欲望,而好色(色可以理解为性欲对象,也可以理解为审美对象)则具有必然性,是人之自然需要。但圣人、君子则好德如好色,把道作为乐的对象。这就是他所谓的"知之者不如好之者,好之者不如乐之者。"(《论语·雍也》)乐道必须建立在行道的基础上,子曰:"言而履之,礼也;行而乐之,乐也。"(《礼记》)孔子在这里直接提出了行道为礼(善),乐道为美。乐道,既是君子的最高理想,也是中华美学的基本理念。由于道不是彼岸之物,而是存在于日常生活中,即"道不离伦常日用"(儒家)、"道在屎溺"(道家),因此乐道就是在日常生活中以悟道、行道为乐。审美不是脱离日常生活,而是在日常生活中不管富贵还是贫穷、顺境还是逆境,都信守天道,而且心甘情愿,以此为乐。这样的生活就是美的,如此的态度就是审美,这样的人就是完美的人。

儒家的道是伦理道德,美是道的形式。但是,道不仅是外在的规范,更是内在的追求和实践活动,因此不仅要得道,而且要行道,还要"悦道"(孔子)、"乐道"(荀子)。如:

子曰:"学而时习之,不亦说乎?"(《论语·学而》)

子曰:"贤哉!回也。一箪食,一瓢饮,在陋巷。人不堪其忧,回也不改其乐。贤哉!回也。"(《论语·雍也》)

子曰:"饭疏食,饮水,曲肱而枕之,乐亦在其中矣!不义而富且贵,于我如浮云。"(《论语·述而》)

叶公问孔子于子路,子路不对。子曰:"女奚不曰:其为人也,

发愤忘食,乐以忘忧,不知老之将至云尔。"(《论语·述而》)

子曰:"君子坦荡荡,小人长戚戚。"(《论语·述而》)

司马牛问君子。子曰:"君子不忧不惧。"曰:"不忧不惧,斯谓之君子已乎?"子曰:"内省不疚,夫何忧何惧?"(《论语·颜渊》)

子曰:"君子忧道不忧贫。"(《论语·卫灵公》)

子曰:"不怨天,不尤人;下学而上达。知我者其天乎!"(《论语·宪问》)

荀子说:"君子乐得其道,小人乐得其欲。以道制欲,则乐而不乱;以欲忘道,则惑而不乐。"(《荀子·乐论》)荀子说"美善相乐",也是以乐道为美。

道家美学也以乐道为美,只不过这个道不是伦理之道,而是自然之道。庄子认为通过归返自然而达到的逍遥游,就是一种得道之乐,它不是世俗之乐,而是"天乐""至乐":"夫得是,至美至乐也,得至美而游乎至乐,谓之至人。"(《庄子·田子方》)乐道是更高的境界。道家的道是万事万物包括人的自然法则,行道即适性。审美即适性,是得道的逍遥状态。由于真人外无所求(无待),顺应自然,所以也是一种乐道(天乐)。魏晋玄学——道家思想的变体也以乐道为美。嵇康一方面认为六经为核心的名教压抑人性,不合天道:"六经以抑引为主,人性以从欲为欢,抑引则违其愿,从欲则得自然。""今若以虚堂为丙舍,以讽诵为鬼语,以六经为芜秽,以仁义为臭腐……于是兼而弃之,与万物为更始,则吾子虽好学不倦,犹将阙焉。则向之不学未必为长夜,六经未必为太阳也。"(《难〈自然好学论〉》)另一方面,他又认为放纵情欲"非道之正",如果"惟五谷是见,声色是耽,目惑玄黄,耳务淫哇……谓之不善持生也。"于是他求取中道,以大和为至美:"以大和为至乐，则荣华不足顾也；以恬淡为至味，则酒色不足钦也。……故以荣华为生具，谓济万世不足以喜耳。此皆无主于内，借外物以乐之，外物虽丰，哀亦备矣。有主于中，以内乐外，虽无钟鼓，乐已具矣。故得志者，非轩冕也；有至乐者，非充屈也。"（《答向子期难养生论》）道家的性不包括情，是无欲无情之自然天性。由于儒家哲学成为主流，而且与道家哲学趋于合流，道家的适性与儒家的合情融合。魏晋以后，性情合称，于是以情感体验为中心的乐道就成为中华美学的基本理念。

中华乐道美学实际上主张德福一致。西方哲学一直有德福关系的争论，利他的道德与自己的幸福是否一致，这是一个悖论。儒家美学认为遵守集体理性的道德法则可以获得最大的快乐，最后就是乐道。而道家哲学以自然天性为道，所以为道就是为自己，就是最大的快乐。事实上，这个问题并没有真的解决，因为他人与自己以及自然与社会的矛盾仍然存在，所以德福并不能一致。由于道的天人合一性质，也就是说，道不具有彼岸性，仅仅具有此岸性，道是伦理道德（实用理性），因此被现实性所规定；既是道家的道，是自然天性，也属于此岸而非彼岸，也桎梏了超越性，这是中华美学的根本缺陷。此外，乐道为美，也体现了情理一体的理念。乐为感性、为情，道为理性（虽然包含情，但理性主宰），二者有所区别，但乐道则消弭了这种区别，实现了感性与理性的统一。但理与情毕竟有矛盾，二者不是一回事，体现着感性与理性的矛盾，乐道为美的规定就潜藏着内在的矛盾。在后来的历史发展中，中华美学理与情的统一破裂，一方面宋明理学以理抹杀情，另一方面宋以后主情说美学成为主流，从而使中华美学由道本体转向情本体。

出于对道的信念，中国人具有一种乐观主义精神，这是乐道的另一种含义。儒家代表的中华文化具有一种乐观性的世俗主义，这就是李泽厚先生所谓的"乐感文化"。鲁思·本尼迪克特认为,欧洲文化是罪感文化,因为基督教认为人有原罪;日本文化是耻感文化,因为它以不能履行身份责任为耻辱。后来李泽厚先生又加以补充,指出印度文化是苦感文化,因为佛教认为人生的本质是苦。以儒家为代表的中华文化是乐感文化,认为人生是乐观的,不必追求彼岸世界,此岸世界就可以悟道、行道、乐道。这个命题在一定意义上是合理的,它揭示了中华文化的实用理性和集体理性的特征。实用理性不承认此岸与彼岸的区分,认为只有一个世界,此岸世界即可成为完满的世界。因此,它对于社会人生抱有乐观主义,认为大道即人道,总会有光明的结局;即使一时困顿,但善恶必有报应。此外,中华文化是集体理性主导,由于个体没有独立于集体(家族、国家),所以没有个体生存的孤独感、无力感,也不会有死亡的畏惧。中国人依仗集体理性,相信生存的意义在家族、国家的存在,在无尽的历史延续中实现,因此具有乐观精神。孔子一生不得志,但仍然乐观,他说:"仁者不忧。"(《论语·子罕》)他自谓:"其为人也,发愤忘食,乐以忘忧,不知老之将至云尔。"(《论语·述而》)孔子代表的中国人生观是乐观主义的。道家的人生观也摈斥了悲观主义。老子冷静睿智,洞穿一切,认为只要领会生存之道,就可以维护自然生命。庄子放荡不羁,更积极地争取生存的自由,他认为回归自然天性,就可以进入逍遥之境,处于不败之地。当然,这种"乐感文化"也有消极方面,它掩盖了现实的异化,把现实理想化,从而消除了超越性和批判精神。

  乐道是中国人的世界观,是人生最高追求。钱穆先生说道:"乐则人生本体,当为人生最高境界、最高艺术。"[1]但是,由于道被现

---

[1] 钱穆《现代中国学术论衡》,广西师范大学出版社2005年版,第272页。

实化，乐道毕竟是一种现实人生追求，它把人生理想化，这很难实现。这就导致中华美学逐渐偏离道，而向感性（如情感论）和超越性（如神韵说）偏离。此外，以乐道来规定美的本质，不仅确定了美的本体论根据，也包含了审美的情感内涵。因此，必须进一步对乐道的情感内涵进行考察。

二、兴情：审美的情感性

运用现象学方法，可以把审美体验还原为情感，道是情感体验的对象，这是中华美学对美的进一步的规定。这一规定，既来自审美体验，也与乐道为美的命题有关。以乐道来界定审美，一方面把道确定为美的本质，另一方面也规定了审美的情感内涵。道体现为万事万物，那么万事万物如何成为乐的对象呢？这就需要进一步的加以规定，于是就有了兴情说，情感成为审美、艺术的心理内涵。中华美学与西方美学不同，不是基于认识论，不讲模仿现实、反映现实，而是基于价值论，讲表现情感。儒家重情，情理一体化，审美也是合理之情的表现。道家讲真，审美是归真，而这个真不是认识论的真，而是本性的真、价值论的真。虽然道家讲无情，但自然天性中又很难排除情。后来儒家的情与道家的性合一，形成兴情说。中华美学认为艺术的本质不是认识现实、再现现实，而是情感与世界的会通，是以情体道。在西方，直到康德才把审美划入情感领域，而中国古代美学更早地体认到了这一点。

但中华美学对美的情感性的确认，并不是从主体性出发的，而是与对道的体认相关。为什么能乐道？因为道是情理一体的，道有情，因此人和世界都有情。中华美学的情理一体思想源于道的本性，道既是理又是情。道在人，也在自然，于是人与世界都有情。

美作为道的形式，同时具有了理与情两种属性。情的原始意义是实际，既指主观的感情，还指客观的实情。如"小大之狱，虽不能察，必以情。"(《曹刿论战》)就是指客观实情。现代汉语中的"情况"一词还保留着这个意义。庄子讲圣人无情，又讲"万物复情"，这并没有矛盾，因为前后两个情意义不同，前者是主观之情，后者是客观之情。后来，情的意义就偏向主观，成为人的心意。但客观世界也非无情，由于天人合一的世界观，中国人认为世界也是有情的，它与人之情互相感应、彼此沟通，而审美和艺术就是这种情感的沟通方式。郭店楚墓竹简《性自命出》中提出"道始于情""礼作于情"，把情作为道的必要内涵。情感形于外，就成文，包括天地之文和人文。于是就有审美，就有艺术。中华美学的兴情论与西方美学的表现论不同，它不是主体性的，而是主体间性的。由于情感是感兴的产物，因此情感不是自我的专有物，而是我与世界互相感应的结果。主体的情感需要与有情的对象世界之间就会发生感应、交流，这就是感物、感兴，于是就有情感发生。《性自命出》还提出"情生于性""喜怒悲哀之气，性也。及其见于外，则物取之也。"这里是说情感是人性与外物接触后生成的。所以中国艺术讲触物生情、情景交融，我有情，万物也有情，互相感发，引起共鸣，这就是物感说和感兴论的实质。《礼记·乐记》云："凡音之起，由人心生也。人心之动，物使之然也。感于物而动，故形于声。声相应，故生变。变成方，谓之音。""乐者，音之所由生也，其本在人心之感于物也。"陆机说"感物兴哀"[1]；刘勰说"情以物兴""物以情观""触兴致情"(《文心雕龙》)；钟嵘说："气之动物，

---

[1] 陆机《赠弟士龙诗序》，见《四部丛刊》本《陆士龙文集》卷三所附《兄平原赠》。

物之感人，故摇荡性情，形诸舞咏"（《诗品序》）；傅亮称"怅然有怀，感物兴思"[①]；萧统称"睹物兴情"[②]等。中华美学把我和物都作为有情感的主体，把审美看作两个主体之间的交流，因此具有主体间性的性质。这就是说，中华美学的情感论是主体间性的兴情论、同情论，而不是主体性的表情论、移情论。

兴情论不仅强调了审美的情感性，而且把兴作为一种真实生命体验的发生，从而具有本体论的性质。在先秦，兴是一种诗歌的写作手法，遂有"赋、比、兴"之说。同时，兴还是一种诗性的生活体验，可以使人超离世俗生活。所以孔子讲"诗可以兴"（《论语·阳货》）"兴于诗，立于礼，成于乐。"（《论语·泰伯》）这个兴，不应该简单地理解为起情，当有更深的含义，否则孔子不会如此重视，多次提及。孔子认为有了兴，才通向礼，最后达到天人合一之乐，于是才有了真实的生存。兴源于气，感于物，归于道。中华美学以气来解释审美情感的发生，认为气充塞于天地人之间，使人和万物具有了勃发的生命，产生了激昂的情感。钟嵘说："气之动物，物之感人，故摇荡性情，形诸舞咏。"（《诗品序》）气本于道，是原始生命力，也是人的真实生存之源。在气的充实之下，兴发生，这是一种在审美状态中的人生体验，是生命力的感发。总之，中华美学认为，兴是感物起情，但不是日常的情感发生，而是回归天人合一的生命意志。

中华美学的兴情论与中华艺术形态的特殊性有关。中华艺术主要形式为表现艺术，诗、乐、舞为其原始形式，后来也以抒情诗、抒情散文、风景画等为主，这与西方艺术的史诗传统以及后来的戏

[①] 傅亮《感物赋（并序）》，中华书局影印本《全宋文》卷二六。
[②] 萧统《答晋安王书》，中华书局影印本《全梁文》卷二十。

剧、小说等再现艺术为主要形式不同。但是，中华美学认为，再现艺术也是写情的，只不过这个情不是主体之情，而是"人情物理"。李渔说："传奇无冷热，只怕不合人情。"(《闲情偶寄·演习部》)"凡说人情物理者，千古相传；凡涉荒唐怪异者，当日即朽。"《闲情偶寄·词曲部》这个"人情物理"是客观事理（物理）与主观情理（人情）的统一，仍然打上了情感论的烙印，这与西方美学强调艺术"再现现实"不同。金圣叹也以情论人物形象，说："彼才子有必至之情""然而才子必至之情，则但可藏之才子心中。"（《琴心》总评）

中华美学的乐道论（道之美）和兴情论（情之美）的两重论述，西方评论家认为体现了玄学论和表现论的矛盾。美国学者刘若愚持此说。[①]刘若愚把中华美学的情感论归结为表现论，是一种误读。中华美学的兴情论，不是主观的情感表现，而是人与世界之间的"感兴"。另一方面，从现代观点看，乐道与兴情有别，它们都建立在道气论的基础上，因此具有蒙昧性。而且，道偏于理性，而情为感性，二者不能完全同一。但是，用中华美学自己的逻辑来解释，并不存在这个矛盾。因为道在天人之际，道是情理一体，所以审美既是乐道，也是兴情。这也就是说，这种矛盾可以用道的两重性来解释。但道与情毕竟有别，道具有理性本质，道与情必然发生冲突。在传统社会早期，情理一体，没有分化，体现为言志说，美学思想与意识形态一致；而中后期，美学思想与主流意识形态之间产生了分离，于是理（道）与情之间也发生了分离，产生了扬情抑理和扬理抑情的不同趋向。但从总的趋势来说，中华美学的乐道说逐渐趋向于兴情说。

---

① 参阅刘若愚《中国的文学理论》，中州古籍出版社1986年版。

"诗言志"是最初的艺术本质观，兴情论是由言志说演化而来。这里的志，不是一般的思想情感，而是与道联系在一起的思想感情，而且志还没有发生情与理的分化，二者融合在一起。由于诗歌等艺术天然地偏向于情感，因此言志说就倾向于表情说。《诗大序》中把言志说作了偏向于情感论的解释："诗者，志之所之也。在心为志，发言为诗。情动于中而形于言，言之不足故嗟叹之，嗟叹之不足故永歌之，永歌之不足，不知手之舞之，足之蹈之也。"《礼记·乐记》中认为音乐之美在于"物感"生情："凡音之起，由人心生也。人心之动，物使之然也。感于物而动，故形于声。声相应，故生变。变成方，谓之音。"但此时的主情说还在理与情之间寻找平衡，没有发生冲突。为了避免情与理的冲突，于是儒家美学要以理节情，即所谓"发乎情，止乎礼。"《礼记·乐记》中讲："乐也者，情之不可变者也；礼也者，理之不可易者也。乐统同，礼辨异，礼乐之说，管乎人情矣！"但同时，又指出："是故情深而文明，气盛而化神，和顺积中而英华发外，唯乐不可以为伪。"这里虽然还讲以理节情，但不经意间又把情本体化，认为情本身就是真情，不可以作伪，这意味着情无须依附理，甚至可以摆脱理的规范。六朝时期，理性衰微，审美意识觉醒，情从志中分离，兴情说发生。陆机《文赋》中说："诗缘情而绮靡，赋体物而浏亮。"情感成为诗歌的本质特性。刘勰以道来规定文，认为文乃道的演化物，同时又认为情是文的本性，提出"情文"概念，从而使情与道相符而具有了本体论的地位。《文心雕龙》在大前提上是理性主义的明道论，而在具体展开时又是感性主义的主情论。刘勰在《原道》《征圣》《宗经》三篇中提出了"道沿圣以垂文，圣因文而明道"的论证，理性的道成为文的本质。但以后各篇中既讲言志，又讲缘情，偏离了理性的道。这体现了审美的情感性与伦理性的矛盾，从而就自觉不自觉地修正和超越了主流意识形态。刘勰也力图调和理与情的矛盾。他说:"故情者文之经,辞者理之纬;经正而后纬成,理定而后辞畅,此立文之本源也。"(《文心雕龙·情采》)情为经,理为纬,"经正而后纬成",已经向情感论倾斜。以后缘情说成为中国文论的主流,言志说逐渐淡出,而情逐渐取代理成为中华美学的基本范畴。

在传统社会后期,情与道(理)分离,脱离了意识形态的桎梏,而具有独立的意义,从而成为本体论的范畴,建立了情本体论。明中叶以后,作为陆王心学的支脉,李贽等把个性、人欲等提升到道的高度加以肯定,于是就产生了情本体的美学。冯梦龙在《情史》中,认为情乃宇宙本体:"天地若无情,不生一切物;一切物无情,不能环相生。""万物如散钱,一情为线牵。"他最后提出"立情教"的主张:"我欲立情教,教诲诸众生。""愿得有情人,一齐来演法。"以"情教"代替"礼教",意味着情取代理(道)成为本体,成为审美和艺术的依据。汤显祖提倡艺术的"至情",从而在一定程度上把审美情感与日常情感区别开来,确认了审美的本真性。他说:"世总为情,情生诗歌,而行于神。天下之声音笑貌、大小生死,不出乎是。……其诗之传者,神情合至,或一至焉;一无所至,而必曰传者,亦世所不许也。"(《耳伯麻姑游诗序》)程允昌《南九宫十三调曲谱序》记载汤显祖驳斥张位"言情不言性"的责难:"公所讲者是性,我所讲者是情。盖离情而言性,一家之私言也;合情而言性,天下之公言也。"黄宗羲说:"盖情之至真,时不我限也。斯论美矣。……凡情之至者,其文未有不至者也。"(《论文管见》,《南雷文定》三集卷三)袁枚说:"且夫诗者,由情生者也。有必不可解之情,而后有必不可朽之诗。"(《与程蕺园书》)刘熙载把情作为义(理性)的根本,说:"诗或寓义于情而义愈至,或寓情于景而情愈深。"(《艺概·诗概》)此时,以情论诗、文、画等艺术已成潮流。

但另一方面,也产生了以道(理)抑情的倾向。儒家哲学认为,道为形而上者,情为形而下者。韩愈提出情有等级,"情之品有上中下三"。上品之情,呵护道德规范,"动而处其中"。中品之情,有所偏差,但力求接近道德规范,"有所甚,有所亡,然而求合其中者也。"下品之情,放纵情感,不顾道德规范,"亡与甚直情而行者也。"(《原性》)这实际上把审美限定于前两种理性化的感情中,而排斥了后一种纯粹的感情。邵雍就认为,审美有两种,一为"名教之乐",是理性的审美,遵循道德规范;二为"人世之乐",为情感审美。他肯定前者而贬低后者。这种思想后来发展为对审美的排斥,如程颐就讲"作文害道";"今为文者,专务章句,悦人耳目。既务悦人,非俳优而何?"(《二程语录》卷十一)"凡为文不专意则不工,若专意则志局于此,又安能与天地同其大也?书曰:玩物丧志。"(《近思录》)但这些极端的理性主义思想并没有成为中华美学的主流。

中华美学把审美的本质限定于情感领域,以情来冲击理性,从而避免了极端理性主义。同时,兴情论有其缺陷,就是强调了审美的感性,而掩盖了审美的超越性。虽然有人用"至情"把审美之情与日常之情区别开来,但毕竟只是程度的差异,从而掩蔽了审美情感与现实情感的本质差异。因此,兴情论有其局限,不能充分说明审美的本质,于是就有神韵说来加以补正。

三、神韵:审美的超越性

神韵说来自审美体验,即认为审美的意义不能被充分阐释,具有某种神秘性、超验性。在审美体验中,审美对象包括艺术作品的意义不能完全被说明，还有理性所不能阐释的意义剩余，因此就把这种意义剩余命名为神韵。但神韵说可以从乐道说得到部分的解释。这就是说，乐道为美，还包含着一种隐超越性的内涵。从本体论上说，存在非现实之物，具有超越性，审美指向存在，是一种超越性的活动，不能用现实生存来解释。因此，审美意义就具有超越性，包括超验性。但中华美学对于存在和审美的超越性的体认，还处于晦暗不明的状态，一方面它把道规定为伦理法则，另一方面又认为道具有超验性，从而产生了矛盾。特别是道家认为道具有虚无性，它不可言说，无形无声，是超验之物。超验性仅为超越性的一个方面，并非其全部意义。超验性源于超越性，由于存在不在场，超越现实，具有虚无性，因此是超验之物。审美作为指向存在的自由生存方式和超越的体验方式，也具有超验性。中华美学用"神"来表达审美的超验性，以把握虚无的道。因此，"神"也具有美的含义。神在中国语境中有两种含义，一是指外在的神灵，二是指内在的精神，后来又指艺术作品的精神内涵。这几种含义并存甚至相通，体现了中华文化的天人合一性。儒家的道具有理性本质，它具体化为道德规范，可以理智地把握，一般不以道为神。儒家敬鬼神而远之，如"子不语怪、力、乱、神"（《论语·述而》）而把那些不可把握的神秘事物称为神，后来演化为神秘不可知的超自然之物为神，如"阴阳不测之谓神"（《易传·系辞上》）"大而化之之谓圣，圣而不可知之之谓神。"（《孟子·尽心下》）同时，儒家也把内在的精神称为神，如荀子曰："君子养心莫善于诚，致诚则无它事矣。惟仁之为守，惟义之为行。诚心守仁则形，形则神，神则能化矣。"（《荀子·不苟》）道家认为道先天地而生，是万物的自然本性，而鬼神也由道规定，道具有神性。如老子说道使鬼具有神灵：道先天地生，"神鬼神帝"；"以道莅天下，其鬼不神。"（《老子·六十章》）神也指人的精神，与形（身体）相对。如庄子讲"无视无听，抱神以静，形将自正。……女神将守形，形乃长生。"（《庄子·在宥》）庄子称得道之人为"神人"，是指恢复了自然天性、摆脱了身体束缚的人。后来，由于中华哲学的天人合一性，外在的神灵与内在的精神通融为一体，进而与事物的本性相通，如讲艺术的"传神""神似"。

在中华美学语境中，神的概念也指称艺术的超验性特征。神在审美对象则指称其审美意义，在审美主体则指称其创造性、天才。神与形对称，或指审美主体的精神与身体，或指艺术品的内容和形式，所以讲形神兼备，讲艺术之"传神"、神似贵于形似。这种概念的含混，是由于中华哲学的天人合一观念。中华哲学认为天人感应，故人与世界都具有某种神性。在美学中，神的概念揭示了审美的意义具有某种超理性、超验性，非形式所能规范，非理智所能穷尽。《易传》把神与妙联系起来，使其具有了审美的含义："神也者，妙万物而为言者也。"（《易传·说卦》）在以后的美学论述中，提出了神思、神会、神韵等概念。神思指审美想象和创造力，如"神思方运，万涂竞萌。"（《文心雕龙·神思》）神又指审美对象的精神意义，如"以形写神""传神写照，正在阿堵中。"（顾恺之）"读书破万卷，下笔如有神。"（杜甫《奉赠韦左丞丈二十二韵》）"神会于物，因心而得。"（王昌龄《诗格》）严羽把入神作为诗的极致："诗之极致有一：曰入神。诗而入神至矣！尽矣！蔑以加矣！惟李杜得之，他人得之盖寡也。"（《沧浪诗话·诗辨》）严羽以入神来对抗理性化的诗学观念，强调了诗的非理性。他进一步以"兴趣"解释了"入神"的含义："夫诗有别材，非关书也；诗有别趣，非关理也。……所谓不涉理路、不落言筌者，上也。诗者，吟咏性情也。盛唐诸人惟在兴趣，羚羊挂角，无迹可求。故其妙处透彻玲珑不可凑泊,如空中之音、相中之色、水中之月、镜中之象,言有尽而意无穷。"(《沧浪诗话·诗辨》)所谓入神,就是体现诗歌的非关书、非关理的不可言传的"兴趣"。所谓"兴趣",即审美理想,它非现实观念,不可理性地把握,只能用神来表达。这里把入神阐释为超脱经验世界的表象,而入于审美的意象世界。严羽又以"妙悟"来阐释"诗而入神":"大抵禅道惟在妙悟,诗道亦在妙悟。"(《沧浪诗话·诗辨》)这里的妙悟指的是审美体验的超验性,妙与神至此会通,前者侧重审美的非经验性,后者侧重艺术的超理性。李贽从审美对象(竹子)的角度阐释了"神",并且说审美对象的"神"对审美主体构成了亲和力即"物之爱人"。他说:"且天地之间,凡物皆有神,况以此君虚中直上,而独不神乎!传曰:'士为知己用,女为悦己容。'此君亦然。彼其一遇王子,则疏节奇气,自尔神王,平生挺直凌霜之操,尽成箫韶鸾凤之音,而务欲以为悦己者之容矣,彼又安能孑然独立,穷年瑟瑟,长抱知己之恨乎?由此观之,……物之爱人,自古而然矣,而其谁能堪之?"(《焚书》)刘大櫆曰:"行文之道,神为主,气辅之。曹子桓、苏子由论文,以气为主,是矣。然气随神转,神浑则气灏,神远则气逸,神伟则气高,神变则气奇,神深则气静,故神为气之主。"(《论文偶记》)这里把入神解释为艺术风格的根源。王士禛提出"神韵说",把神和韵结合为一。"神韵"成为最高的审美标准。韵本来是艺术的审美内涵,可以意会而不可言说,而神韵更突出了韵的审美的超验性。因此,我们借用神韵来作为中华美学的普遍概念来界定美。沈宗骞以"灵趣"(灵感)来解释"神",认为神就是灵趣指导下审美的非自觉性、创造性:"今将展素落墨,心所预计者,不过何等笔法,何等局法。因而洋洋洒洒,兴之所至,毫端必达,其万千气象,都出于初时意计之外。……何者?必欲如何,便是阻碍灵趣。……若士大夫之作，其始也曾无一点成意于胸中，及至运思动笔，物自来赴。其机神凑合之故，盖有意计之所不及，语言之所难喻者。顷刻之间，高下流峙之神，尽为笔墨传出。"(《芥舟学画编·会意》)叶燮用神来指称天才："凡物之美者，盈天地间皆是也，然必诗人为神明才慧而见。"(《原诗》)这里的"神明才慧"就是指天才，认为唯有天才能表现物之美。总之，"入神""神韵"揭示了审美意识的非经验性、神秘性，也揭示了审美意义的超现实性，从而突破了理性主义，体现了超越性的美学思想。

作为中华美学基本概念的"神"与西方美学讲的诗人"神灵凭附"（柏拉图）的迷狂性不同，也与近代的想象说或现代的无意识说（弗洛伊德）不同，它更贴近审美经验，是用来说明审美和艺术的超验性特征的，也隐含着对审美超越性的体认。

（原载于《学术月刊》2015年第10期，有删节）

中华美学的世间性和隐超越性

在平民文化和平民艺术为主体的背景下,与西方美学强调审美的彼岸性、超越性不同,中华美学突出了审美的世间性。而所谓世间性实际上就是此岸性、非超越性。同时,中华美学也是身心合一的体验美学,这也包含在世间性之中。

一、中华哲学是人生哲学

西方哲学在发生之初就被定义为"爱智",它探求存在即世界的本源,要获得绝对的知识,因此具有彼岸性。西方哲学形成了认识论传统,离实际的社会人生较远,并不直接规定人生的价值规范。而中华哲学是人生经验的总结,而不是纯粹哲学思辨的产物。中华哲学探求的是为人之道,要获得世间的伦理法则,因此离社会人生很近,而对于彼岸世界不甚关心。中华哲学以道为本体,而道又被规定为伦理道德(儒家)或自然天性(道家),是人生的指南。这意味着道不在彼岸而在此岸,因此中华哲学可以说是人生哲学。儒家要解决伦理的根据,以确立人生之价值及合理的社会秩序。因此它的核心范畴是"仁",即建立人与人之间的和睦关系。道家哲学要解决如何摆脱社会文化的压抑,趋利避害、获得解脱的问题,以确立一种心灵的法则和生活的态度。总之，中华哲学要解决实际的人生问题，而不是形而上的存在问题。中华哲学的"实用理性"就来源于这里。

西方哲学是天人两分，有现象（此岸）与本体（彼岸）两个世界，哲学是关于本体的思考，因此具有超越性。中华哲学蕴涵着天人合一的世界观，体用不二，道在伦常日用，因此具有世间性。道家所谓的"大通"世界虽然脱离世俗，但也不是超越现实的另外一个世界，而是心灵和社会都自然化的世界。这意味着无论是儒家还是道家、此岸与彼岸都没有分化，只有一个世界即生活世界，因此中华哲学具有世间性。

西方古代哲学是本体论哲学，近代是认识论哲学，它们都基于实体论。西方哲学认为存在是实体性的，实体是独立于人之外的绝对客观物，人只是被支配物或认识主体。中华哲学认为天道与人道合一，重视人的价值——尽管是集体价值而不是个体价值，因而是一种区别于西方哲学的生活哲学、生命哲学。中华哲学认为世界不是外在于人的死寂的实体，而是有活力的、与人息息相通的生命体。《易传·系辞》云："天地之大德曰生"。因此天人相通，天道即人道，天心即人心。子曰："道不远人，人之为道而远人，不可以为道。"（《中庸·十三章》）老子讲："故道大，天大，地大，人亦大。域中有四大，而人居其一焉。"（《老子·二十五章》）这也就是说，人与天地并存，而天地之间人为贵。荀子讲："水火有气而无生，草木有生而无知，禽兽有知而无义，人有气、有生、有知，亦且有义，故最为天下贵也。"（《荀子·王制》）因此，中国哲学虽然讲天人关系，实际上却是人学，具有古典的人文精神。正是基于这种古典人文精神，中华哲学才不是认识论，而是伦理学。它认为本体——道不是自在之物，而是伦理法则。道揭示天人关系，而天人关系最终归结为人伦关系。以儒家为主的中华哲学,不管有多少学派、多少论述,都为了阐释人伦法则,为人生服务。道家哲学把道归结为自然天性,这是自然界的法则,也是人世间的法则,而且归根结底是为人生提供价值根据。因此,虽然道家反文明教化,也属于人生哲学。

中华哲学具有知行合一的特性,也就是所谓的实践理性。西方哲学并不追求实践性,因为它认为哲学追求的存在是彼岸世界,不能直接指导生活实践。中华哲学不是纯粹的思辨哲学,它不仅仅是思想的操作,更是一种实践的指南。儒家哲学认为哲学就是伦理学,不仅要悟道,还要行道。儒家哲学讲求知行合一,内圣外王,哲学要指导"齐家、治国、平天下"。儒家认为能够有效地实践的学说就是好的学说,社会实践成效成为最高的标准,而哲学体系的自洽性并不重要。道家哲学也与人生态度密切相关,老庄乃至后世的隐士,都实践着道家哲学的人生观。西方哲学一直在存在的概念上展开论争和研究,而中华哲学在秦代以后却很少讨论道的本质问题,似乎道的伦理内涵已经早有定论。它专注于如何悟道、行道等现实问题,各家各派的理论大都从实践需要出发而立论、争论、推进,如董仲舒提出天人感应,是为了解决如何体察天道以行德政的问题;宋明理学则考察道为气或为理,或在心或在事,也是意图解决如何践行天道的政治问题。

中华哲学的历史也是沿着人生哲学的轨道发展的。先秦诸子哲学包括儒家、道家、墨家、名家等,后来只有儒家成为主流,而道家成为支流,墨家、名家等中绝。之所以如此,并不是儒家哲学更高明,事实上儒家思想的思辨性并不如道家,也不如后来的禅宗,它还没有与伦理学分离开来,因此其哲学属性受到黑格尔等人质疑;但它适应了中国传统社会建立人伦秩序的需要,因此得以留存和发展。中国传统社会是以家族为基本单位的社会,需要家族伦理的维系,而儒家哲学为家族伦理及其扩展提供了论证。道家以及禅宗哲学之所以得以保存,是因为儒家哲学的伦理主义压抑了人的自由天性,需要另一种异质的思想来制衡、补充、解构。道家、禅宗哲学以自然主义解构了伦理中心主义,给人生的自由留下了一定的空间。但另一方面,道家、禅宗哲学也因为缺少实践性而不能成为主流,仅成为儒家哲学的补充。

中华哲学的世间性包含着本质的缺陷,那就是超越性的缺失。哲学不是伦理学,而是超越之学,它具有本真性。因此哲学不是社会人生经验的总结和价值规范,它超越意识形态,而具有反思性、批判性。以儒家为主流的中华哲学限定于伦理领域,这不仅造成认识论的薄弱,更重要的是使哲学为意识形态论证、辩护,而缺乏反思、批判,从而以道德论说代替了真理的探求。

二、中华美学的人生关怀

在世间性的哲学基础上,中华美学也同样具有世间性,成为一种人生美学。西方美学强调审美的超越性,认为美是实体的属性,实体超越现象;审美是灵魂的拯救、精神的升华,是达到自由世界的途径。中华美学不强调审美的超越性,而认为美在日常生活之中,审美是人生的道德化,乐道即审美。儒家把美归属于伦理(理),认为审美是符合道德的生活;道家把美归属于自然天性,认为审美是回归自然天性的体验。总之,中华美学认为,审美不在超越现实,而只需使生活完善化。

中华美学对美的提问和回答,都是从人的角度做出的,是为社会人生服务的,因此具有人文性。西方美学具有两个传统:一个是神性传统，如柏拉图的理念说，更有中世纪美学依附于宗教，论证上帝是美的；另外一个是科学传统，美被看作客观自然的属性，如毕达哥拉斯的数的和谐说、亚里士多德的模仿自然说等。这样，美就被看作一种与人无关的客观事物的属性。中华美学与神学无关，不依附于宗教，而是关于人生的学说。中华美学也不是一种科学的探究，它认为美不是纯粹自然的属性，而具有价值属性，是人的创造，因此美与善相关，与性情相关。儒家美学认为美的本质是善，"美善相乐"。儒家美学靠近伦理学，它关注人格修养，为育人服务。在春秋时代，儒家倡导克己复礼，首先着眼于培养健全人格。可以说，中华美学早于欧洲（席勒）两千多年提出了美育问题。孔子的诗教是为了育人，兴、观、群、怨都可以使情感更丰富、道德更完满、人际关系更和谐、心理更平衡。孟子注重人格修养，说"吾善养吾浩然之气"，如何养气呢？那就要使人格充实，而审美即一种养气的途径："充实之谓美，充实而有光辉之谓大。"充实指人格的健全和内在精神的完满；大也是美的一种，即壮美（崇高）。即使从哲学思辨进行美学思考的道家，也是为了要建立超脱世俗的清静冲淡的人格。道家认为，本真人格的养成不是一个道德问题，而是一个美学问题，只有超脱世俗才能使心灵净化，成为真人、至人、神人，也就是美的人。庄子不崇尚圣人，而是描绘了一些具有美的品格的真人、至人、神人。

中华美学认为，美不是实体，不是客观认识的对象，而是生活实践的状态。儒家美学认为，按照道德规范生活，达到一种高尚的境界和充盈的状态，这就是审美的人生。孔子说："里仁为美。"孟子说"充实之谓美，充实而有光辉之谓大"。儒家追求的理想人生是道德的，也是审美的，是道德与审美的统一，所以孔子才讲："兴于诗，立于礼，成于乐。"在这一叙述中，审美并不独立于生活，而是生活的一部分，并且贯穿于生活的各个环节中，成为人格的自我塑造过程：诗培育情感，礼确立规范，音乐使人格完成。子曰："言而履之，礼也。行而乐之，乐也。"（《礼记》）这也是确认艺术（乐）是人生中的行道之乐。

道家认为审美是自然天性的回归，因此审美也不是超越现实，而是按照自然本性生活，并且与天地融合为一。庄子称这一生存状态为"游"。他假借老子之口说："吾游心于物之初""夫得是至美至乐也。得至美而游乎至乐，谓之至人。"（《庄子·田子方》）儒家美学思想与道家美学思想虽然有所不同，但也不是绝对对立，因为审美毕竟是一种精神的自由和人格的解放，它会突破儒家或道家理论的框架而自然地表达出来，从而贴近自己的本质。孔子虽然把美等同于道德，但也表达了对超越道德的审美境界的追求。孔子赞同曾点的人生理想："（曾点）曰：'暮春者，春服既成，冠者五六人，童子六七人，浴乎沂，风乎舞雩，咏而归。'夫子喟然叹曰：'吾与点也。'"（《论语·先进》）在这里，审美成为一种理想的日常生活方式。儒家与道家的美学思想后来发生了融合：审美既是道德的完成，又是人的自然天性的发挥。

作为人生美学，儒家美学不同于西方的形式主义美学。它认为美不是纯粹的形式，而具有人伦内容，甚至从属于道德。所以孔子讲"文质彬彬"（《论语·雍也》）"人而不仁，如礼何？人而不仁，如乐何？"（《论语·八佾》）"礼云礼云，玉帛云乎哉？乐云乐云，钟鼓云乎哉？"（《论语·阳货》）中华美学也不同于西方后现代的生活美学，后者把审美仅仅归结为感性的快乐，而抽去了其思想意义。而中华美学认为审美的喜悦不在于感官享受，而在于乐道。它把日常生活理想化，在日常生活中寻求道德意义，并且在这种生活中获得精神的快乐。子曰："君子易事而难说也。说之不以道，不说也。……小人难事而易说也。说之虽不以道,说也。"(《论语·子路》)"饭疏食,饮水,曲肱而枕之,乐亦在其中矣!"(《论语·述而》)乐道与审美相通,是儒家所追求的人生境界。《礼记·乐记》云:"故曰:乐者乐也。君子乐得其道,小人乐得其欲。"道家虽然不追求道德美,但也在超脱世俗的体验中"原天地之美",获得了人格的解放和身心的"逍遥"。

中华美学作为人生美学也体现在对审美的社会功能的定位上。西方美学强调审美解除理性压抑的解放作用,而中华美学的主流则偏重审美的伦理教化作用,这有很大的区别。先秦把艺术(诗、乐、舞)归于礼教,强调了艺术的教化功能。孔子认为"诗可以兴,可以观,可以群,可以怨",重点是讲诗歌的和谐人伦的社会作用。沿着这个路线,《礼记》指"礼乐返人道之正。""乐也者,圣人之所乐也,而可以善民心。其感人深,其移风易俗,故先王著其教焉。""乐者所以象德也。""德成而上,艺成而下。"《诗大序》也云:"故正得失,动天地,感鬼神,莫近于诗。先王以是经夫妇,成孝敬,厚人伦,美教化,移风俗。"道家美学不强调审美的教化作用,而强调审美陶冶性情的养生作用,这也是一种世间性的功能。

中华美学直接来源于生活实践,而不仅仅来源于艺术。中国的艺术没有充分独立,它依附于礼教,礼乐并提证明了这一点。早期中国传统社会,音乐、诗歌、舞蹈都从属于礼,是礼教的一部分。礼教是生活的规范,融合于生活之中,艺术为伦理教化的形式,所以审美生活化,是生活的一部分,而不是超越现实的另外一种生活。正因为如此,在中国的语汇中以及关于美的论述中,美并不专门指审美对象,还泛指一切生活中的好的事物,如美食、美事、美言、美意、美德等,美几乎等同于善。中华美学关于美的论述,许多都不是在美学意义上,而是在伦理学的意义上使用美的概念。如孔子说:"君子成人之美,不成人之恶;小人反是。"(《论语·颜渊》)他教导弟子从政要"尊五美",即"惠而不费,劳而不怨,欲而不贪,泰而不骄,威而不猛。"(《论语·尧曰》)又如庄子说:"圣人者,原天地之美而达万物之理。""淡然无极而众美从之。"(《庄子·知北游》)这里使用的美的概念实际具有善的意义。但是,这些美的概念不仅仅是善的概念的代用,也与美的本义相通,是其广义的使用。因为中华美学认为在理想的生活中,伦理道德的充溢或自然天性的回归也会产生美感。

西方美学是艺术哲学,艺术成为美学研究的主要对象,因为艺术与生活隔离,所以美具有超越性,要进行哲学的思辨和逻辑体系的建构。而中华美学虽然依据艺术经验,但更关注现实生活,美学研究的对象不仅是艺术,更包括一切生活现象。因此,美学并没有隔绝生活经验,没有形成独立艺术哲学,而是更广泛的生活美学。主流中华美学认为,美是生活经验的对象,我们每时每刻都在感受着美,因此美的本质是不言自明的,不需要抽象地思考和论证,而只要去体验它、享受它和创造它就足够了。中华美学不是像西方美学那样的思辨之学、超越之学,而是实践之学、人生之学。它不是为了超越人生,而是以人生的审美化为目标的。因此,中华美学没有形成独立的美学原理论著,关于美的本质的论述散见于各家各派的哲学、伦理论述中,不具有系统性;美学思想也更多地体现于各种文论、诗论、画论、乐论等具体的艺术理论中。同时,中华美学也缺乏周延的逻辑推演和严密的体系建构,即使像《文心雕龙》也具有这个缺陷。中华美学更多地依据艺术和生活的体验,具有经验主义的性质。

西方哲学在现代化的过程中发生了分化,真、善、美各自独立,即所谓"诸神不合";同时也发生了现实领域(此岸)与超越领域（彼岸）的分化，而审美就定位于超越领域。中华美学的世间性，实际上是此岸与彼岸世界未分化，审美的超越性受到抑制，因此才产生了以善释美或以情释美的理论。这一美学思想产生了一种倾向，那就是日常生活的泛审美化。中华文化具有泛审美主义的倾向，那就是把日常生活美化、艺术化。中国人常常不是通过对现实的批判性超越达到审美境界，而是通过对现实的理想化、精致化达到审美境界。它认为生活本身就有美，就是艺术；享受生活就是欣赏艺术，就是审美。在哲学本体论领域，情理一体的道很容易就导向审美主义。而且由于中华文化的实用理性性质，缺乏独立的超越领域，包括宗教信仰和哲学思辨的薄弱，因此审美就成为几乎唯一的超越途径。但是，由于天人合一的哲学观念影响，审美超越性被抑制，并没有建立起一个超越性的美学思想体系，美的超越本质被遮蔽。

中华美学的人生化产生了两个缺陷：一个是不能把美与伦理之善以及日常情感在本质上区别开来，因此中华美学就没有完全解决（审）美的本质这一核心问题；另一个问题是对审美超越性的遮蔽，它把审美定位于乐道、悦情，忽视了审美超越道德、超越日常情感的自由性，因此美学就沦为为伦理教化或日常生活服务的学说，而掩盖了审美的反思性、批判性。

三、中华美学是身心合一的体验美学

西方哲学是意识哲学，重视思想而轻视身体。西方美学具有认识论的传统，把审美作为感性认识活动，这实际上是一种意识美学。只是在后现代主义美学中，身体美学才取代了意识美学，但它也走向另外一个极端，把审美归结为身体欲望，而贬低了审美的精神性。中华哲学具有实践性，强调身心合一、知行合一。中华美学认为，人生的意义通过审美体验而获得，而审美体验是身心合一的。中华美学不同于西方的古典意识美学，也不同于后现代西方的身体美学，而是身心合一的体验美学。体验既是一种精神活动，又是一种身体感觉，审美体验融合了二者。

中华美学的身心合一性来源于中华哲学本体论。与西方的意识哲学如柏拉图的理念论不同，中华哲学认为道不是精神性的理念，而是非物质、非精神的万物之"元"——气，这是原始的生命力。道表现为阴阳二气，气化生万物，道气一体，气贯通天地人。宇宙之气和人性之气都是物质和精神之未分离的状态，具有本原性。所以情感并不是纯粹的意识，而是气之所生：人气与天地之气交感，触动整个身心而生情，审美体现了这个过程。所以钟嵘云："气之动物，物之感人，故摇荡性情，形诸舞咏。"（《诗品序》）

西方古典美学认为审美是意识活动，与身体无关，如柏拉图把审美当作一种"凝神观照"，鲍姆加登把审美规定为感性认识的完善，它们都属于意识美学。而中华美学认为审美是全身心的活动，是一种身心合一的体验。《诗大序》曰："诗者，志之所之也。在心为志，发言为诗。情动于中而形于言，言之不足故嗟叹之，嗟叹之不足故咏歌之，咏歌之不足，不知手之舞之，足之蹈之也。"这一叙述是把审美作为情感的表达，这种表达不仅仅在意识层面上，而且体现在身体层面上，从言语到歌咏再到舞蹈，随着情感力度的加强，身体性也逐步增强，最后全部身心都投入到情感表达之中。所以中华美学讲的情不是纯粹的意识，而是带有身体性的性情。中华美学对审美体验的身体性的描述用了"兴"（孔子"兴于诗"）、"悦"（孟子"理义之悦我心，犹刍豢之悦我口"）、"游"（庄子"得至美而游乎至乐"）、"味"（钟嵘"使味之者无极，闻之者动心,是诗之至也。")、"感"(刘勰"感物兴情")以及"乐"(各家通用)等字眼,它们都不是纯粹的意识活动,而是身心一体性的活动。中华美学认为审美既具有身体性又具有精神性,是身心合一的体验活动。这一点区别于西方古典美学的片面的意识性,也区别于西方后现代美学的片面的身体性。西方后现代美学强调审美的身体性,把审美看作一种欲望冲动的满足,从而降低了审美的精神品格。而中华美学认为欲望冲动不是审美,审美是情感活动。情感发源于人的自然天性,避免了理性的压抑性;同时,又受到理性的调节即"以理节情",超出了欲望的生物性和非理性。当然,这种情感体验仍然存在着理性与感性的矛盾,审美也不能归结为日常的情感体验,中华美学并没有最终解决感性与理性的矛盾。但无论如何,情感论美学没有使审美沦落为身体欲望,也没有使审美固化为理性规范,而试图避免二者的缺陷,这一点是其可取之处。当然,情感论美学的不足也很明显,它没有把审美的情感与一般的情感(包括伦理的情感)严格区别开来,也就是没有明确审美的超越性。

四、中华文化的审美化和中华哲学的审美主义倾向

审美作为自由的生存方式,是对存在的回归。存在作为生存的根据,具有本真性。存在异化为生存,导致存在的本真性失落,使生存具有了现实性。同时,存在的本真性在现实生存中仍然有所保留,生存仍然趋向存在,所以具有超越性。[①]中华美学的世间性遮蔽了审美的超越性,但审美的自由本质仍然顽强地表现自己,使中华

---

① 关于审美的超越性,可参阅杨春时《作为第一哲学的美学——存在、现象与审美》,人民出版社2015年版。

美学带有了某种超越性思想，这就使中华美学思想内部产生了内在的矛盾。但是，中华美学的超越性思想是不自觉的、隐蔽的，需要进行挖掘和提炼。

中华美学的隐超越性，与中华文化的审美化有关。任何文化都有现实层面和超越层面，现实层面属于日常生活领域，包括实证性的科学知识、实用性的道德伦理等；而超越层面属于形而上的领域，包括艺术（审美）、宗教、哲学等超验性、反思性的精神。超越层面的文化，对现实层面的文化有反思、批判的作用，从而克服文化的局限和压抑，解放精神世界。西方文化是两个世界，现实层面与超越层面分化比较彻底，艺术、宗教、哲学具有反思、批判现实的作用。而中华文化是一个世界，天人合一，此岸与彼岸没有分化，一切都伦理化。这首先表现为宗教的世俗化和宗教信仰的淡薄，世俗伦理主导社会人生和精神世界。其次，体现为哲学的伦理学化，哲学为伦理观念作论证（道即伦理），而缺乏批判性。第三，体现为审美（艺术）的伦理化，文以明道，审美学变成了道德（善）的附庸。但是，这只是一个方面，还有另外一个方面，那就是中华文化具有潜在的审美主义品格。正是由于中华文化的天人合一性质，没有发生超越层面与现实层面的分化，缺乏宗教的超越和哲学的批判，从而导致了这样一种情况：文化压抑特别是伦理的束缚使人的精神难以承受，迫切需要找到宣泄、升华的渠道。由于审美属于非自觉意识的领域，因此意识形态的束缚和文化的压抑可能被审美消解，也就是说，超越性的精神需求更可能在审美领域得到实现。虽然艺术被限定于礼教领域，被伦理观念管制，因此这种超越性受到限制，不能充分实现。但是，另一方面，超越性的精神需求毕竟在艺术领域得到一定程度的实现，并且溢出了艺术范围，渗透到更广大的文化领域，形成了审美文化，从而给精神的自由开辟了空间。

中华文化的审美品格,体现于中华民族对日常生活的艺术化的追求,这就是日常生活的雅致化和精神生活对理想境界的追求。对于士大夫而言,雅不仅仅是艺术范畴,也是日常生活的趣味所在;境界也不仅仅是审美的范畴,而是日常生存的升华。他们赋予生活以审美的情趣,超越其世俗性,达到精妙的境界。所以,孔夫子虽然以闻道、行道为最高使命,但其生活趣味也在审美。他教学时,弦歌不绝,即使厄于陈蔡也是如此。他赞同曾点的志趣:"暮春者,春服既成,冠者五六人,童子六七人,浴乎沂,风乎舞雩,咏而归。"(《论语·先进》)这一思想偏离了实用理性,不是把道德而是把审美作为人生的最高志趣。

正因为如此,中华文化充满了审美的意蕴,可以称为审美文化。早在魏晋时期,先于西方发现了山水之美,并且把游览山川、领略自然之美作为人生的情趣所在;吟诗作赋等艺术活动成为文人最高雅的社交和自娱活动。萧统抒发了他的审美情趣:"或日因春阳,其物韶丽,树花发,莺鸣和,春泉生,暄风至,陶嘉月而嬉游,籍芳草而眺瞩。或朱炎受谢,白藏纪时,玉露夕流,金风多扇,悟秋山之心,登高而远托。或夏条可结,倦于邑而属词;冬云千里,睹纷霏而兴咏。"(《答湘东王求〈文集〉及〈诗苑英华〉书》)此后,就形成了审美的人生情趣:人生修养要棋琴书画;居所要有园林之美;饮食要色香味形俱全,菜名诗意化,成为美食;饮茶、饮酒也诗意化,讲求意境、韵味。还有应用文、论说文也讲究文采声韵,成为美文;写字也变成了书法艺术;武术讲求优美,舞蹈化;甚至佛教和道教也追求美,庙宇多在名山胜地等等。总之,审美渗透到日常生活的各个领域,形成了与西方宗教文化不同的审美文化。

在审美文化的基础上，中华哲学思想也具有审美主义倾向。中华哲学以道为本体，其中儒家哲学的道是伦理法则，道家哲学的道是自然法则，它们并没有把道归结为美。但是，中华哲学又是重文的，文道并提，道体现为文，文的本质是道。在这种论述中，潜藏着审美主义的思想。什么是文呢？中华文化的语境中，文不仅仅是道的传达物，而且具有审美属性，这是与西方的形式或符号概念不同的。"错画为文"，一切自然的、人文的事物的表象都是文，都具有形象性，这是文的最宽泛的意义。同时，文又特指文化，具有人文精神，所以孔子讲"文质彬彬"。最后，文又指广义的文学，是一种优美的文体，如魏晋时就有文笔之分。这三种文的含义有一个共同点，就是都具有审美意蕴。文是道的体现，天地之文体现自然之道；人文体现人道。但无论是自然之道还是人道，天人合一，都是一个道；而无论天文还是人文，都是道之文。因为文具有审美属性，所以道也审美化了，它以美的形式体现出来。在以上表述中，文的概念是含混的，自然的美丽形式与文化的优美表达之间不能混同；道的概念也是含混的，自然规律和社会法则不能等同。但是，正是在这种含混的语义中，审美主义得以暗度陈仓。于是，无论是自然之美还是生活之美，都是道的体现（道之文），都具有了形而上的意义。《文心雕龙》曰："文之为德也大矣，与天地并生者何哉？夫玄黄色杂，方圆体分，日月叠璧，以垂丽天之象；山川焕绮，以铺理地之形：此盖道之文也。仰观吐曜，俯察含章，高卑定位，故两仪既生矣。惟人参之，性灵所钟，是谓三才。为五行之秀，实天地之心，心生而言立，言立而文明，自然之道也。"（《文心雕龙·原道》）

中华美学造成了这样一种相反的倾向：一方面主流意识形态规定美只是道德的附庸，美低于善，只是道的工具。如"子谓《韶》：

'尽美矣,又尽善也。'谓《武》:'尽美矣,未尽善也。'"(《论语·八佾》)说明善是更高的标准。另一方面,又认为美或艺术(文)是道的显现形式,美善同质,而且美还具有善所不具备的品格,那就是动情性和自由的品格。因此,合乎情理的结论就是,美是道的充分显现,审美是更合乎人性的生活方式。所以,后期中华美学强调艺术的"神韵"内涵和"境界"高度,确认了艺术的超越现实经验和现实价值的自由本质。这样,中华哲学就肯定了审美是最理想的生存方式,从而不自觉地超越了伦理主义,走向了审美主义。

五、美的实有性和虚无性

审美是回归存在的方式,而存在作为我与世界的共在以及生存的根据,具有本真性。存在的本真性范畴是实有和虚无,是实有性和虚无性的同一。实有性是指存在具有本源性、可能性、必然性,是生存的根据,而不是单纯逻辑的设定或虚幻的事物。虚无性是指存在不在场、不是经验对象、不能实证、不具有实际价值,并且对于现实生存具有否定性。审美也具有了实有性和虚无性,是二者的同一,即审美是自由的生存方式,这是实有性;审美超越现实生存,这是其虚无性。审美的这一根本性质,也体现于中华美学思想之中;虽然它没有成为主流和自觉,但必然与主流美学思想发生冲突,隐蔽而顽强地表现自己。

美是实在的(有)还是虚幻的(无),这是辨别审美是否具有超越性的一个标志。西方古代美学中,柏拉图认为美是非实在的对象,是理念的光辉,这是把美归于无;而亚里士多德等则把美归结为对象的实在属性,这是把美归结为有。中华美学也有关于美的有和无的争论。儒家美学思想把美的本质归结为善，美是善的表现形式，而善不同于真，不是客观的知识，而是实际的价值属性。按照这种观点，美与善一样就具有了实在性、现实性，美在现实人生中，从而就把美归结为有。儒家美学肯定了美的实有性而否定了美的虚无性，从而也就否定了审美的超越性。道家美学认为天道是美的根源，美是真，而真是自然天性；美不存在于现实文化之中，因此美就是非实在的对象，仅仅是一种可能性，美具有虚无性。老庄都否定了艺术和审美对象（五音、五色），认为艺术和审美对象乱人心性，违反自然天性，同时又认为只有祛除文明教化，达到虚静无为、回归自然天性的状态时，美才存在。但是，道家又认为美在自然天性，可以通过祛除文明教化、回归自然而获得，从而也具有实有性。这样，道家美学就认为美既是有，也是无，美是虚无性和实有性的同一。这与道家的本体论思想有关。老子认为道既是无，也是有，有无相生。美和道一样，无形、无声、无用、无知，这是其虚无性；同时又化生万物、主宰万物，使其保有天性、归其本源，这是其实有性。在儒道思想合流的过程中，中华美学思想既继承了儒家美学思想，又继承了道家美学思想。也就是说，一方面是有的美学，同时也是有无同一的美学，而后一种美学思想具有隐在性。在封建社会后期，中华美学思想偏离了儒家的正统美学思想，也吸收了佛家（禅宗）的思想，对道家的有无同一的美学观加以改造，建立了新的有无同一的美学观，从而具有了隐超越性。

柏拉图认为美在理念，中世纪美学把美归结为上帝的属性，它们都否认了世间的美，虽然肯定了审美的虚无性，但也抹杀了审美的可能。西方经验主义美学把审美对象的呈现说成经验领域的表象，虽然肯定了美的实有性，但抹杀了审美对象与现实对象的本质区别，否定了审美的虚无性，这是西方古典美学的一大缺陷。中华美学提出了意象概念，认为意象是想象创造的世界，而不是现实世界的翻版。而且这种想象是审美理想支配下的想象，因此审美意象具有超经验性，是实有与虚无的同一。意象的超验性源于道的性质。老子认为，道体现为恍惚的象；道是有，又是无，有无相生，因此象也是有和无的同一。所谓有，即道化生万物的实有性，决定了世界的实在性。所谓无，即道的不在场性，决定了世界的虚无性（非本真性）。因此，现实世界中，无比有更能揭示其本质。所以庄子说"唯道集虚"，是说道在现实事物之外存在，本质是无。艺术体现了道的两重性，从而具有了虚、实两重性。虚与实是中华美学的一对范畴，它源于道的虚无与实有的两重性。这里的实有指的是艺术形象与现实事物的联系，是言（画）本身的意义，而虚则指对现实事物的超越，是言（画）外的意义空间。意象的虚则超越了物象（表象）的实，体现了艺术的本真性、超越性。严羽云："夫诗有别材，非关书也；诗有别趣，非关理也。……所谓不涉理路、不落言筌者，上也。诗者，吟咏性情也。盛唐诸人惟在兴趣，羚羊挂角，无迹可求。故其妙处透彻玲珑不可凑泊，如空中之音、相中之色、水中之月、镜中之象，言有尽而意无穷。"（《沧浪诗话·诗辨》这里讲诗歌意象的非实在性，不是物象而是虚象。皎然在《诗议》中谈及："夫境象非一，虚实难明，有可睹而不可取，景也；可闻而不可见，风也；虽系乎我形，而妙用无体，心也；义贯众象，而无定质，色也。凡此等，可以偶虚，亦可以偶实。"[①]此论涉及意象（境象）的虚实问题，但对虚实内涵的界定并不确当。所谓实，指的是意象具有某种客观性因素，与经验世界的表象有某种联系，因此艺术形象不是胡思乱想的产物，而是对现实事物的审美加工。

[①] 张伯伟编撰《全唐五代诗格校考》，陕西人民出版社1996年版第181页。

由于意象与现实表象二者的联系，艺术品才是可以理解的。这在中华美学中的表达就是所谓形似，即与经验世界表象的相关性。这里的虚，指的是意象具有虚无性，不是实际事物的表象，而是一种心理幻象。中华美学用神似来表达这种审美幻象与现实表象之间的关系。审美意象超越现实的意涵，使得艺术形象与经验对象区别开来，但经验对象又是审美意象的原型，因此二者之间具有内在的关联。顾恺之所谓"传神写照"就是指审美意象把现实事物的"神"传达出来，这个神，就是美。

王夫之评杜甫《祠南夕望》，说："'牵江色'，一'色'字幻妙。然于理则幻，寓目则诚。苟无其诚，然幻不足立也。"（《唐诗评选》卷三杜甫《祠南夕望》评语）"于理则幻，寓目则诚"，就是认为在常理看来意象为虚幻，而在诗人眼中则为真，这个真依据于诗人之"诚"。所谓诗人之诚，实为审美态度。叶燮分析杜甫"碧瓦初寒外"诗句，他指出："'初寒'无象无形，'碧瓦'有物有质，合虚实而分内外。"但是二者合成意象，就虚实相成了："然设身而处当时之境会，觉此五字之情景，恍如天造地设，呈于象，感于目，会于心。意中之言，而口不能言；口能言之，而意又不可解。划然示我以默会相象之表，竟若有内有外，有寒有初寒，特借碧瓦一实相发之，有中间，有边际，虚实相成，有无互立，取之当前而自得，其理昭然，其事的然也。"（《原诗》）这里说审美意象是虚也是实，是想象的真实。

虽然意象的非经验性主要指表现艺术特别是诗歌、山水画等艺术形象的虚拟性，也包括再现艺术的虚构。明代袁于令说："文不幻不文，幻不极不幻。是知天下极幻之事，乃极真之事；极幻之理，乃极真之理。"①清代黄越针对小说叙事，指出其虚构的合法性："且夫传奇之作也，骚人韵士，以锦绣之心，风雷之笔，涵天地于掌中，舒造化于指下，无者造之而使有，有者化之而使无，不惟不必有其事，亦竟不必有其人。所谓空中之楼阁，海外之三山，倏有倏无，令阅者惊风云之变态而已耳，安所规于或有或无而始措笔而摛词耶！"(《第九才子书平鬼传》序)在清嘉庆时期，二知道人则提出了"虚事传神"的说法，把传神说用到了叙事文学上，指出："盲左、班、马之书，实事传神也；雪芹之书，虚事传神也。然其意中，自有实事。罪花业果，欲言难言，不得已而托诸空中楼阁耳。"(《红楼梦说梦》)

审美的实有性和虚无性的同一还体现在意境（境界）概念之中。境界概念本来出自佛教，意指空幻的心灵世界，区别于实在的世俗世界。由于中华文化具有世间性，故而缺少超越的维度，因此佛教的两个世界的思想被中华美学所吸收，境界概念也进入美学领域，指称超越现实世界的审美世界。皎然认为有"文外之旨"，即"两重意已上，皆文外之旨，……但见性情，不睹文字，盖诣道之极也。"(《诗式》)这个"文外之旨"就是文学的超越境界。于是皎然提出了"境象""取境"的概念。他说："夫诗人之思初发，取境偏高，则一首举体便高。"(《诗式》)皎然更进一步用佛教的境界概念来阐释诗境。他说："世事喧喧，非禅者之意。假使有宣尼之博识，胥臣之多闻，终朝目前，矜道侈义，适足以扰我真性。岂若孤松片云，禅坐相对，无言而道合，至静而性同哉？"(《诗式》)司空图提出"象外之象""韵外之旨""味外之旨"。刘禹锡提出：

---

① 袁于令《西游记题词》，见叶朗主编《中国历代美学文库·明代卷下》，高等教育出版社2003年版，第327页。

"境生于象外",皎然提出"采奇于象外",他们都认为境界在"象"外,而这个"象"还指称物象,它没有与境融合为意象。王昌龄首先提出意境概念,指出诗有三境:物境、情境、意境。此时,王昌龄还主要以意境来说明审美中意识与对象的同一关系,而对审美的超越性强调不足。至王国维则以西方美学的超越概念阐释意境(境界),突出了意象的虚无与实有的同一性。境界或意境概念的形成,已经不自觉地体认到了审美的超越性,从而突破了中华美学思想的实用理性。于是,美就不是一种实体的属性,既不是事物自身的固有属性(真),也不是其实际的价值属性(善),而是超脱世俗世界之外的自由境界。

虽然中华美学后期产生了审美超越思想,但由于实用理性文化和天人合一世界观的强固,这一思想并没有颠覆传统美学思想,中华美学的世间性仍然为主导。这一状况,直至近代西方美学思想传入,才被打破。"境界说"的提出者是王国维。王国维一方面继承了中华美学的境界概念,同时又接受了康德、叔本华等西方美学的审美超越性思想,从而打破了传统美学的世间性,而赋予了境界以更明确的超越性意义。他突出了一个真字,认为境界就是能写真景物、真情感:"能写真景物、真感情者,谓之有境界。否则谓之无境界。"(《人间词话》)这里的真,不是认识论意义上的真,而是存在论意义上的真,即本真。所谓真景物,就是进入审美体验,使世界成为审美对象,恢复世界的本真性。所谓真感情,就是进入审美体验,使情感变成审美情感,回复情感的本真性。王国维以"真景物""真感情"为"有境界",但此"真景物"和"真感情"并非日常之景物和日常之感情,而是审美化的景物和情感,因此艺术境界就超越日常世界。王国维论述诗人之世界观,道出了其境界概念的超越性:"诗人对于宇宙人生,须入乎其内,又须出乎其外。入乎其内，故能写之。出乎其外，故能观之。入乎其内，故有生气。出乎其外，故有高致。"(《人间词话》)这里所谓"入乎其内"，是指现实生存体验，这是审美的基础；所谓"出乎其外"，是指超越现实体验，进入审美体验；"能观之"即悟道，"有高致"即有境界。他评论李后主词，谓之"以血书"，"后主则俨然有释迦、基督担荷人类罪恶之意"，就是以审美境界之超越现实世界来评价之。现代宗白华先生对意境概念有更为深入的阐发。他引用方士庶的话，区别了实境（经验世界）与虚境（艺术世界）："山川草木，造化自然，此实境也。因心造境，以手运心，此虚境也。"[①]他确定了艺术属于虚境而非实境，具有超越性。他还指出，意境概念源于禅宗的禅境，是超越了世俗世界的审美世界。总之，境界（意境）概念揭示了现象的超越性，直达本体领域，使艺术成为道的显现——现象。

（原载于《学习与探索》，2017年第9期）

[①] 宗白华《美学散步》，上海人民出版社1981年版，第59页。

中华美学的古典主体间性

中国古典美学的性质历来被确定为表情论，而与西方美学的认识论相对。从表面上看，这种观点有其根据，从"诗言志"到"诗缘情"，确乎贯穿了一条表情论的线索。但是，中华美学的表情论不同于西方美学的表情论。西方美学的表情论肇始于浪漫主义，它把审美当作主观对客观的征服，看作自我扩张和自我实现，因此其基础是主体性哲学，形成了"移情说"。中华美学则认为审美是世界对自我的激发和自我对世界的感应，是主体与世界间的交流和体验，它不具有主体性的哲学基础。因此，表情论不能说明中华美学的特性。有鉴于此，近年来又出现了感兴论和天人合一论。感兴论认为中华美学的核心范畴是感兴，而感兴是主体对客体的感应而引发的情致。①天人合一论认为中华美学的哲学基础是天人合一。②感兴论较表情论更为准确地抓住了中华美学的关键；天人合一论则揭示了中华美学与中国哲学观的联系，因而可以成为研究中华美学的切入点。但是，感兴和天人合一毕竟是中国古典美学、哲学的范畴，我们不能用它来说明中国古典美学自身，它正是需要说明的对

---

① 参阅叶朗主编《现代美学体系》，北京大学出版社1999年版。
② 参阅朱立元主编《天人合———中华审美文化之魂》，上海文艺出版社，1998年版。

象。我们必须以现代美学理论对感兴和天人合一观念进行阐释，从而揭示出中华美学的特性。如果认可这种思路，我们就可以认为，天人合一和感兴范畴都基于主体间性哲学，都是主体间性的表现。因此，主体间性是中华美学的根本性质。这就是说，只有主体间性才能对中华美学作出根本的说明。

西方哲学和美学经历了由前主体性到主体性再到主体间性的演变过程。古希腊哲学是实体本体论哲学，存在被当作实体，如柏拉图的理式和亚里士多德的质料与形式。在这个哲学基础上，形成了模仿说的美学，美成为实体的属性，审美被看作对实体的再现。这种哲学美学是前主体性的。近代西方哲学转向认识论，考察人的认识能力。笛卡尔提出"我思故我在"的命题，确立了存在的主体性。康德以先验范畴规定了认识活动和伦理活动的主体性。黑格尔把历史描述为绝对精神的异化与复归，从而确立了存在的主体性，尽管这是用把精神客观化的倒置形式表述的。青年马克思认为存在是社会存在，是主体对世界的实践改造。与此相应，近代美学是建筑在认识论基础上的主体性美学，它认为审美是感性认识（包括情感体验也被纳入感性认识范围），是主体对世界的征服。康德认为审美是由对现象世界的把握到对本体世界把握的过渡形式。黑格尔认为美是理念的感性显现，审美是对本体的感性认识。青年马克思认为审美是人的本质力量的对象化活动。总之，西方近代哲学、美学是主体性的，它呼唤现代性和理性精神，而西方现代哲学、美学却转向主体间性。所谓主体间性指对主体与主体间的关系的规定，它区别于主体性对主体与客体间关系的规定。现代西方哲学摒弃了实体论，也摒弃了建筑于实体论基础上的认识论。它认为存在不是实体性的，而是生存性的；认识不是主体对客体的把握，而是主体与主体间的对话和体验。胡塞尔还没有超越主体性，但也批判了实体论和传统认识论，并且为了摆脱先验主体的唯我论倾向，提出了主体间性概念。海德格尔提出了共同的此在即共在思想，从而把主体间性由认识论提升到本体论领域。加达默尔的解释学认为意义是现实主体与文本中的历史主体间的对话而达到的视界融合。另一方面，主体间性哲学也引起了方法论的变革。狄尔泰建立了精神（人文）科学方法论，主张以体验、理解的方法取代自然科学的认知方法。人文科学方法论的哲学根据就是主体间性，因为主体与主体间的关系不同于主客间的关系，主客间的关系是人与物的关系，要用认知（逻辑的和归纳的）方法；而主体间的关系是人与人的关系，要用体验、理解的方法。正因为语言是主体间性的载体，因此现代西方哲学发生了语言学转向。现代西方美学具有主体间性，它强调审美是自我主体与世界主体之间的沟通融合，是对世界的人性的体验。存在主义美学、现象学美学和解释学美学以及哈贝马斯的交往理论、巴赫金的对话理论都不同程度地转向了主体间性。

中华美学的主体间性植根于中国文化的天人合一性质和中国哲学的主体间性。由于小农经济和家族制度，中国文化具有天人合一的性质，即人与自然、个体与社会以及人与神没有充分分离，因此主体没有获得独立，主体性没有确立。这种前主体性就蕴涵着古典的主体间性，即把自然和社会当作主体而不是客体（自然被人性化），注重主体与主体之间的关系而不是主体与客体之间的关系。中国哲学也没有发生主体与客体的对立，它追求的道不是西方哲学的客观的理念或逻辑，而是天道与人道的合一、真理与良知的同一。儒家注重社会伦理，主张通过文明教化调和人际关系，并使人达到圣化境界。孔子把仁作为最高境界，而仁就是把他人当成人，是对人际关系和谐的自觉。"己所不欲，勿施于人"就是主体间性思想在伦理领域的应用。董仲舒建立了天人感应的哲学体系，天被人格化,这是神学化的主体间性。张载讲:"民,吾同胞;物,吾与也。"(《西铭》)这些思想都体现了人与人、人与自然间的主体间关系。道家注重个体自由,主张通过人的自然化调和人与自然的关系以及人际关系。庄子把逍遥当成最高境界,而逍遥是通过人自然化和世界主体化而达到的主体与世界之间的和谐关系。禅宗结合佛教和道家思想,认为佛在天地万物,主张人在与天地自然的情感交流中悟道成佛。儒家和道家、禅宗都属于主体间性哲学,它们都把世界当作主体,并以人与世界的和谐为最高境界。它们不主张主体征服客体,也不认同主体屈服客体,而是主张主体与客体相融合,这就是一种古典的主体间性。由于不是主体性而是主体间性,中国哲学不是认识论,而是伦理学;不讲逻辑推理和分析,而讲直觉;不信任语言而讲体悟,如孟子讲"尽心""知性",老子讲"涤除玄鉴",庄子讲"心斋""坐忘",禅宗讲"顿悟""不立文字,别求外传",以及自古就有的"言不尽意说"等。

中华美学也具有主体间性。在审美本质观方面,区别于西方美学的认识论,也区别于浪漫主义的表情论。中华美学是感兴论,它认为审美是外在世界对主体的感发和主体对世界的感应;而世界(包括社会和自然)不是死寂的客体而是有生命的主体,在自我主体与世界主体的交流和体验中,达到了天人合一的境界。孔子讲"兴于诗""诗可以兴",这个"兴"不是单纯的主观的情感,而是世界对主体的激发和主体对世界的感应。庄子认为审美是主体与世界之间的和谐交往:"与人和者,谓之人乐;与天和者,谓之天乐。"(《庄子·天道》)《乐记》也认为:"乐者,天地之和也。""大乐与天地同和,大礼与天地同节。"《文心雕龙》进一步集中地阐发了感兴论:"情以物迁,辞以情发。""是以诗人感物,联类不穷。""人禀七情,应物斯感,感物吟志,莫非自然。""睹物兴情""情以物兴""物以情观""神与物游"……指出了情之兴是感物的结果。钟嵘说："气之动物，物之感人，故摇荡性情，形诸舞咏。"（《诗品序》）他也肯定了感物说。王夫之也说："夫景以情合，情以景生，初不相离，唯意所适。截分二橛，则情不足与，而景非其景。"（《姜斋诗话》）他鲜明地反对把情与景、主观与客观分离，而强调二者是互感相生的。至王国维"一切景语皆情语也"不过是重复了王夫之的"不能作景语，又何能作情语耶"。感兴论的实质是把世界当作有生命的主体，审美是自我主体与世界主体间的交互感应而达到的最高境界。中华美学认为审美不是主体对客体的认知和征服，不是自我膨胀和自我实现，而是自我与世界的互相尊重、和谐共处与融合无间。由于把自然当作交往的主体，中国艺术早在魏晋时期就发现了自然美，山水田园诗歌和绘画发达，而西方艺术对自然美的发现要在近代。同样，由于对人际关系的重视，中国诗歌也突出了友情、亲情、别离、思乡等人伦主题。在创作论上，中华美学认为艺术活动是主体与外物之间的交流、体验，而不是西方美学的感性认识。刘勰所谓"神与物游""神用象通""目既往还，心亦吐纳""情往似赠，兴来如答"就强调了作者与创作对象之间的交往关系。司空图讲"思与境偕"。这个"偕"字道出了主体与客体间的共存、交往关系。在接受论上，中华美学也把艺术活动当作主体与作者之间的对话、交流，如孟子就提出了"以意逆志说"和"知人论世说"："故说诗者不以文害辞，不以辞害志。以意逆志，是为得之。"（《孟子·万章上》）"颂其诗，读其书，不知其人，可乎？是以论其世也。"（《孟子·万章下》）他认为可以从接受者领会的意义回溯到作者的思想，这实际上承认了艺术接受是接受者与作者之间的交流。

出于主客对立哲学观，西方美学把审美当作对客体的感性认识，它依然受到理性思维的制约。"美学之父"鲍姆加登以"感性认识的科学"命名美学，俄国美学家别林斯基认为艺术是形象思维，都属于认识论美学。直到克罗齐以后，才有直觉说的美学出现。而中华美学则认为审美是对另一个主体的直觉体验，这种直觉体验已经超出了认识论的范围，具有本体论的性质。这是因为，审美被看作生命的体验和对生存意义的领悟。刘勰讲"神思"，并侧重于想象；由于受到禅宗的影响，严羽则重在直觉——"妙悟"。严羽提出："夫诗有别材，非关书也；诗有别趣，非关理也。""不涉理路、不落言筌"，排除理性认知的因素，把审美与认知分家。他又提出："大抵禅道惟在妙悟，诗道亦在妙悟。"（《沧浪诗话》）以"妙悟"来界定审美，强调审美的直觉性质。

出于主客对立的主体性哲学，西方美学把审美对象与审美主体分离，因此有"现象""形象""典型"等客观化概念与"自我""意识""美感"等主观化的概念的对立。同时也有美是主观的还是客观的争论。出于主体间和谐的主体间性哲学，中华美学提出了独特的意象和意境概念。意象不是主观的意识，也不是客观的对象，而是主客融合为一的审美存在。王弼区分了言、意、象三者，而皎然提出"象下之意"，完成了意与象的结合。至司空图《诗品》讲"意象欲出，造化已奇"，则已经把意象概念作为心象与物象的融合、同一。与意象概念相类似的"意境"或"境界"概念，同样强调了主客合一、物我两忘的内涵，但意境或境界概念更突出了审美的超越性，它区别于主客分立的现实世界，创造了主客合一的审美世界。因此，王国维把有无意境作为品评诗歌高下的标准。意象和意境概念实际上解决了美的主客观属性问题。西方美学基于主客对立的哲学前提，或者认为美是主观的，或者认为美是客观的；而中华美学基于主体间性的哲学前提，认为美不是主观的，也不是客观的，而是主客观的同一。审美活动创造了审美意象或审美意境，不存在客观的美与主观的美感的分离和对立，二者都融合于审美意象或审美意境中。

基于主体间性，中和之美成为中华美学的审美理想。《乐记》云："故乐者天地之命，中和之纪。"中和之美是中庸之道在美学上的体现。中庸之道从形式上看是一个真理标准的问题，其根据还在主体间性哲学。正因为中国哲学是主体间性哲学，所以真理就不是客观的规律，也不是主观的意志，而是要照顾不同主体利益的共同价值准则。对这种主体间性的价值准则的表述就是中庸之道。审美理想实质上是一个何谓自由和如何实现自由的问题。中华美学的审美理想——中和之美是同为主体的人与世界之间的和谐关系的审美体现，它既反对主体征服客体，也反对客体压迫主体，认为自由境界是主体与世界之间的互相尊重和亲和；它重视和谐而不是冲突，排斥任何极端激烈的情感。中和之美的最高标准是"雅"（典雅、雅正），雅就是"思无邪"，就是"乐而不淫，哀而不伤"（《论语·八佾》）"《国风》好色而不淫，《小雅》怨诽而不乱"（《史记·屈原贾生列传》）就是"谑而不虐"，总之就是要"温柔敦厚"。

中和之美的审美理想体现为中华美学特殊的审美范畴。西方美学中的优美范畴可以与理性、道德相冲突，因此与特洛伊王子私奔而导致特洛伊亡国的海伦被西方人视为美的典型；而中华美学的秀美范畴就排斥了非理性的因素，与道德冲突的都不能视为美，如中国的妲己、潘金莲都是丑恶的代表。又如崇高（壮美）范畴，康德说它是有巨大的力量的可怕的对象对主体造成压迫感，引起主体的反抗和自我肯定。这种界定明显基于主客对立的主体性哲学，因此康德断定："所以崇高不存在于自然界的任何物内，而是内在于我们的心里。当我们能够自觉到我们是超越着心内的自然和外面的自然——当它影响着我们时。"① 中华美学则认为壮美是主体对伟岸对象的认同,是自我与世界的崇高的双向肯定,它不引起可怕的感觉,也没有压抑感。庄子曰"天地有大美而不言",这个大美就是壮美。它是自然美,但人通过自然化的"逍遥"也可以与天地同美,故它不是非人化的。孔子有"知者乐水,仁者乐山"之语,可见山水之壮美与仁者、智者的品格同位。孟子言"充实之谓美,充实而有光辉之谓大",这个大就是壮美,是他在评论乐正子这个人物时讲到的。可见在孟子看来,壮美是人格化的,它也是建立在"善""信"等人际关系准则的基础上。伯牙鼓琴,志在高山,钟子期曰:"善哉,峨峨兮若泰山!"志在流水,钟子期曰:"善哉,洋洋兮若江河!"(《列子》)可见高山流水与伯牙的志向同格。《文心雕龙》中"登山则情满于山,观海则意溢于海",也说明山海之壮美与人的情感的同一性。这里没有主客对立,也没有强调主体对客体压迫的反抗,它明显地基于主客同一的主体间性哲学。还有,中华美学的悲剧范畴也不同于西方美学的悲剧范畴,它不具有命运观念,也没有绝望意识,它还带有某种乐观精神。因此中国艺术是"哀而不伤",多人生的感叹而缺少对命运的反思,多大团圆的结局而缺少绝望的悲怆。中华美学的喜剧范畴也与西方不同,它遵从"谑而不虐""怨而不怒"的原则,讲求含蓄平和、适可而止,而缺少讽刺和批判的力度。由于中和之美的审美理想的制约,中华美学也没有西方美学的怪诞传统和荒诞范畴,更多理性色彩。

中华美学的主体间性也表现在对审美和艺术的社会作用的观念上。西方美学从主体性出发,往往强调审美的认识作用或对主体的

---

① 康德《判断力批判》上卷,商务印书馆1964年版,第104页。

肯定作用。中华美学从主体间性出发,强调审美的调节人际关系的作用。孔子讲学诗"可以群",就是指调和人际关系,做到"迩之事父,远之事君。"(《论语·阳货》)《乐记》云:"乐极和,礼极顺。""乐在宗庙之中,君臣上下同听之,则莫不和敬;在族长乡里之中,长幼同听之,则莫不和顺;在闺门之内,父子兄弟同听之,则莫不和亲。故乐者,审一以定和。"《诗大序》也强调诗歌的教化作用:"故正得失,动天地,感鬼神,莫近于诗。先王以是经夫妇,成孝敬,厚人伦,美教化,移风俗。"重教化一直是中华美学的主流思想,而教化的目的不外是调和人际关系。道家美学不是重教化,而是强调人与自然的亲和以及人对世界的超脱,这是另一种主体间性的审美作用观。不仅如此,中华美学还强调审美的沟通人神的超越作用。"诗言志,歌永言,声依咏,律和声。八音克谐,无相夺伦,神人以和。"(《尚书·尧典》)"与天和者,谓之天乐。"(《庄子·天道》)这是把天、神作为另一个主体沟通,发挥超越现实的审美作用。

中华美学的主体间性主要体现于明代以前。中国传统社会后期,由于传统理性的衰落、个性的发展,天人合一的文化开始解体。明代王阳明为代表的"心学"兴起,使中国哲学向主体性倾斜,古典的主体间性开始瓦解。传统社会前期的强调天人合一、物我和谐的美学思想退潮了,而强调自我、心性的声音高涨了。王阳明重新解释了天人合一,把万物归结为心:"人者,天地万物之心也。心者,天地万物之主也。心即天,言心则天地万物皆举之矣。"(《答季明德》)这种"心学"必然导致对人的自然天性的肯定和自我的觉醒。在这种哲学思潮主导下,产生了一种感伤主义美学思潮(李泽厚称之为浪漫主义,似觉不妥,因为它不具有浪漫主义的强烈反叛性,没有达到浪漫主义的主体性高度,而只是表达了某种初步的自我觉醒和对社会人生的伤感情绪)。徐渭提出"真我说",而"真我"即人之"本色",因此要"贱相色""贵本色"。(《西厢序》)李贽提出"童心说",他指出:"夫童心者,真心也。……绝假纯真,最初一念之本心也。""天下之至文,未有不出于童心焉者也。"(《童心说》)他还认为童心是不可重复的个性,"莫不有情,莫不有性,而可以一律求之哉!"(《读律肤说》)袁宏道提出"性灵说",主张"独抒性灵,不拘格套,非从自己胸臆流出,不肯下笔。"(《叙小修诗》)汤显祖提出"至情说",以情反抗理:"情有者理必无,理有者情必无。真是一刀两断语。"(《寄达观》)"第云理之所必无,安知情之所必有邪!"(《牡丹亭记题词》)清代袁枚继承了明代美学思想,标举"性灵",反对"温柔敦厚"的诗教,提倡"赤子之心",肯定"艳诗宫体,自是诗家一格",突破了理性主义的藩篱。龚自珍也继承了"童心说",提出了"尊情说",进一步打破了理性主义。总之,明清以来,出现了伸张个性、抒写自我的主体性美学思潮,而主体间性美学走向解体。但是,这种思潮受到传统社会和传统文化的强力限制,并没有完成主体性的建构,而仅仅成为古典主体间性的解构因素。中国的主体间性美学也没有消失,它虽然走向衰落和解体,但依然顽强地固守着自己的领地。古典主体间性的彻底瓦解和主体性的确立,那是五四以后的事情了。

必须注意的是,中华美学的主体间性是古典的主体间性,它属于古典美学的范畴,而不属于现代美学范畴。因此,与现代西方美学的主体间性不同,中华美学的主体间性具有自己的特点。第一,它是在主体性没有获得独立和充分发展的历史条件下形成的特殊主体间性思想,或者说它是前主体性的主体间性思想。相比之下,西方美学的主体间性是在主体性确立的前提下对片面的主体性的修正，是后主体性的主体间性。因此，中华美学的主体间性必然要解体，而被主体性所取代，并向现代主体间性转化。五四以后，这个历史过程终于发生了。第二，中华美学的主体间性具有不充分性。由于个体没有独立，主体性没有确立，因此建立在这个基础上的主体间性也必然是不充分的。古典时代主体之间（包括人与自然、人与人）的交往、对话还停留在原始和谐的水平上，美学理想也带有田园牧歌的色彩。它对审美性质和艺术性质的描述还是相当简单的，仅仅是外物的感发而引起的兴致，缺乏现代美学和现代艺术理论的更深刻的内涵，也就是没有深入到生存层次探求审美的意义。第三，中华美学的主体间性是主体间的情感关系，而不是认识关系。西方美学的主体间性倾向于认识关系，解释学就带有这种特点。而中华美学则强调情感体验，因此中国古典诗歌发达。只有在主体间性的前提下谈论表情说，才切中中华美学的本质。中华美学的情感论主体间性与西方美学的认识论主体间性之间，既构成了对立，也构成了互补。前者可以弥补后者的偏重认识论的缺陷，后者也可以弥补前者偏重情感论的缺陷。总之，中华美学的前现代性的主体间性美学必须在现代条件下加以发展改造，使其具有现代性，成为现代主体间性。另一方面，这种前现代性的主体间性是中华美学特有的历史现象，不能不顾历史条件和文化特性而简单地等同于西方美学的主体间性或套用西方主体间性理论来解释，而必须从中华美学的自身特点出发，进行具体的分析，从而确立中华美学的特质。

五四前后，在西方近现代美学思潮的冲击下，中华美学的古典主体间性终于解体，而被主体性美学思潮所取代。五四时期主体性高涨，在个性解放思潮的影响下，人的文学、自我实现的思想取代了传统的载道论和感兴论。那种重人伦教化的美学主张和田园牧歌式的美学理想被进化论的、革命论的、自我论的美学思想战胜。但是在五四以后的时期，主体性思想被苏联传入的反映论和意识形态论体系取代，主体性特别是主体性的个体内涵丧失。上世纪80年代，在思想解放的运动中，通过反思和批判传统反映论和意识形态论的美学，确立了主体性美学的主导地位。在中国的特殊历史条件下，这种主体性是建立在马克思的实践哲学基础上的，因此被称作实践美学。实践美学完成了主体性建构的历史任务，具有某种历史必然性和不可磨灭的历史功绩。但是，在现代性来临的历史条件下，主体性的片面性开始呈现，因此必然发生对主体性的批判。这个过程在西方早已发生，在中国的1990年代也终于发生了。上世纪的90年代，发生了对实践美学的批判，产生了"后实践美学"流派，主体性理论受到了主体间性理论的挑战。尽管在前一阶段后实践美学还没有自觉地运用主体间性理论批判实践美学主体性，但在对实践美学的主客二元论的批判中已经蕴涵着主体间性思想。现在，应该自觉地运用主体间性理论，来完成中华美学的主体间性转型。

确认中华美学的主体间性，可以解决中西美学沟通、交流的问题，从而推动现代中华美学的建设。长期以来，学术界一直在谈论通过中西美学的对话，建设现代中华美学。但是，问题在于，没有找准中华美学的特殊本质，误认为表情说是中华美学的特殊本质，把它与西方美学的认识说对立起来。由于彼此只有差异而没有相同点，无法沟通，因此也就无法进行中西美学的对话、交流，而建设现代中华美学也就成为空谈。中华美学与现代西方美学沟通的关节点就是主体间性，这既体现了中西美学的共同性，也体现了中西美学的差异性。共同性在于，中华古典美学和西方现代美学都主张审美不是人与物的关系，而是自我主体与世界主体间的关系，通过主体性交流、对话达到对存在意义的体验和理解。差异性在于，西方美学具有现代性，主体间性充分发展；而中华美学是古典美学，不具有现代性，主体间性不充分。还有，中华美学的主体间性具有自己的特点，如偏重于情感论等。因此，中西美学的对话必须首先是一个中华美学的现代化的过程。事实上五四以来中华美学的主体性建构以及90年代以来对主体性的批判就是中华美学现代化的过程，也是中华美学与西方美学的对话过程。

  以往这种过程还没有获得自觉性，因此往往是片面的，特别是表现为对中华美学的简单抛弃和对西方现代美学的全盘吸收。在基本上完成了美学主体性建设的历史条件下，我们应该而且可以在主体间性的基础上开展中西美学的平等对话，在吸取西方美学现代性的同时，也保留和融合中华美学的精华和有生命力的部分，使之成为现代中华美学的思想渊源之一；特别是以中华美学的情感论来补充西方美学的认识论，使现代中华美学的建设获得更丰厚的思想资源，并带有自己的特征。

（原载于《社会科学战线》2004年第1期）

论中华美学的诗学化特性
——兼论美学与诗学的关系

中国古代产生了丰富的美学思想，但它与西方美学不同，主要不是一种思辨的哲学形态，而是一种诗学形态。这一点正是中华美学的主要特性之一。

一、中华美学思想的论说形态

中国古代经典中缺乏严谨的理论著述，这与中华文化的实用理性特征有关。章学诚谓"六经皆史"，道出了古代经典的非理论化特性。中华美学对于美的本质问题是从直观感悟得出结论，而不是由逻辑推演得出的；它也很少进行逻辑的论证或只进行了不充分的论证，因此没有建立严谨的理论体系。但中华美学思想是非常丰富的，它通过综合性的论说形态表达出来，包括哲学的论说、礼乐文化的论说以及诗学的论说三种。

美学一般地属于哲学学科，因此美学思想的表达首先是一种哲学论述，这是美学体系的基本形态。中华美学的哲学论述主要从本体论上考察美的根源，揭示美的本质。在古代社会，中华哲学没有独立，还包容于道学（理学）之中，而作为本体的道具有世间性，是伦理化的范畴，因此哲学论述不甚充分，没有形成单纯、系统的哲学理论体系。在先秦诸子的著作中，主要是在儒家和道家著作中，对美的本质进行了比较多的论述，特别是关于美与道、美与善的关系等问题的论述。但是，由于逻辑的推演和证明的薄弱，关于美的本质的论说没有形成严谨的逻辑体系，也没有产生专门的著作，而呈现为只言片语的状态。因此，严格地说，作为哲学学科的中华美学并没有形成，它还缺乏完整的哲学论述。但是，不能说中国古代没有美学思想，它有关于美的本质的论说，只是这种论说没有形成严谨的逻辑体系。所谓中华美学"有美无学"，其实是说有美学思想而缺少美学理论。先秦诸子在关于道的论述中推演出了美，也进行了关于美的本质的哲学论述，虽然还是片段性的。中华美学思想直接从本体论——道论为出发点来论说美，把审美与道联系在一起，使中华美学具有了形而上的源头。道家美学比较多地具有哲学思辨的特征，如老子对道的论述就是一种哲学思辨，而由此出发得出的关于美的规定就具有形而上的意味。老子很少使用美的概念，它认为艺术乱人心性，世俗之美非真美。他常用的概念是"妙""玄"，这些哲学概念也用来表达真美。他认为"妙"或"玄"是道的属性，它在自然天性之中得到实现。庄子也对美进行了哲学思考，具有形而上的倾向。他认为真正的美不在异化的世俗世界，而在自然本体。庄子说"天地有大美而不言""至乐无乐"，要"原天地之美"。不过，道家的美学思想还没有完全脱离实用理性，其形而上的因素毕竟有限，因此只是一种准形而上学。儒家美学也有一些哲学论述，它也以道为本源，认为美是道的体现，而天道即人道，因此美与善、仁同源。孟子认为道体现于人性之中，而人性的充实就是美，"充实之谓美，充实而有光辉之谓大"。作为主流的儒家美学在吸收了道家、佛家思想后，建立了自己的诗学化的理论体系。刘勰从佛学经典中学到了印度的"因明学"也就是逻辑学，因此《文心雕龙》具有一定的逻辑性，也一定程度上体现了哲学思辨，但并不充分。它系统地演绎了从道到文（美）的逻辑—历史行程，即"道沿圣以垂文，圣因文而明道"。这种关于美的本质的一般论述，仅仅限于《原道》《征圣》《宗经》几章，其余论述主要出自艺术经验，与哲学论述脱节。这说明中华美学的哲学论述的不充分性。而在《文心雕龙》以后，关于美的本质的直接论述没有形成系统的美学体系，更多的是诗学论述，而且哲学论述越来越少。这就是说，思辨的美学传统并没有发展为主流，而仅仅成为诗学的一种形而上的补充。

其次，中华美学思想包含于社会文化的总体论说中，是社会学化的美学。先秦艺术包容于礼乐体系之中，在礼坏乐崩之后，又面临着重建礼乐文化的任务。其时美学思想虽然已经发生，但与社会伦理仍然比较紧密地联系在一起，分化不明显，这就是所谓"美善相乐"的思想。在以后两千多年的传统社会中，中华美学成为人生哲学的组成部分，承担着指导社会人生的使命。因此，中华美学并不是单纯的的美学思辨，而是融汇在关于社会人生的总体思考之中，特别是倾向于伦理性。在春秋战国时期，虽然美学问题提出了，也有美学论述，但并没有发生现代那种真、善、美充分分离的状况，而是有限的分离，它们还仍然聚合在一起，互相关联。在中国学术理论体系中，文、史、哲、伦理、政治各个领域虽然开始有初步的分化，但始终没有充分分离，保持着紧密的关联性。因此，中华美学并没有形成完整、独立的体系性论述，而是融合在对世界人生的总体论述之中。诸子百家多有论及美的部分，但往往包含在对社会人生的思考之中，没有形成独立的艺术哲学。如孔子把诗歌、艺术纳入其礼乐文化的总体设计中，是与他的社会人生思考联系在一起的，他说："兴于诗，立于礼，成于乐。"这里艺术（包括诗和乐）是人生总体志趣以及人格修养、社会教化的一部分，是获得道德的途径。钱穆先生认为孔子的这一论述说明了诗、礼、乐是心性养成的过程，不能分割开来。[①]可以这样理解："兴于诗"是说诗可以唤起人的情感、志向；"立于礼"是说要以礼处世，规范情感、志向；"成于乐"是说在雅乐中达到理与情的和谐一致，养成完美人格。《乐记》云："礼节民心，乐和民声，政以行之，刑以防之。礼乐刑政，四达而不悖，则王道备矣。"这里谈论的是整个政教体系，而乐只是其中一个部分，是为整个社会教化服务的。中华美学没有形成纯文学、纯艺术的概念，而是杂文学、杂艺术的概念。文不特指文学，而是泛指文化。艺不特指艺术，而是泛指技艺。例如，最经典的美学著作《文心雕龙》，实际上也不是纯粹的美学和诗学，它论述的是一般性的"文"的性质和特征，广义地说，这个文包括自然现象（天地之文）和文化（人文）；狭义地说，它包括诗赋等文学，也包括各种应用文体，实际是文章写作理论。总之，由于中华美学思想的非专门性、泛文化性，因此注重审美的社会功能，而非注重审美的本质；是价值论的而非认识论的；是人生美学而非艺术哲学。

最后，中华美学作为艺术经验的总结，主要形式就是诗学。尽管中华美学思想也体现在哲学论说和礼乐文化论说之中，但这两种论说方式都没有形成体系，作为体系化的论说方式只是诗学。诗学（poietike）是在古希腊形成的特定形态的艺术理论，是诗歌、戏剧等语言类艺术经验的总结。诗学与美学性质不同，前者为形而下的研究，亚里士多德为其鼻祖；后者为形而上的思辨，柏拉图为其源

[①] 参阅钱穆《论语新解》，生活·读书·新知三联书店2004年版，第207页。

头。中华美学与诗学并不分隔,甚至一体化。由于没有形而上的哲学体系,思辨性的美学体系也未形成,中华美学思想主要是在诗学中得到阐发,而且是用美的范畴来评价和规范艺术,因此美学诗学化,诗学通美学。春秋之前的礼乐文化还没有转化为独立的艺术,主要是意识形态性的文化礼仪规范,关于礼乐文化的论述还没有形成独立的诗学。春秋以后,诗和音乐、舞蹈等从礼乐文化中分离,获得了相对的独立,具有了审美的性质,成为艺术形式。诗歌一旦脱离礼乐体系,原先承担的宗教、政治、伦理功能便相对淡化,而艺术价值突出。这样,诗的本质、特性、功用等问题就被提出来了,于是诗学发生。孔子教导后代:"小子何莫学夫诗?诗可以兴,可以观,可以群,可以怨。"(《论语·阳货》)这里诗歌的作用已经脱离了宫廷礼乐文化的范围,而具有了审美的价值和社会作用。所谓兴、观、群、怨,都是艺术的社会作用,也包含审美作用。中国的诗学和美学思考就是在这样的时代背景下产生的。

春秋时期,经过孔子选定的诗歌成为经典,而对这些诗歌的解释和评论,就产生了中国的诗学。孔子对诗的阐述成为中华诗学的思想纲领,而《诗大序》就是最初的诗学著作。作为礼乐文化的组成部分之一的音乐,也有了自己的理论体系《乐记》。而后又有《文赋》(陆机)、《文心雕龙》(刘勰)、《沧浪诗话》(严羽)、《原诗》(叶燮)、《艺概》(刘熙载)、《闲情偶寄》(李渔)等诗学著作。

由于美学诗学化,美学思想寓于诗学中,这意味着诗性思维发达,哲学思维薄弱,导致美学的诗学化以及诗学理论建构的不足。哲学性的美学论述不成体系,体系性的诗学理论只有《乐记》《文心雕龙》等少数著作,更多的诗学论述是艺术鉴赏和艺术批评,包括诗论、画论、戏曲评论、小说评点等,如著名的《诗品》(钟嵘)、《二十四诗品》(司空图)、《第五才子书施耐庵水浒传》《第六才子书西厢记》(金圣叹)等。这些艺术批评体现了中华美学思想。即便是到了近代,吸收了西方美学思想的王国维,也很少写出纯粹的理论论述,而多采取批评的方法表达其美学思想,如他的《人间词话》就多以诗词鉴赏、评论的方式表达其美学思想(如关于意境、境界的思想)。

二、美学与诗学的关系

从西方美学的历史上看,美学是对美的思辨,具有形而上的性质;而诗学则是对"诗"的知性研究,具有形而下的性质。因此二者并不等同,美学也不能统领诗学。柏拉图是西方美学的鼻祖,他以理念为本体(实体),把美归结为理念的光辉。他认为在具体的美的事物之后,必定有一个大美作为本源,这个大美超越感官体验,不被眼睛所看到,而是灵魂对真理(理念)的洞见。他还认为,现实中的美只是对理念光辉的回忆,不是真美。柏拉图说:"有这种迷狂的人见到尘世的美,就回忆起上界里真正的美。"[1]这样,美就具有了超越性,进而奠定了美学的形而上性质。古希腊美学作为形而上的思辨,不以艺术("诗")为主要对象,艺术的本质不是美(虽然有些艺术可能带有美的属性,如绘画和音乐),美学也不是艺术哲学。柏拉图追问美的本质,列举了四种审美对象:美的姑娘,美的水罐,美的母马,美的竖琴。其中并没有艺术,这不可能是出于疏忽。柏拉图的美学与诗学是两回事,其诗学思想不以美

---

[1] [古希腊]柏拉图《柏拉图文艺对话集》,朱光潜译,重庆出版社2016年版,第117页。

学为本。他肯定美而贬低艺术,认为艺术是对理念的双重模仿,与真理隔着三层;诗人煽动情欲、乱人心性,应该逐出理想国。这意味着艺术本质不是美,美学不统领诗学。他还认为,尘世的人如果其灵魂洞见了真理,就注定投生为"爱智慧者,爱美者,或者是诗神和爱神的顶礼者",而其他人则依次为:第一流、第二流的君主、战士;第三流的政治家或经济家、财政家;第四流的体育家或医生;第五流的预言家或执掌宗教典礼的;而"第六流最适宜于诗人或其他模仿的艺术家"[①]。可见,柏拉图认为美高于艺术(诗);美属于真理(理念),是"美本身""真实本体",而诗是虚假的双重模仿,是一种幻象。柏拉图把美与爱联系在一起,认为美源于爱神,而不是源于艺术女神。他说:"只有驱遣人以高尚的方式相爱的那种爱神才是美,才值得颂扬。"[②]这也说明了美与艺术的区别。中世纪的美学把美归结为上帝的属性,而世俗之美包括艺术也不是真美,同样把美学与诗学分别开来。直至近代,美学才与诗学统一起来。

诗学(poietike)是在古希腊形成的,后来成为欧洲古典时代的关于史诗、叙事诗、戏剧等语言类艺术的理论。亚里士多德是诗学的奠基人。在亚里士多德之后,诗学传统由贺拉斯、朗吉弩斯等继承发扬。在中世纪,诗学成为神学的附庸,隶属于修辞学。文艺复兴之后,诗学得到复兴,并且在新古典主义时期达到顶峰。新古典主义发扬了古典诗学传统,并且以"三一律"为标志,建构了完整的诗学体系。18世纪之后,诗学开始分化、解体,被现代美学和文

[①] [古希腊]柏拉图《柏拉图文艺对话集》,朱光潜译,重庆出版社2016年版,第116页。

[②] 同上,第207页。

学理论、艺术理论取代。

在当代中国语境中，诗学概念有广义与狭义之分：广义的诗学等同于文学理论，狭义的诗学是诗歌理论。其实，现代所谓的诗学概念，只是对古典诗学概念的借用，它们的内涵并不相同。诗学是一个古典的学科，它是关于韵文类的艺术理论。现代所谓诗学（无论是广义的还是狭义的）虽然与古典诗学有渊源关系，但已经有根本的不同，甚至可以说不能称为诗学了。严格地说，诗学在近代就已经解体了，分化为各种具体的艺术门类的理论。现在国内有的学者把现代文学理论，甚至叙事学也称为诗学，实在是一个误解。

诗学的特性首先在于其研究对象的总体性、泛诗性。古代艺术门类还没有充分分化，诗学之"诗"是总体性的语言类艺术形态，不仅指诗歌（如史诗和叙事诗），更指泛诗化的艺术（如戏剧——"剧诗"），是广义的诗。亚里士多德在《诗学》中把韵文分作两类，即戏剧和长篇叙事诗。在诗学的后来的发展中，抒情诗也列入诗学研究的对象。诗学是在艺术开始脱离早期宗教后的理论自觉性的体现，也是在古代艺术门类没有充分分化的情形下的理论形态。"诗"与日常语言区别开来，专指韵文。诗学与一般的技艺知识区别开来。古希腊艺术主要有说唱性的史诗和表演性的祭祀仪式两个源头，后来前者演化为诗歌，后者演化为戏剧（悲剧和喜剧），它们成为古希腊艺术的主要样式。古希腊诗歌脱胎于史诗，是讲述历史故事，具有很强的叙事性，兼有抒情性。古希腊戏剧不同于现代的话剧，它有角色朗诵、表演，还有歌队的吟唱和伴奏。因此，戏剧与长篇叙事诗都属于韵文艺术，都具有叙事性。于是，关于诗歌、戏剧的理论探讨形成了诗学。

诗学的另外一个特性在于其非形而上学的经验性，是关于一种"技艺"的知识，因此与美学分离。既然关于"诗"的知识能够形成一个理论体系即诗学,那么它必须给出关于"诗"的基本规定,也就是确定"诗"的本质。诗学的鼻祖是亚里士多德,他不同意柏拉图的理念实体论,当然也不同意其艺术间接地模仿理念的观点,而是从现实的角度研究"诗"。古希腊对"诗"的本质的基本规定是"模仿现实",亚里士多德认为诗的本质在于能够模仿普遍的事物以及可能发生的事物,因此优于只能叙述个别事物和已经发生的事物的历史。他说:"诗人的职责不在于描述已经发生的事,而在于描述可能发生的事,即按照可然律或必然律可能发生的事。历史家与诗人的差别不在于一用散文,一用韵文;希罗多德的著作可以改写为韵文,但仍然是一种历史,有没有韵律都一样;两者的差别在于一叙述已发生的事,一叙述可能发生的事。因此,写诗这种活动比写历史更富于哲学意味,更被严肃地对待,因为诗所描写的事情带有普遍性,历史则叙述个别的事。"①他还认为,惟妙惟肖的模仿就产生了快感,从而形成了艺术。在欧洲模仿说成为关于"诗"的经典规定,一直到浪漫主义时期才被颠覆。

在亚里士多德那里,诗学与美学也分属于不同的领域,他不以美来规定诗的本质。虽然亚里士多德在谈论诗歌和戏剧时也有美的评价,但主要指的是这些艺术的某些构成因素,包括形式和修辞学的因素,而非整体评价。例如他谈论悲剧时说:"再则,一个美的事物——一个活东西或一个由某些部分组成之物——不但它的各部分应有一定的安排,而且它的体积也应有一定的大小,因为美要靠体积与安排。……因此,情节也须有长度(以易于记忆者为限)……"②

---

① [古希腊]亚里斯多德《亚里斯多德〈诗学〉〈修辞学〉》,罗念生译,上海人民出版社2016年版,第41页。

② 同上,第45页。

在《形而上学》中，他也提出"美的主要形式是秩序、匀称和明确"。这里的美指的是结构、形式因素，而不是艺术的普遍本质。而且，亚里士多德关于"美"的概念，在许多地方仅仅是"最好的"意思，所以现代美学家比厄斯利说："他并不一定认为美是一种不同于艺术的优秀特质，但对这种优秀特质有贡献的特殊的性质，也许对他来说，'美的悲剧'与'艺术上好的悲剧'是同义词。"[①]这说明诗学不是美学，美学也还不是艺术哲学。诗学研究具体的艺术规律，如亚里士多德具体分析了悲剧的六个要素、悲剧的成因、悲剧的净化心灵的功能等等。中世纪的艺术和美都归属于宗教文化，没有独立的诗学和美学，因此比厄斯利说："……诗与三学科中的修辞学相联系，音乐列于四学科之中，而美的问题是神学的一部分。他们没有专门的关于美的艺术的概念，也没有将诸种美的艺术组合起来，同样，也没有使之形成一种独特的哲学问题的意识。"[②]

古代西方美学与诗学的分离，还有一个重要的原因在于当时的美学观无法把叙事艺术列入审美对象。古代哲学是实体本体论的客体性哲学，美学作为哲学的分支也是客体性美学，因此美被规定为实体的属性。这样，作为实体性的美，必然以"物"为审美对象，如人体、器物、自然物等，还有作为这些物体的"模仿"的美术等表现艺术。这种美学观不能阐释叙事艺术，而西方艺术主要样式是叙事性的史诗和戏剧。由于叙事对象是人的行动，其本身不是"美的"，它们被认为是模仿的对象，因此叙事艺术无法纳入美学的研究范围。于是，对叙事诗、戏剧等叙事艺术的研究成为诗学。此

---

① [美] 门罗·C·比厄斯利《美学史：从古希腊到当代》，高建平译，高等教育出版社2018年版，第87页。

② 同上，第167页。

外，古代西方美的概念仅仅指"美好"，大致相当于现代的"优美"，而不包括其他审美范畴，如丑、崇高等，因此不能涵盖所有艺术，美学也因此不能成为艺术哲学。古代诗学理论认为诗的本质是模仿，而不是"美"。亚里士多德以模仿的更高的真实性（普遍性和可能性）把诗与历史相区别。朗吉驽斯首次论述了崇高概念，以后崇高成为诗学的主要范畴，新古典主义以崇高来评价悲剧。其时崇高只是诗学范畴，还没有进入美学，与美还没有统一在一起，因此不能形成统一的美学，所以美学也不能统领诗学。

西方诗学是古典形态的艺术理论，它在文艺复兴以后一方面得到重建和发展，同时也面临着挑战，最后走向终结。第一个挑战是主体性的现代艺术观念和艺术思潮的兴起，颠覆了传统诗学的基本理念。在文艺复兴以后，特别是在启蒙运动发生之后，古典艺术向现代艺术转化，史诗成为陈迹，抒情诗得到发展和兴盛，传统诗学的模仿说不能给以恰当的阐释。于是，主体性的艺术观念发生，要求打破建立在客体性哲学之上的传统诗学的戒条。于是，亚里士多德的"模仿现实"概念被重新阐释成"模仿自然"，这个概念带有主体性，因为自然既包括外在的自然，也包括内在的自然。这意味着模仿说的变质。新的艺术理念以创造取代了模仿观念，倡导想象、激情、灵感和天才，从而瓦解了传统诗学的客体性基础。赫尔德以创造性否定了模仿说，而席勒的"素朴的诗"和"感伤的诗"的区分，实际上把后者划到"模仿说"之外，使得诗学失去了部分的解释效力。这是因为，"素朴的诗"是贴近现实的，客观化的，是对现实的模仿；而"感伤的诗"是偏离现实的，主观化的，不是对现实的模仿。启蒙主义艺术具有平民性，以市民为主体的喜剧、小说、正剧等瓦解了传统诗学的贵族精神和崇高性。市民艺术的兴起，使得艺术理念由模仿现实的真实性变为趣味性，从而颠覆了传统诗学的理性法则。浪漫主义反对艺术的现实性、规范性、权威性,倡导象征性、幻想性和彼岸性。于是,传统诗学走向瓦解。第二个挑战是,新的艺术样式和新的艺术分类的产生,突破了诗学对象的范围。小说、话剧等新的艺术样式产生,它们都是现代文体,使用生活语言,脱离了古典的韵文传统,难以为传统诗学所容纳。起初诗学排斥小说,斥责其低俗性;后来又试图容纳小说为诗学对象。但这样一来,传统诗学就被突破,变成了广义的文学、艺术理论,进而走向艺术哲学——美学。第三个挑战是艺术的分化和统一以及美学学科的发生。近代以来,艺术分化为更为具体的形态,产生了更为具体的艺术理论,如诗歌理论、小说理论、戏剧理论、音乐理论等,于是总体性的诗学解体了。由于艺术门类的分化,模仿说已经丧失了阐释的功能,但艺术本质仍然需要有一个统一的规定。那么,这个统一的艺术本质是什么呢?只能是审美。于是美的理念向艺术领域扩展,美开始成为艺术的基本属性,产生了"美的艺术"概念,所有的艺术统一于美的理念。比厄斯利考证出,夏尔·巴图神父的《归结为同一原理的美的艺术》一书最早提出了"美的艺术"的思想:"艺术是对'美的自然'的模仿。巴图将诗歌、绘画、音乐、雕塑和舞蹈包括进来,这也许是人类历史上第一次将'美的艺术'定义为一个特殊的范畴。"[①]由是,关于"美的艺术"的理论应运而生,美学作为艺术哲学而成立,统领了所有的艺术研究。近代美学以主体论代替了客体论,鲍姆加登把审美定义为感性认识的完善,美学成为感性学。这样,就可能以感性的名义把叙事艺术纳入美学范围。鲍姆加登说:"诗指一个完善的感性话语,

---

① [美] 门罗·C·比厄斯利《美学史:从古希腊到当代》,高建平译,高等教育出版社2018年版,第261页。

诗学指一首诗所遵循的一套规则,哲学诗学指诗学的科学……"①这里把诗界定为完善的感性话语,从而成为一种美的形态。此外,他也提出了"哲学诗学"即美学的概念,用美学来统领诗学。与此同时,崇高也进入美学,与美一样成为美学范畴,这在康德美学中得到确认。这一切就导致审美成为艺术的本质,美学统领了艺术理论,成为艺术哲学。这意味着美学接管了传统诗学的大部分功能,于是传统诗学就失去了存在的基础而走向消亡。近代以来,美学成为艺术哲学,并且走上了超越之路:康德认为审美是从现象界到本体界的中介,具有了现实与超越的二律背反性质。黑格尔则以艺术为理念回归绝对精神的感性阶段,低于宗教和哲学,具有了初级的超越性。而叔本华、柏格森和尼采直至后期海德格尔,都把审美定位于超越现实生存的自由生存方式。

三、中华美学与诗学的一体化

既然诗学是西方的古典理论性形态,那么中国是否有诗学,或者说中华诗学概念是否合理就成了问题。有论者认为,中国没有诗学,只有文论,而文论不是文学理论,更不仅仅是诗歌理论,而是关于"文"的理论;"文"包括非文学的文体,如应用文等;甚至还包括自然现象(天地之文)。因此,他认为诗学是西方特有的理论形态,与中国文论不可相提并论。②本人认为,这种说法虽然有一定道理,但并不完全合理。诗学概念固然产自西方,也形成了西方

---

① 转引自[美]门罗·C·比尔斯利《美学史:从古希腊到当代》,高建平译,高等教育出版社2018年版,第259页。
② 参阅余虹《中国文论与西方诗学》,生活·读书·新知三联书店,1999年版。

特色的诗学，但不等于说诗学为西方所专有，中国没有诗学。说中国只有文论，没有诗学，这种说法忽略了一点，即中国文论所论及的普遍的"文"，包括人文与天地之文，都带有审美属性。文论就是对这种审美对象的研究，所以可以定性为一种文化美学或文化诗学。"人文"主要是讲求辞采的韵文，其主体是诗赋等文体，也包括一些修辞化的应用文体，从总体上说可以归为诗学对象。"天地之文"也是有审美属性的自然现象，属于自然美，可以归为美学对象。"文之为德也大矣，与天地并生者何哉？夫玄黄色杂，方圆体分，日月叠璧，以垂丽天之象；山川焕绮，以铺理地之形：此盖道之文也。"（《文心雕龙·原道》）这里的自然不是物理对象，而是审美对象，具有审美属性，所以也是"文"的范围。值得注意的是，"文"是以意象（"象"）的方式存在的，而意象是审美对象和艺术的存在方式。因此，中国文论就具有了美学和诗学的性质。更重要的是，相当于一般文化的"文"只是早期文论的概念，主要是《文心雕龙》建构的，其时已有文笔之分，"有韵为文，无韵为笔"，只是刘勰没有严格运用这一原则。后来萧统编《文选》，严格运用文笔区分的标准，"事出于沉思，义归乎翰藻"，文的概念排除了经史子集等文类，而专选具有文学性（不一定是纯文学）的语言作品，而以韵文为主要形式特征。这样，"文"的概念不断演化，审美性越来越突出，逐步向文学靠拢，而"文论"也就向诗学靠拢。再以后，"文论"具体化为各种形态的艺术理论，如诗论、词论、戏剧论、小说论等，于是"文论"就充分诗学化了。

中华诗学与西方诗学有一个根本的不同点，就是它没有与美学分离，而是与美学融合在一起。古希腊美学与诗学分离，前者属于哲学，具有形而上的性质；后者属于艺术理论，具有形而下的特性。在古希腊，美学不是艺术哲学，而是关于美的思辨，因此并没有用美学来阐释艺术的本质，也没有以美来作为评定诗的标准。那时评价艺术的标准主要是符合现实，是真而不是美。诗学是关于作诗的技艺，而不是形而上的思辨，它提出了模仿、真实性、典型性等概念。与欧洲不同，中国的美学与诗学并无隔离，而是融为一体。它虽然以诗学为主要形态，但美学思想统领诗学。诗学不仅仅是艺术经验的总结，诗学本于美学，诗学论述中渗透着美学思想。这就是说，中华美学没有脱离艺术经验，中华诗学也没有脱离美学思考。《文心雕龙》作为第一部系统的诗学著作，论述了道与文的本源关系，而文既是各类文体，也是美的别称，因此关于文的理论既是诗学，也是美学。

中华诗学不仅用善等社会伦理标准来阐释和评价艺术，还用美（以及其变异概念如妙、文、韵、乐、游等）来阐释和评价艺术；既有社会学的批评也有审美的批评。孔子评价《韶》和《武》，用了美和善两个标准，美学思想成为评价和规范艺术的基本规范。子谓《韶》："尽美矣，又尽善也。"谓《武》："尽美矣，未尽善也。"（《论语·八佾》）可见美善有所区分，美成为艺术的本质属性之一。《文心雕龙》等诗学著作没有止于形而下的论述，而是从形而上的道出发来阐释文，这是与西方诗学的经验性论述不同的。《文心雕龙》论证了道为文的本源，文以明道，即"道沿圣以垂文，圣因文而明道"，然后才论述各种文体的特征以及文学创作、鉴赏的规律以及历史的发展。以后的文论也在考察诗歌的特性的同时，揭示了其审美本质。中国比欧洲更早地用美学观念来阐释和评价艺术，也比欧洲更早地把美学当作艺术哲学。中华诗学体现了审美的超越性，虽然这种思想是隐含性的。这样，中华诗学就具有了美学的品性，成为一种美学的形态。

中华美学与诗学的融合源于哲学的天人合一性和美学的世间

性。中国哲学与伦理学没有充分分化，它作为本体的"道"，既是天道，也是人道。所谓天人合一，就是天道与人道的合一。天人合一的哲学，弥合了此岸与彼岸的分离，造成了中国人的"一个世界"的世界观。因此，中国的诗学与美学就可能合而为一。

由于形而上的世界与形而下的世界没有充分分离，道与文、美与诗相通。因此，中华诗学既是对艺术经验的总结，也有美学思考。一方面，文作为道的形式和美的代称，具有潜在的超越性，"文论"就具有美学特性；另一方面，天道现身化为人道，而文作为道的体现，以性情为特性，美学就诗学化了。这样，中华美学就与诗学融合，具有了超越性与世间性双重属性。《文心雕龙》一方面论证了道体现为"文"，包括天地之文和人文，它们都具有美的含义；另一方面又重点展开了诗学体系：卷二至卷五主要论述了各种文体的特性，如《明诗》《乐府》《诠赋》《颂赞》等诸篇；卷六则阐述了文的内在的规定性，包括风格和创作手法等，如《神思》《体性》《风骨》《通变》《定势》等；卷七则主要阐述了文的形式特征，如《情采》《镕裁》《声律》《章句》《丽辞》等；卷八则主要是创作手法，如《比兴》《夸饰》《事类》《练字》《隐秀》等；卷九则主要是创作经验的总结，如《指瑕》《养气》《附会》《总术》《时序》；卷十则主要是从主体的角度考察创作和欣赏等方面的问题。从总体上说，中华美学诗学化了，中华诗学也美学化了，但诗学化更为明显，这是中华美学的世间性决定的。《文心雕龙》用了大量的篇幅从艺术经验的角度考察了各种文类的特征，而弱于对美学体系的形而上的论证和展开。它也没有关于美学范畴的系统论述，如西方美学关于美、崇高等范畴系列，而只是在风格层面上论述了作品的特色。

中华诗学发端于先秦诸子，奠基于《诗大序》和《乐记》，成体系于《文心雕龙》，以后获得发展和完善。这个过程中有一点值得注意，就是其哲学思辨部分越来越少，诗学特征日益明显。我们可以发现这样一种现象：春秋时期还有一些关于美的哲学论述，主要是儒家、道家美学思想的表述，但并不系统；而在春秋战国以后，关于美的哲学论述似乎更少了，而且也没有形成美学理论体系。《文心雕龙》还有关于原道、征圣、宗经的逻辑推演，以后的诗学著述则越来越少关于哲学的论述，而专注于诗歌等艺术形式的研究。于是，艺术理论特别是诗学，得到了充分的建构，并且形成体系，产生了众多的专门的著作。但是，这不是说后期的中华美学没有了哲学思想，而是说其哲学思想已经渗入到诗学中了，美学诗学化了。另一方面，诗学也美学化了，中华诗学不是单纯的诗艺研究，而是融合着天人之思，是美学的特殊形式。同样，中华美学也不是单纯的哲学思考，而是艺术经验的总结，是诗学的特殊形式。总之，中华美学与诗学融合在一起，是特殊的美学和特殊的诗学。

中华诗学与西方诗学的不同，还在于西方诗学主要是叙事诗学，是关于史诗、叙事诗和戏剧的理论，而中华诗学主要是抒情诗学，是关于抒情诗、文的理论。元代以后，随着叙事艺术即戏曲、小说的崛起，才形成了叙事诗学，即关于戏曲、小说的理论。而中华美学思想也体现在抒情诗学和叙事诗学之中。

中国在近代引进和接受了西方美学，才建立了独立的美学学科。而诗学即传统文论也分化为各种艺术门类的理论，如文学理论、戏剧理论、音乐理论等。这样，美学就成为哲学分支，而其他艺术理论则成为艺术经验的概括，二者分离而各自独立。同时，美学作为艺术哲学与各种艺术理论之间互相交叉和渗透，保持着内在的联系。这个过程也是传统诗学消亡的过程。

（原载于《学术月刊》2019年第2期）

同情与理解：中西美学主体间性的互补

现代西方美学从主体性走向了主体间性，而主体间性的构成被确认为理解。理解不仅是现代解释学的核心，也成为主体间性美学的基本范畴。中国美学具有不同于西方的主体间性内涵，它不是偏重审美理解，而是偏重审美同情。事实上，同情与理解是同样重要的主体间性的基本构成。在这个意义上，中西美学具有互补性。因此，从审美主体间性的构成角度考察审美理解与审美同情，就不仅仅是美学原理的课题，而且成为比较美学的课题，因而显得更为重要了。

一、现代西方美学的主体间性的构成——审美理解

西方哲学具有认识论传统，偏重于对客观世界的认识，审美被看作感性认识，美学最初被命名就是感性认识的科学。在这个基础上，从古希腊的模仿说到近代的感性认识说，再到现代解释学的理解说，形成了西方美学的认识论传统。因此，解释学以理解构成主体间性；西方美学的主体间性也以审美理解为基本构成，对审美同情则有所忽视，或者仅仅在次要的意义上论及。另一个原因是，西方再现艺术和叙事文学较为发达，从古代的史诗传统到古希腊、罗

马乃至近代戏剧艺术的发达,再到现代小说的兴起,形成了再现性、叙事性的审美模式。在这个哲学基础上和历史背景下,理解成为解释学的基本问题,主体间性被确定为认识的可能性,而审美理解也被确定为审美主体间性的基本构成。

审美理解是现代西方美学主体间性基本的构成。西方古代哲学的实体本体论属于客体性哲学,认为存在是客观的实体。近代认识论属于主体性哲学,认为主体意识构成对象。现代西方哲学走向了理解论的主体间性哲学,认为理解沟通了主体与世界。主体间性概念的创始人胡塞尔就是把主体间性规定为不同认识主体之间互相理解的可能性。当然他只是在认识论意义上谈论主体间性,而不是在本体论意义上谈论主体间性。从主体性的认识论到主体间性的理解论的过渡人物是柏格森。柏格森认为存在本体是"绵延"或"生命冲动",只有直觉才能把握绵延之流。他认为直觉是主体与对象之间的融合,因此也称之为"共感":"所谓直觉,就是理智的交融,这种交融使人们自己置于对象之内,以便与其中独特的、从而无法表达的东西相符合。"[①]这种直觉就是理解的一种形式,它带有主体间性的性质("置于对象之内");同时这种"直觉"或"共感"也沟通了同情说(宗白华就是把柏格森的直觉、共感说改造为同情说)。直接提出主体间性的理解论的是古典解释学的创始人狄尔泰,他从生命哲学出发,认为精神科学对象是精神现象,因此只能诉诸理解而非认知(说明)。这已经暗含了主体间性思想,即把理解当作主体与另一个主体(精神现象)之间的沟通。海德格尔一方面论证了此在的"共在"性质,同时也考察了现实存在中人与人因缺乏理解而导致的疏远化。他指出,在现实存在中,人与人之间的

[①] [法]柏格森《形而上学导言》,刘放桐译,商务印书馆1963年版,第3—4页。

交谈成为一种"闲言""好奇""两可"。而真正的"共在"只有通过诗性语言达到充分理解，在"诗意地栖居"中，在"天地神人"四重世界的和谐交往中才能实现。这样，他从现实领域的"共在"走向了审美理解。加达默尔在存在哲学的基础上继承和改造古典解释学，建立了基于理解的现代解释学。他认为："理解就是此在的存在方式，因为理解就是能存在（Seinkönnen）和'可能性'。"[①]他认为理解是解释者与文本之间的互动，是一种问答活动和视域融合的过程，是在谈话中的意义的发生。加达默尔正面论证了理解对主体间性的构成作用。他指出："谁想理解，谁就从一开始便不能因为想尽可能彻底地和顽固地不听本文的见解而囿于他自己的偶然的见解中——直到本文的见解成为可听见的并且取消了错误的理解为止。谁想理解一个本文，谁就准备让本文告诉他什么。"[②]加达默尔认为美学可以归于解释学，审美是解释活动的一个范例。因此，审美理解也成为审美主体间性的基本构成要素。哈贝马斯提出了交往理性思想，他指出，有两种行为方式，一种是工具性行为，只是利用对方，把交往作为手段，而不准备理解对方；另一种是交往行为，它通过对话，达到人与人之间的相互理解和一致。当然，在现实领域，这种充分的主体间性只是一种乌托邦，只有在审美活动中主体间性才能真正实现。在审美中，自我主体与文本主体的关系不是主体与客体的关系，而是两个生命体之间的关系，它真正把对象由"他"变成了"你"，承认对象是一个生命体，是另一个"我"，从而摆脱了自我对世界的支配关系，也取消了主体与客体的对立。

---

① ［德］加达默尔《真理与方法》上卷，洪汉鼎译，上海译文出版社1999年版，第333—334页。

② 同上，第334页。

在自我与他我的关系中,审美理解展开为自我(审美者)与他我(审美对象)之间的对话、问答,自我仿佛深入到了审美对象的内在世界,倾听他的声音,了解他的思想感情,洞察他的性格、命运;同时自我也把自己的思想感情倾诉给对方,让对方倾听自己的声音,体察自己的内心世界,了解自己的命运、性格。以人物命运为描写对象的再现艺术和叙事文学突出了审美理解的功能,达到了对人的命运的最深刻的把握,从而理解了生存的意义。而以情感表达为主的表现艺术和抒情文学虽然突出了审美同情,但也包含着审美理解,使人充分理解了这种客观化的情感。审美理解拉近并最终消除了自我与对象的距离,实现了主客同一、物我两忘。这样,在现实领域中主体与对象的主体性关系就转化为主体间性关系。

二、西方审美同情说由主体性走向主体间性

如果说理解是从认识论角度、在解释学领域沟通了自我与他我的话,那么,同情是从价值论角度,在存在论领域沟通了自我与他我。西方哲学、美学中也产生了同情说,但这个同情说属于主体性理论,而不是主体间性理论。休谟在《人性论》中认为,道德源于快乐与痛苦的感觉,而这些感觉要通过同情才发生作用,"由此可见,(一)同情是人性中一个很强有力的原则;(二)它对我们的美的鉴别力有一种巨大的作用;(三)它产生了我们对一切人为的德的道德感。"[①]休谟站在经验论的立场上谈论同情,而经验论是排除本体论的承诺的,因此他主要在伦理学和美学领域考察同情,并且认识到了同情在美学上的意义。康德也偏离了传统的认识论,

---

① [英]休谟《人性论》,关文运译,商务印书馆1981年版,第619—620页。

把审美归结为情感领域，从而揭示了审美主体与审美对象的情感关系。但是，康德的先验论哲学基础上的美学，把审美当作一种主体性的感性认识，对象成为美的，是主体心理的构造；美感只是想象力和知性的协调的结果。这就是说，他并没有建立独立的审美同情理论。但是，康德在先验主体性美学基础上提出了移情说的思想，他在对崇高的分析中，提出"所以对于自然界里的崇高的感觉就是对于自己本身的使命的崇敬，而经由某一种暗换赋予了——自然界的对象（把这对于主体里的人类观念的崇敬变换为对于客体），这样就像是把我们的认识机能里的理性使命对于感性里最大机能的优越性形象化地表达出来了。"[①]这种思想中包含着审美同情说。后来立普斯代表的移情说由强调想象转向强调同情，认为审美就是自我把情感投射到对象上去，对对象产生一种同情。他说："一切审美的喜悦——都是一种令人愉快的同情感。"[②]古典美学的同情说虽然涉及自我与对象的同一性，但它从主体性出发，把审美同情当作移情即主体单方面的行为和自我欣赏，"审美快感的特征就在于此：它是对于一个对象的欣赏，这个对象就其为欣赏的对象来说，却不是对象而是我自己。或换个方式说，它是对于自我的欣赏，这个自我就其受到审美的欣赏来说，却不是我自己，而是客观的自我。"[③]由此可见，古典美学的同情说，基于主体性而不是主体间性，是一种"移情说"。

现代美学在主体间性的基础上走向了审美同情说。海德格尔考察了人的现实存在——此在的在，认为这是一种异化——沉沦和非

---

① [德]康德《判断力批判》上卷，宗白华译，商务印书馆1987年版，第97页。
② 朱光潜《西方美学史》下卷，人民文学出版社1964年版，第261页。
③ 同上，第263—264页。

本真的共在，这就意味着人必须与世界打交道，其本质就是烦，"在世的本质就是烦"。烦具有二重性，一方面人的自由存在本质表现为他可以成为"他所能是的东西"，这就是"完善"，而"完善""是烦的一种劳绩"；另一方面，"烦也同样源始地规定着这一存在者因之听凭它所繁忙的世界摆布（被抛状态）的那种基本方式。"①烦作为在世（共在）的本质，除了表现为冷漠、戒备、距离、审慎、猜疑等，也表现为"同情""共鸣""理解认识他人"等日常现象。如何走出沉沦，也要靠烦的"劳绩"，这就是依靠其中的"理解、认识他人"以及"同情""共鸣"。正是经由理解—同情的途径，海德格尔最终走向审美主义，在主体间性的领域实现了本真的存在。他把理解—同情升华为审美理解和审美同情，提出了"诗意地栖居"的理想。他认为"栖居是凡人在大地上的存在方式""栖居本身必须始终是和万物同在的逗留""属于人的彼此共在"。具体地说，就是"大地和苍穹、诸神和凡人，这四者凭源始的一体性交融为一。"②这种天、地、神、人四方游戏说体现了一种主体间性的思想。他认为只有在审美同情中才能克服人与世界的分裂，才能找到存在的家园，进入本真的共在。他在评论荷尔德林的诗歌时，阐释了对"天地神人"以及"命运"的主体间性理解：

> 大地和天空、神和人的"更为柔和的关系"可能成为更无限的。因为非片面的东西可能更纯粹地从那种亲密性中显露出来，而在这种亲密性中，所谓的四方可以相互保持。……或许命运就是中心（die Mitte），这个"中心"起着中介作用，因为它首先使四方进

---

① ［德］海德格尔《存在与时间》，陈嘉映等译，生活·读书·新知三联书店1987年版，第241页。

② 同上，第114—117页。

入它们的互属之中而确定下来,把四方发送入这种互属之中。命运使四方进入其中从而取得自身,命运保存四方,使四方开始进入亲密之中。①

如果说海德格尔的主体间性理论是审美主义的话,那么更早的主体间性理论是信仰主义。马丁·布伯从上帝的普遍的爱来建构人与世界的关系,认为只有把我—他关系变为我—你关系,才能真正实现超越,而我—你关系具有真正主体间性的性质,其内涵就是爱。他认为,我—你关系体现了纯净的、万有一体之情怀,"人通过'你'而成为'我'"②。显然,这种爱是同情的一种形式,马丁·布伯的学说是从宗教获得思想资源的主体间性的同情说。马尔库塞则认为只有爱欲的充分实现和升华(在艺术中)才能达到人与社会、自然的和谐,这也是诉之于一种审美同情。

综观西方美学关于审美同情说的演变历程,可以看出由主体性到主体间性的趋势。尽管如此,西方美学主要还是从审美理解角度建立主体间性美学,审美同情仍然没有明确地与审美理解并列成为主体间性美学的基本范畴。这样,考察中国美学的主体间性构成——审美同情,就显得十分必要了。

三、中国美学主体间性的构成——审美同情

所谓同情就是自我与世界之间的价值沟通和情感共鸣。中国哲学建立在主体间性的同情观的基础上。中国哲学与西方不同,不是

---

① [德]海德格尔《荷尔德林的大地与天空》,见《荷尔德林诗的阐释》,孙周兴译,商务印书馆2000版,第200页。

② [德]马丁·布伯《我与你》,陈维纲译,生活·读书·新知三联书店1986年版,第44页。

客体性哲学或主体性哲学，而是主体间性哲学；不是认识论，而是价值论，是伦理哲学，它偏重于对人生价值的探求以及对人际关系的界定。中国哲学主流是儒家学说，它的核心是仁，而仁就是人对人的同情，如"仁者爱人""不忍人之心"。儒家学说把这种伦理观推广到人与世界的关系，就形成了"仁民爱物"的思想，张载说"民，吾同胞，物，吾与也"。这是人对世界万物的同情。此外，道家的人与自然同一的"物化说"、佛家的慈悲观念都突出了同情意识。当然，这种同情观来源于天人合一的世界观，带有前理性的蒙昧性。但是，它也具有超前的智慧，可以成为现代哲学同情观的思想资源。另一方面，中国再现艺术和叙事文学比较不发达，而表现艺术和抒情文学比较发达，诗歌、散文、山水画成为主要的文学艺术形式，形成了表现性、抒情性的审美模式。在这个哲学基础上和文化背景下，不是审美理解，而是审美同情成为审美主体间性的基本构成。西方美学的审美同情说肇始于移情说，是自我情感的外射，因此近代审美同情说是主体性的理论。中国美学的审美同情说不是移情说，而是感兴论，因此是主体间性的理论。

中国美学认为审美不是主体对客体的认知和征服，不是自我膨胀和自我实现，而是自我与世界的互相尊重、和谐共处、融合无间。因此，中国美学是主体间性美学，不同于西方古代的客体性美学和西方近代的主体性美学。中国美学的主体间性基本构成不是审美理解，而是审美同情。中国美学不是西方主体性的移情说或表情说，而是主体间性的同情说。中国美学认为天地自然皆有情，与人情相呼应，审美就是人与世界之间的情感交流。中国美学认为情感的发生和交流就是感兴，因此中国美学又是感兴论。感兴论认为审美是外在世界对主体的感动和主体对世界的感应；而世界（包括社会和自然）不是死寂的客体而是有生命的主体，在自我主体与世界主体的交流和体验中，达到了天人合一的境界。孔子讲"兴于诗""诗可以兴"，这个"兴"不是单纯的主观的情感，而是世界对主体的激发和主体对世界的感应。庄子认为审美是主体与世界之间的和谐交往："与人和者，谓之人乐；与天和者，谓之天乐。"《乐记》也认为："乐者，天地之和也。""大乐与天地同和，大礼与天地同节。"《文心雕龙》进一步集中地阐发了感兴论："情以物迁，辞以情发。""是以诗人感物，联类不穷。""人禀七情，应物斯感，感物吟志，莫非自然。""睹物兴情""情以物兴""物以情观""神与物游"……他指出了情之兴是感物的结果。钟嵘说："气之动物，物之感人，故摇荡性情，形诸舞咏。"（《诗品序》）他也肯定了感物说。王夫之也说："夫景以情合，情以景生，初不相离，唯意所适。截分二橛，则情不足与，而景非其景。"（《姜斋诗话》）他鲜明地反对把情与景、主观与客观分离，而强调二者是互感相生的。感兴论的实质是把世界当作有生命的主体，审美是自我主体与世界主体间的交互感应而达到的最高境界，因此是主体间性美学。中国美学的感兴论是建立在审美同情观的基础上的，它认为审美中世界万物都有情感，自我与世界万物之间发生情感互动、达到情感同一，形成了审美意境。晋代孙绰云："情因所习而迁移，物触所遇而兴感。……具物同荣，资生咸畅。于是和以醇醪，齐以达观。决然兀矣，焉复觉鹏鷃之二物哉！"（《三月三日兰亭诗序》）王夫之是审美同情说的集大成者，他说："君子之心，有与天地同情者，有与禽鱼草木同情者，有与女子小人同情者，有与道同情者——悉得其情，而皆有以裁用之，大以体天地之化，微以备禽鱼草木之几。"（《诗广传》）清人朱庭珍说："……则以人之性情通山水之性情，以人之精神合山水之精神，并与天地之性情、精神相通相合矣。"（《筱园诗话》）由于审美同情的作用，就达到了情景交融的主体间性境界。正如王夫之所说:"情、景名为二,而实不可离。神于诗者,妙合无垠。巧者则有情中景,景中情。"(《姜斋诗话》)在创作论上,中国美学认为艺术活动是主体与外物之间的交流、体验,而不是西方美学的感性认识。刘勰所谓"神与物游""神用象通""目既往还,心亦吐纳""情往似赠,兴来如答"就强调了作者与创作对象之间的交往关系。司空图讲"思与境偕",这个"偕"字道出了主体与客体间的共存、交往关系。中国古典文学中突出了写景抒情的手法,创造了情景交融、心物一体的境界,如"我见青山多妩媚,料青山见我应如是。""昔我往矣,杨柳依依。今我来思,雨雪霏霏。"在接受论上,中华美学也把艺术活动当作主体与作品之间的对话、交流,从而达到了二者之间的情感契合。

中国现代美学家宗白华吸收了西方生命哲学思想,特别是叔本华的"生命意志"论和柏格森的"生命冲动"思想,同时也继承了中国哲学的"天人合一"思想,建立了自己的宇宙观,即"大自然中有一种不可思议的活力,推动无生界以入于有机界,从有机界以至于最高的生命、理性、情绪、感觉。这个活力是一切生命的源泉,也是一切'美'的源泉。"[1]在这个"宇宙活力"观的基础上,形成了他的审美同情说。他呼唤道:"诸君!艺术的生活就是同情的生活呀!无限的同情对于自然,无限的同情对于人生,无限的同情对于星天云月,鸟语泉鸣,无限的同情对于生死离合,喜笑悲啼。这就是艺术感觉的发生,这也是艺术创造的目的。"[2]宗白华的审美同情说不同于西方的移情说,而具有主体间性性质。他用《艺术》

---

[1] 宗白华《看了罗丹雕刻以后》,见《宗白华全集(第1卷)》,安徽教育出版社1996年版,第310页。
[2] 宗白华《艺术生活——艺术生活与同情》,见《宗白华全集(第1卷)》,安徽教育出版社1996年版,第316页。

这首诗表达了这种主体间性的审美同情思想：

你想要了解"光"么？
你可曾同那林中透射的斜阳共舞？
你可曾同黄昏初现的月光齐颤？
你要了解"春"么？
你的心琴可有那蝴蝶的翩翩情致？
你的呼吸可有那玫瑰粉的一缕温馨？
你要了解"花"么？
你曾否临风醉舞？
你曾否饮啜春光？①

中国美学的审美同情说具有重要的价值，可以作为现代美学的思想资源。但是，它是前现代的思想，存在着明显的弱点，它建立在天人合一观念的基础上，具有蒙昧性。因此，审美同情成为一种自然的、神秘的人与自然之间的吸引，它的社会性、超越性被隐蔽了。中国美学的这一弱点，必须正视，并通过与西方现代美学的对话、经过现代理性的洗礼加以克服。

四、审美同情与审美理解的同一以及中西美学的互补

作为主体间性的构成的理解与同情，二者之间究竟具有什么关系，这个问题似乎还没有得到全面的探究。但是，由于理解毕竟离不开同情，认识论离不开价值论，因此，西方哲学也出现了探讨同情与理解关系的动向。由于西方哲学的认识论传统，解释学建立

---

① 宗白华《艺术》，见《宗白华全集（第1卷）》，安徽教育出版社1996年版，第308页。

理解的基础上，而同情几乎没有受到重视。但是，狄尔泰提到同情对理解的辅助作用。他说："认为理解是一种重新体验，而'同情会增加重新体验的力量'。"[①]加达默尔也注意到了同情与理解的关系。他引述狄尔泰的观点"只有同情才使真正的理解成为可能"[②]，但他们都把同情作为理解的辅助因素，而且二者的关系并没有展开讨论。在1981年4月25日，加达默尔在巴黎作了一次讲演，其中提到了理解的前提条件是对话双方必须都有向对方表述开放的意愿。不意德里达对此发难，认为这是康德的"善良意志"，是形而上学的复活。而加达默尔认为对方曲解了自己，自己不过是表达了柏拉图的"善良的决断"而非康德的思想。[③]这就是被命名为"德法之争"的一个插曲。本来这场争论可以把同情与理解的关系提出来，从而深化主体间性理论。但是，争论双方都把同情（善良意志）当作伦理学的命题，与理解没有本质的联系；西方学术界也认为关于"善良意志"的争论只是一种误解，从而轻易地错过了一个深化主体间性理论的论题。

马克斯·舍勒不满于现象学固守认识论传统、局限于认知领域，而建立了"情感现象学"。他继承了德国生命哲学传统，认为情感较之认识具有更为重要的优势地位。他把认识领域扩展到逻辑—理智的过程之外，认定同感、同情、爱与恨、感兴趣等都具有认识的功能；只有通过情感行为才可能认识伦理的、美学的、宗教的价

[①] ［德］狄尔泰《对他人及其生命表现的理解》，见洪汉鼎主编《理解与解释——诠释学经典文选》，东方出版社2001年版，第104页。

[②] ［德］加达默尔《真理与方法》上卷，洪汉鼎译，上海译文出版社1999年版，第300页。

[③] 参阅［德］伽达默尔等《德法之争：伽达默尔与德里达的对话》，孙周兴等编译，同济大学出版社2004年版。

值。舍勒的"情感现象学"具有主体间性的倾向，他认为在内知觉中，不仅肯定了自我的存在，而且直接肯定了他人的存在。舍勒不同意胡塞尔的主体性现象学，认为他者不是自我构造的产物，而具有先于自我的明证性。他考察了人的原始经验以及儿童的情感体验所具有的自我与他者（"你"）的同一性，指出自我从社会共同体中分化是后起的过程，因此自我的产生有赖于主体间性的社会共同体的存在。他认为同情是主体间性的纽带，而同情的基本形式包括四种形式：共同感受、同情感、心理传染和同一感。他批判现代社会人们只关注"他是什么"，而不关注"他是谁"。这种主体间性思想直接启发了马丁·布伯的"我—你关系说"。施太格缪勒这样评述舍勒的思想："真正的哲学认识过程并不是在知性的意识过程中发生的；而宁肯说，人格的最内在的核心以爱的方式参与事物的本质就是精神获得原始知识的哲学态度。"①《主体性的黄昏》的作者弗莱德·R·多尔迈这样谈论舍勒与主体间性理论的关系："关于交互主体性的讨论，得益于我对马克斯·舍勒的著作予以较多的注意。他的《同情的本性》一书中所作的研究尤其值得注意，这是由于他对各种不同的个人间关系样式予以了概括，也因为他努力使意向性同情与认识同类存在的'他性'之需要达到平衡。"②

哈贝马斯也对传统哲学进行了反思，探讨了认识和旨趣（又译作兴趣）的同一关系。他认为从古希腊发端的传统哲学把理论"非价值化""把价值与事实相割裂"，形成了科学主义、实证主义传统，排挤了认识活动中的旨趣。所谓旨趣，在他看来，产生于生活世界

---

① ［联邦德国］施太格缪勒《当代哲学主流》上卷，王炳文等译，商务印书馆1986年版，第131页。

② ［美］弗莱德·R·多尔迈《主体性的黄昏》，万俊人等译，上海人民出版社1992年版，第2页。

的利益关系，表现为冲动和激情、主观意志等。他说："一般说，兴趣即乐趣；我们把乐趣同某一对象的存在或者行为表象相联系。兴趣的目标是生存或定在（das dasein），因为，它表达着我们感兴趣的对象同我们实现欲望的能力的关系。这就是说，要么兴趣以需求为前提，要么兴趣产生需求。"[1]他认为，由于"认识和生活世界的利益是交织在一起的"，因此，认识是与旨趣相一致的。他区分了"技术的认识旨趣""实践的认识旨趣""解放的认识旨趣"，认为只有在"解放的认识旨趣"中，即"在自我反思的力量中，认识和旨趣是一个东西"。他指出："自我反思能把主体从依附于对象化的力量中解放出来。自我反思是由解放的认识旨趣决定的。以批判为导向的科学同哲学一样都具有解放的认识旨趣。"[2]这表明，哈贝马斯已经从根本上反省了西方哲学传统偏于认识论的缺陷，并企图建立批判社会科学和哲学来加以修正。很显然，对旨趣或兴趣的发现，必然导致对认识论的突破，即对理解的另一面——同情的承认。但是，他仍然在传统认识论范围内，通过建立"认识的旨趣"的合法性来修补西方哲学，而没有把价值论提升到与认识论同等地位。因此，也就没有可能把同情和理解放在同等地位建立完整的主体间性哲学。

从解释学的角度，狄尔泰和德里达都意识到了同情是理解的前提，但这还不够，还应该说，理解也是同情的前提，而且理解包含着同情，同情包含着理解。这就是说，理解与同情具有不仅是解释学的，也是本体论的同一性。为什么这样说呢？首先，同情是理解的前提，理解是一种对话，而对话需要有参加的意愿，需要有对对

---

[1]［德］哈贝马斯《认识与兴趣》，郭官义等译，学林出版社1999年版，第201页。
[2]［德］哈贝马斯《认识与旨趣》，见洪汉鼎主编《理解与解释——诠释学经典文选》，东方出版社2001年版，第226—245页。

方的某种关注；否则，对对方冷漠、不关心，对话就无法进行，理解也无从发生。因此，理解的意愿就是一种同情。其次，理解必须进行"换位思考"，必须将心比心，这就包含着对对方价值的合法性的某种认同，这也就是说，理解的过程包含着同情。最后，理解不仅是对对方的了解，而且是对对方的宽容、认可，本身就带有价值多元的前提，因此理解的结果也包含着一种同情。这正如梅洛-庞蒂指出的："在同情中，我能把他人感知为和我一样多或少的赤裸裸的存在和自由。"①

另一方面，理解也是同情的前提，同情也包含着理解。首先，同情必须对对方有某种了解，知道对方的遭遇、处境，才能产生同情。对对方茫然无知，也就谈不上同情。其次，同情的过程是一种推己及人的换位体验，要假设自己就是对方，然后把自己的感受当作对方的感受，这也是理解的转换过程。最后，同情的结果是价值的认同，是把对方的价值当作自己的价值来体验，这本身也是一种理解。

由于现实存在的主客对立，理解与同情发生了分裂，二者并不完全同一。理解并不意味着充分的同情；同情也并不意味着充分的理解，它们之间存在着差距。理解偏重于客观的认知，成为解释学的基础；而同情偏重于主观的态度，成为伦理学的范畴。在哲学主体间性领域，理解与同情无法分离，二者是同样重要的，是一而二，二而一的，是达到超越的必要途径。审美是充分的主体间性领域，克服了现实领域理解与同情的分离，实现了审美理解与审美同情的同一。审美不仅仅是对审美对象的理解，同时也是对审美对象

---

① ［法］梅洛-庞蒂《知觉现象学》，姜志辉译，商务印书馆2001年版，第560页。

的同情。当我们体验到对象很美时,不仅仅是对对象的一种事实判断,而且是一种价值判断,康德的审美判断就是二者的综合。我们解释一个艺术品,不仅了解了它的意义,而且产生了对它的价值的认同,所以我们才有强烈的审美感动。对再现艺术和叙事文学作品的创作和接受虽然表达了对人的命运的审美理解,但同时也渗透了强烈的审美同情。对表现艺术和抒情文学作品的创作和接受虽然表达了对人生价值的审美同情,同时也渗透了深刻的审美理解。正是由于审美理解与审美同情的充分融合,才有物我一体、主客同一的审美境界,从而实现了充分的主体间性。

中国美学的审美同情理论与西方美学的审美理解理论,从不同的角度揭示了审美主体间性的内涵,因此都有自己的合理性。同时,它们又各自具有自己的局限,各有缺失。尽管现代西方美学注意了审美同情问题,但由于受认识论传统的影响,总体上仍然缺乏对审美同情的研究。同样,由于中国美学的价值论传统,中国美学缺乏对审美理解的研究。这种状况恰恰构成了一种互补结构。在中国现代美学的建设中,应该挖掘中西美学的思想资源,特别是重视中国美学的审美同情理论。这就是说,一方面要使中国的审美同情理论摆脱古典形态,脱离蒙昧性,具有现代意识;另一方面,要进行中国审美同情理论与西方审美理解理论的对话,使审美理解理论与审美同情理论之间互相补充,从而建构更为完备的主体间性美学。

(原载于《吉林大学社会科学学报》,2009年第1期)

现代性体验与美学思潮

在美学史上有各种各样的美学思潮,比如古典美学、现代美学以及后现代美学等,那么,一个相关的问题就出现了:这些美学思潮形成的历史动因是什么?性质是什么?本文认为,美学思潮得以形成的最根本的原因就在于现代性体验,而美学思潮的性质取决于对现代性的态度。

一、现代性体验的发生和发展

什么是现代性?现代性是一种比较前沿的理论,哲学、伦理学、社会学和文学都涉及现代性问题。这是因为现代性是现代社会的基本精神力量,是解释现代社会历史的最根本的理论。关于现代性,各种理论有不同的定义。如果不纠缠于现代性的定义,而是从大家普遍接受的共识出发,可以说现代性的核心是理性精神。什么是理性精神呢?它首先指人是世界的主体。在中世纪,人不是世界的主体,神是世界的主体,人是卑微的,只能匍匐于上帝脚下,人们用神的意志来阐释世界人生。在启蒙运动中,人们放弃了神学世界观,开始具备了主体意识。这个意识就是理性意识,主体依靠理性来认识世界、改造世界,如康德所言"人为自然立法"[①]。那么理性的内涵是什么呢?它包括工具理性即科学精神,以及价值理性即人文精神。工具理性主要针对神学以及迷信,它认为存在着客观规律,这个规律是我们可以认识并能够掌握的;它反对超自然的力量,比如神的意志等。工具理性大大促进了生产力的发展,使得封建社会进入资本主义社会。现代社会的另一个根基就是价值理性。价值理性承认人的主体地位,尊重人的价值,特别是个体价值。现代社会的意识形态都建立在价值理性基础上。价值理性与工具理性一道,推动了历史的进步,人类得以进入现代社会。

现代性一旦确立,就带来了生活方式的变革,这一变革终结了传统的生活方式,具有断裂性。具体地说,人类经历了两种生活方式,一种是前现代的生活方式,一种是现代的生活方式。在前现代社会,如西方的中世纪和中国古代的宗法社会,人们没有主体地位,个体不确立,依从神或家族、国家。在现代社会,人具有了主体性和自我意识,作为个体或者说"孤独的个体"面对世界。因此,海德格尔讲先行决断,萨特也讲自我选择。中国的情况与此不同,在中国,不是宗教,而是宗法礼教支配人们的生活方式。宗法礼教不同于西方的宗教,而是基于家族伦理建立的制度和意识形态。中国的现代性建立在对宗法礼教的反叛上,而不是对宗教的反叛上。鸦片战争之后,西方资本主义用武力打开中国大门,传统社会瓦解,新的生产方式和文化传入,中国也面临现代性问题。五四前后,中国从西方引进了现代性思想,比如"科学"与"民主",就是指科学精神和人文精神。借助于西方的现代性思想,启蒙运动摧毁了宗法礼教,打破了"王权神受"政治观念以及以孝道为基础的伦

---

① [德]康德《纯粹理性批判》,蓝公武译,商务印书馆1960年版,第136页。

理观念。但由于中国现代性与现代民族国家的冲突，以及建立民族国家历史任务的紧迫性，现代性的问题被搁置了，这就是所谓"救亡压倒启蒙"的根由。改革开放特别是20世纪90年代市场经济兴起以后，我们又重新面临现代性建设的问题。改革开放前，中国人依从集体、国家，市场经济确立后，个体独立，获得了更多的自由。不过，自由选择也带来了竞争问题，带来了风险和不确定性，由此产生了新的现代性体验。

什么是现代性体验？现代性体验就是人们对现代生存方式的一种根本体验。但是，不能说现代社会的日常体验就是现代性体验。在日常生活中，人们并未自觉意识到现代生存的意义，我们对此并没有一个真实的感受，而大多是按照意识形态或文化传统来看待世界。也就是说，我们是被"规训"的，没有进行独立的思考和判断。因此，日常体验并非本真的生存体验。用海德格尔的话说，在日常生活中，我们本真的生存意义被"遮蔽"了。那么，我们又该如何破除"遮蔽"，寻找本真的生存体验呢？齐美尔最先提出现代性体验的形式是审美。他认为："现代文化光怪陆离的现象似乎都有一个深刻的心理特点。抽象地讲，这种心理特点可以说是人与其客观对象之间距离扩大的趋势。它只有在美学方面才有自己最明显的形式。"[①]"艺术的根本意义就在于它能够形成一个独立的总体，一个从现实的偶然性碎片中产生的自足的缩影，它和该现实之间有着千丝万缕的联系。"[②]哈贝马斯也说过，艺术可以使人获得本真性的体验。艺术反思日常生活，超越意识形态支配下的日常体验，达到本

[①] [德]齐美尔《桥与门——齐美尔随笔集》，涯鸿等译，上海三联书店1991年版，第232页。

[②] 参阅[英]戴维·弗里斯比《现代性的碎片》，卢晖临等译，商务印书馆2003年版，第66页。

真的生存体验。这种艺术是高雅艺术，而不是感性化的大众艺术。高雅艺术作为审美体验，使我们进入自由的生存方式和体验方式，从而能够克服日常体验对生存意义的遮蔽，真实地体验现实，这就是现代性体验。但体验指我们内心的感受，属于非自觉意识，它并没有变成自觉意识。比如艺术家虽然有较为丰富的艺术体验，却不一定能够对此进一步反思，获得思想的自觉和理论的建构。而美学研究就需要通过反思把审美体验变成观念和理论。这即是说，通过对审美体验的反思，就获得了现代性体验的自觉，并且进一步形成美学、哲学思想。美学并非感性学，不是"好看好听"之学，也不是哲学的分支，它是"第一哲学"。哲学建立在对审美体验的反思上，而审美体验就是本真的体验，哲学思想不过是对美学的反思。因此，哲学家要是对生活没有足够的体验，仅只靠概念和逻辑推演，他就不是一个哲学家。海德格尔在后期也走向了审美主义，认为艺术可以揭示存在的意义，艺术就是存在的真理自行置入作品。

那么，现代性体验与美学思潮之间有何关系？美学史并非史料的排列，历史与人的观念有关，是人阐释的结果，当然它也要尊重客观性。无论是艺术史，还是美学史，其单位不能以年代或者朝代划分，应该以思潮为基本单位，艺术思潮和美学思潮打破了时间的自然性，使艺术史和美学史得以构成。不同的历史时期会有不同的艺术思潮和美学思潮。由于具有现代性的原发性，所以西方历史的发展具有连续性。就艺术思潮而言，文艺复兴时期为开端，随后产生新古典主义、启蒙主义、浪漫主义、现实主义、现代主义和后现代主义。每种思潮的发生都与现代性体验有关，要么是争取现代性，要么是反对现代性。哲学、美学思潮其实也不例外，也与现代性体验相关联。各种哲学、美学思潮是现代性体验的反思形式和不同阶段，也是艺术思潮的反思形式。现代性只有一个，并没有所谓的后现代性。但是现代性体验可以分为不同阶段。第一阶段是前现代性体验,指现代性还没有发生或实现的时候(文艺复兴至18世纪)人们是如何想象现代性的;第二阶段是早期现代性体验,指现代性发生、发展时期(19世纪至第二次世界大战前)人们对现代性的态度;第三阶段是后现代性体验,指第二次世界大战之后,现代性高度发展的时期,即所谓"后工业社会"人们对现代性的态度。在这三个阶段里,不同的美学思潮发生,大致对应着古典美学思潮、现代美学思潮和后现代美学思潮。

二、前现代体验:崇高精神与古典美学思潮

前现代性体验指现代性还未实现的时候人们对现代性的想象。欧洲从文艺复兴时期直到18世纪都属于前现代性时期。这个时期现代性虽然萌芽,但还没有实现,因此不仅要在理论上构造现代性,还要在实践中争取现代性。现代性的缺乏,促使人们渴望、想象现代性,而崇高精神就是这种体验的结果。在这个时期,理性取代了上帝的位置,科学精神和人文精神受到绝对的推崇。人们乐观地相信,只要实现了现代性,就进入了一个光明时代,获得了自由。与此对应,他们依据现代性理想,激烈批判封建主义和神权政治,并且反抗这个苦难的世界,充满献身精神。因而,大体而言,前现代性体验作为现代性想象,是一种崇高的体验。它肯定人的价值的伟大,憧憬光明的未来。为何用崇高来定义前现代性体验呢?因为人们之所以产生崇高理想,是因为社会生活中总是充满了苦难,需要弘扬崇高的献身精神来拯救人类。就哲学而言,前现代体验的反思产生了古典哲学(代表为英国经验主义哲学和德国古典哲学),它肯定主体性,高扬理性精神,比如康德哲学的先验主体性和黑格尔

哲学的历史主体性。就艺术体验而言，以建立现代民族国家（雏形）为历史任务的17世纪新古典主义艺术，以及以争取现代性为历史任务的18世纪启蒙主义艺术，多体现崇高概念。崇高就是这个时期的审美体验，就是一种对现代性（包括现代民族国家）的想象。就美学对审美体验的反思而言，人们突出了崇高这个美学范畴。康德在《判断力批判》中赋予崇高以很高的地位，认为美是道德的象征。如果说优美只是形式，那么崇高就是道德意识。黑格尔说"美是理念的感性显现"[1]，而理念就是理性，就是具有崇高感的自由精神。

　　就中国而言，前期的现代性想象也是崇高。中国的启蒙时期是五四时期，接受西方的科学精神和人文精神。五四以后，中国对现代性的接受发生了变化，从启蒙转向了革命。当时中国社会面临两大任务，一是启蒙，即争取现代性；一是救亡，即建立现代民族国家。本来二者并不矛盾，比如西方现代性的建立与建立现代民族国家就有一致性，但是在中国，二者发生了断裂。原因是中国的现代性来自西方，而不是源于本土。因此，一方面要争取现代性，就要学习西方，走西方科学、民主的道路；另一方面为了建立现代民族国家，就要争取民族独立，这意味着反对西方，反对现代性。于是，我提出了中国现代性与现代民族国家的冲突的思想。[2]由于建立现代民族国家的任务更加紧迫，建立现代民族国家的任务压倒了启蒙的任务，在五四时期，人们吸取辛亥革命的教训，试图只输入学理，不谈政治，从思想上改造人们的观念，然后再改造社会。但由于历史条件的变化，这一设想流产了。"巴黎和会"把青岛割让给日

---

[1] ［德］黑格尔《美学》第一卷，朱光潜译，商务印书馆1979年版，第142页。
[2] 杨春时主编《中国现代文学思潮史》上，南京大学出版社2011年版，第10—16页。

本，这个形势把救亡提到比启蒙更紧迫的位置上。于是五四启蒙运动终止，转向革命运动，而革命从根本上说是为了建立现代民族国家。尽管二者有冲突，但现代民族国家为现代性提供了政治实体，从这个意义上说，现代民族国家是归属于现代性范畴的。

从五四到革命成功这个时期，艺术思潮可以分为两种，即启蒙主义和革命古典主义。它们都可以归属于中国的古典美学思潮。五四时期的艺术思潮就是启蒙主义，它是争取现代性的文学艺术思潮。崇高精神鲜明地体现在郭沫若等人对现代性的想象和呼唤中，而鲁迅等人由于对国民性的失望，对封建主义的反抗充满了沉痛和愤懑，而少有崇高的形象（如《药》里面的夏瑜形象就隐而不显），这是由中国启蒙运动的特殊历史条件造成的。革命古典主义就是通常所谓的革命现实主义，它不是现实主义，因为现实主义批判资本主义，而革命古典主义的目的是为了建立现代民族国家，其源头是强调国家理性的欧洲17世纪的新古典主义。新古典主义经过法国大革命，演变为革命古典主义，十月革命后传到俄国，形成所谓社会主义现实主义，实际上就是新的革命古典主义。左翼文学时期革命古典主义传到中国，被命名为革命现实主义。毛泽东《在延安文艺座谈会上的讲话》使其合法化、中国化。1958年之后，革命现实主义进一步中国化，被规定为"革命现实主义与革命浪漫主义相结合"。"文化大革命"极端地发展了革命古典主义，形成了所谓"样板戏"和"三突出"等艺术规范。革命古典主义作为对现代民族国家的想象，依然是一种前现代性的体验，它充满了崇高精神。革命艺术描写浩浩荡荡的历史潮流，讴歌为革命牺牲的伟大英雄，这一崇高精神在"文革""样板戏"中得到充分体现。

五四时期接受的西方哲学不是现代主义的哲学，而是启蒙主义的哲学，如卢梭、伏尔泰以及康德、黑格尔和席勒等，他们都肯定主体性和理性精神。美学思潮也如是，主要还是康德和席勒的美学思想。五四前后的美学家主要是梁启超和蔡元培，他们都强调人的主体性和人的价值，这与康德哲学有关。蔡元培提倡以"美育代宗教"，这一思想来源于康德和席勒，因为康德和席勒认为审美可以把人从感性带到理性，审美是从现象到本体论的桥梁。梁启超的美学思想也与此类似，他试图借助于小说和艺术来改造人的思想，实现"新民"的启蒙任务。

20世纪80年代即新时期，我们面临的境况与五四类似，还是在争取现代性，艺术思潮也属于启蒙主义，如反思文学、伤痕文学和先锋文学等，它们控诉"文革"以及"左"的思潮对人的戕害，提倡个性解放，这是五四启蒙主义的延续。80年代的哲学也是启蒙主义的，马克思早期的著作《1844年经济学—哲学手稿》成为这一时期的主流。青年马克思受费尔巴哈人本主义思想的影响，肯定人的价值，认为社会实践推动历史进步，高扬启蒙理性精神。80年代的美学思想主要是以李泽厚为代表的实践美学占主流。实践美学直接发源于《1844年经济学—哲学手稿》，它高扬主体性，认为人通过实践改造自然，人的本质对象化于世界，美的本质就是人的本质的对象化。高尔泰在80年代也提出了"美是自由的象征"，这一思想源于黑格尔，强调人的自由，强调理性的崇高，体现了启蒙精神。

三、早期现代性体验：虚无化的焦虑与现代美学思潮

现代社会的发展应该分为两个阶段，即建立现代性的早期现代社会和现代性高度发展的后期现代社会。就欧洲而言，早期现代性时期指19世纪到第二次世界大战结束，在具体情况下可以延至20世纪60年代。这个时期的现代性体验不再是崇高，而是虚无意识导致

的焦虑。我想借助虚无化的焦虑来界定这个时期的现代性体验，它包含着各种不同的否定性的基本情绪，如畏、恐惧、孤独、绝望、荒谬等。在这个时期，现代性已经实现了，人们不再想象现代性了，而是真实地体验它。现代性作为一种崭新的生存方式，从某个方面说，是进步；但从另一方面来说，也是异化。这是因为现代性具有负面性，科学精神和人文精神也有阴暗面，产生了压抑性。在现代社会，人们不再束缚于宗教或家族，获得了个人选择的自由，但是这种自由也给个人带来了困扰，因为它意味着无所皈依和生存意义的虚无化。于是，理性的权威受到怀疑甚至否定，而这就导致一种虚无意识，而这种虚无化的生存就带来了现代性焦虑。1851年，法国诗人波德莱尔通过审美体验最早自觉地感受到现代性的病态："病态的大众吞噬着工厂的烟尘，在棉絮中呼吸，任由机体组织里渗透白色的铅、汞和一切制作杰作所需的毒物……这些忧郁憔悴的大众，大地为之错愕；他们感到一股绛色的猛烈的血液在脉管中流淌，他们长久而忧伤的眼光落在阳光和巨大的公园的影子上。"这是最初的现代性焦虑。他说道："现代性，是过渡的，短暂易逝的，偶然的，是艺术的一半，它的另一半是永恒和不变。"①

现代艺术不再想象现代性，而是开始批判现代性，从而一步步地否定理性，走向虚无。施莱格尔兄弟、夏多布里昂等代表的浪漫主义是反对现代性的第一冲击波，它反对城市工业文明，诉诸自然，回归古老的田园生活；反对工具理性，诉诸情感和想象，回归神秘的内心世界；反对世俗化，诉诸宗教信仰，回归中世纪和彼岸世界。这些都是对现代性的批判，而这种批判是以讴歌、美化前现代

---

① 参阅［英］戴维·弗里斯比《现代性的碎片》，卢晖临等译，商务印书馆2003年版，第21页。

性的方式进行的。现实主义是对现代性的第二次反叛,它批判商品社会中人性的贪婪和堕落,同情小人物的不幸命运。不过,现实主义虽然否定现实社会,但对现实的批判不彻底,因为它还相信人道主义可以拯救社会。现代主义彻底反叛现代性,认为人和世界都不是理性的,而是非理性的,人生没有意义。现代性体验是否定性的,它的本质就是一种由虚无感而产生的焦虑。浪漫主义的体验是怪诞,现实主义的体验是丑陋,现代主义的体验是荒诞,而荒诞源于虚无。浪漫主义、现实主义只是现代主义的预备形式,而现代主义才是充分的现代性体验。现代主义的代表人物加缪认为现实中一切都是恶心的,荒诞派戏剧、黑色幽默小说等也力图展示现代生活的荒谬。

就哲学方面来说,现代哲学批判理性主义,对现代性体验进行了反思。基尔凯格尔认为人的存在本质上是孤独的。雅斯贝尔斯也讲人的边缘体验,他们都认为绝望、恐怖等否定性的体验才是真实的生存体验。海德格尔的哲学也是对现代性体验的反思,他认为日常生活被闲言、两可充斥,是非本真的生存,而"畏"的体验使世界虚无化,从而能够领会存在的意义。萨特认为人作为自为的存在,意识具有虚无性,不得不进行选择,而这就是自由。自由不是主动获得的,而是必须接受的、命定的。加缪以荒谬概念建立了自己的存在哲学。他认为,荒谬是一种情绪,一种体验:"一旦世界失去幻想与光明,人就会觉得自己是陌生人。他就成为无所依托的流放者,因为他被剥夺了对失去的家乡的记忆,而且丧失了对未来世界的希望。这种人与他的生活之间的分离,演员与舞台之间的分离,真正构成荒谬感。"[①]

后期海德格尔在关于"本有"的论述中,提到了"离基深渊",

---

① [法]加缪《西西弗的神话》,杜小真译,三联书店1987年版,第6页。

它其实就是对现代性体验的论述。现代人的生活离开了存在，是异化的和非本真的生存。"离基深渊"的恐惧体验使人们超越日常生活，获得存在的意义。本雅明认为，现代社会高速发展，瞬息万变，人的自然情感"蒙受了耻辱""真正的现实滑向了功能领域，人间关系的物化，已不再对人间关系有所展示"①。因此，现代都市人的现代性体验是一种"震颤"的体验，"街上的行人在人群中具有的惊颤体验与Gren在机械旁的'体验'是一致的"②。由于理性权威的丧失，现代性体验使得哲学走向审美主义。审美主义相对于理性主义而言，它认为理性不是最高的价值，审美才能使人获得存在的意义。尼采认为艺术是生命的表达；海德格尔后期也走向审美主义，讲"诗意地栖居"以及"艺术是真理自行置入作品之中"。法兰克福学派认为艺术是否定性的体验，艺术不肯定任何现实，它批判一切现实，艺术是"大拒绝"。总之，他们都以审美主义反对主体性，反对理性，从而使美学负担起揭示虚无和超越虚无的重任，以消除现代性焦虑，为现代人构建精神家园。

　　就中国而言，五四之后，艺术思潮多元化，反现代性的艺术思潮是对五四的反动，它不仅包括浪漫主义、现实主义，还包括现代主义。浪漫主义如沈从文、废名的小说，它讴歌乡土的或者归返自然的生活，以反对现代城市文明。现实主义如老舍的《骆驼祥子》等，揭露和批判资本主义关系对人身体和心灵的毒害。现代主义艺术批判现代社会，反对理性的桎梏。李金发的现代派诗歌，新感觉派的小说以及穆旦的诗歌，都受到西方现代主义的影响，展现了现

---

① [德]本雅明《摄影小史+机械复制时代的艺术作品》，王才勇译，江苏人民出版社2006年版，第36页。
② [德]本雅明《发达资本主义时代的抒情诗人》，王才勇译，江苏人民出版社2005年版，第138页。

代城市文明的堕落和人的否定性的生存体验。不过，由于中国现代性的薄弱和后发性，这些现代主义并非典型，在批判现代性的同时，往往还带有对现代都市生活的迷恋和欣赏。

由于现代性的发生和发展，从新时期后期开始，产生了现代主义文学和先锋派艺术，它们都背离理性主义，对现代性展开了批判。自王朔和贾平凹之后，非理性主义发生，崇高精神消失。王朔的小说是痞子文学，贾平凹的作品是颓废文学，都是对崇高精神的嘲弄和丢弃。这是时代精神的反应，没有苦难的时代，就没有也不需要崇高了。

五四以后，哲学思潮转向现代主义，叔本华、尼采等受到追捧，它们逐渐取代了理性主义哲学。就美学而言，五四前就存在对现代性的反思，它体现在王国维的美学思想中。王国维美学的意义在于他第一个接受西方现代美学思想，并对现代性有所批判。他继承了叔本华的悲观意志哲学，也吸收了其审美消解意志的思想。他用这一思想解释《红楼梦》，以"欲望"来阐释人生的悲剧。

新时期后期和后新时期，市场经济兴起之后，再讲理性和大写的人已经没有意义了，"实践创造人的本质""美是人的本质的对象化"这样的观念与现实不再适应，哲学、美学不应该再停留在理性主义上了。在这样的历史条件下，尼采、海德格尔、萨特等现代主义哲学开始成为主流，主体性实践哲学退潮。在美学领域，后实践美学展开了对实践美学的批判，开始了中国美学的"第三次论争"。"第一次论争"发生于20世纪50年代，是在苏联哲学影响下争论美的主客观问题。"第二次论争"主要是80年代李泽厚实践美学与蔡仪反映论美学的争论。实践美学主要接受西方启蒙主义哲学，提倡理性和主体性；后实践美学主要接受西方现代主义哲学，如萨特和海德格尔，反思和批判现代性。后实践美学提倡审美的超越性和批判性，认为审美的本质不是实践决定的，不是人的本质的对象化，审美是超越实践、超越现实的，是自由的生存方式。第三次争论的结果是，打破了实践美学的一统天下，超越了古典美学，中国美学开始走向现代化、走向多元化。

四、后期现代性体验：虚无化的无聊与后现代美学思潮

什么是后期现代性体验？就西方来讲，第二次世界大战以后，西方进入后工业社会，科技发达，经济繁荣，社会稳定，多数人成为中产阶级。这是一个"平常"的时代，没有苦难，没有斗争，甚至连时间都停滞了，所以有人讲历史终结了。人们对此习以为常，既无痛苦，亦无激情；既不绝望，亦无希望，近乎麻木。

在一个物质充足、近乎没有苦难的社会，生活失去了方向和动力。对个体生存而言，苦难有其价值。没有苦难体验，也就没有幸福感。对社会而言，苦难也有其价值，没有苦难，也就没有崇高。崇高精神消失，人生也就失去了意义。依据古典时代的社会理论，现代社会实现了人们的理想，人们会生活幸福。但事实并非如此，物质生活的充裕不仅没有带来自由，反而使人面临更大的精神困扰，这个困扰就是难以摆脱的无聊情绪。那么，这个时期的生存体验是什么呢？我想用虚无化的无聊来界定。生存的意义丧失，无聊就会成为基本情绪，只不过它被后现代文化遮蔽，暂时消解了。虚无化体验在早期现代社会产生了焦虑情绪，在后期现代社会产生了无聊情绪。在后现代生存状况中，后现代文化的功能就是暂时性地消解无聊情绪，消费性的大众文化和刺激性的消遣娱乐成为最普遍的解脱无聊的方式。但这只是一种自我麻醉，是对虚无化生存的一种遗忘，并不能真的消除无聊，因为它没有寻找到生存的意义。后

期现代社会，艺术的观念发生了变化。本雅明关于现代艺术的观念带有后现代主义的倾向。他认为，现代性使个体失去了自律性，走向了他律。由于自主性消失，艺术失去了"光晕"，成为机械复制的产品。这种理论预示了大众文化排挤了精英艺术，占有了统治地位。通俗艺术有了广大的市场，它融入大众文化，无思想、无意义，其实是一种"价值的颠覆"。网络成为大众文化的载体，它的民间性、非理性特质，使全民进入无思想的狂欢，它解构着一切价值，填充空虚的心灵。但大众文化和通俗艺术并不是本真的生存体验，而仅仅是一种非本真的生存体验，因此也不能作为后现代性体验的真实形式，它只是遮蔽无聊的反面形式。但从根本上说，体验到无聊，就发现了虚无，就是一种生存的自觉，就有所批判，也就有超越的可能。精英性的后现代主义艺术，仍然具有超越性、反思性，它以日常化的形式展现了生活的无聊，从而达到了对生存的反思，揭示了后期现代性的本质。日本作家村上春树的《挪威的森林》描写一个"宅男"空虚无聊的生活和内心世界的挣扎，就是一种后现代性体验。

不同于古典哲学的理性精神，也不同于早期现代哲学的审美主义，后期现代哲学彻底否定理性，主体和理性都被身体性或他者性解构。早在叔本华那里，就指出了欲望主体面临着痛苦和无聊的循环。面对无聊的人生，有积极和消极两条哲学路线。积极的后现代哲学试图超越现实生存，寻求生存的意义。海德格尔后期哲学开始讲无聊，认为无聊和畏都是基本情绪，它使存在的意义显现。他的思想路线是回归存在—本有，以"天地神人"的游戏来获取生存意义。马里翁也认为无聊是生存的基本情绪，它使人们感受到他者的召唤，从而建立信仰。消极的后现代哲学则以身体性来消解无聊。福柯讲"主体死了"，主体只是权力构造的产物，因此他诉诸身体性，以抵抗理性的戕害。拉康对主体的欲望进行了解构，人的欲望总是他者欲望的欲望，因此，个人主体之"要"永远是伪"我要"。后现代主义哲学以及德里达的解构主义，认为没有什么固定意义，意义是延异的产物，因此真理或绝对的价值并不存在。利奥塔反对启蒙理性建构的"宏大叙事"，把历史拆解成个体欲望的小叙事。对意义的消解，确证了生存意义的虚无化，这是无聊的根源。

后现代美学成为无聊的肯定形式。身体美学也受到关注，福柯在后期主张通过审美进行"自我呵护"，抵制理性对感性和身体的伤害。这样，他就把审美变成了身体性的体验，消解了其精神性，当然也就消解了无聊。德里达的解构主义在美学上的表现是，认为没有所谓审美意义，主张通过对文本意义的解构，来获得解构的快乐。另外，日常生活美学的代表舒斯特曼认为审美就是身体的快乐，审美的崇高性和超越性丧失，美学成了消遣性的娱乐之学。这意味着后现代美学放弃了反思现代性的历史任务，不能揭示和批判无聊化生存的本质。

就中国而言，情况比较复杂。因为现代性的任务没有完成，比如政治体制改革滞后，市场经济也不健全，启蒙主义的任务没有完成。不过，由于已经处于市场经济中，现代性已经部分实现，因此也产生了对现代性的批判。受西方的影响，在现代主义发生的同时，后现代主义也已经出现。大众文化也具有了后现代的特征，大众传媒和消费艺术成为主流。后现代主义艺术走向身体性。中国后新时期艺术就带有后现代主义色彩。新历史主义小说解构革命大叙事，以个体欲望来书写历史。后现代主义诗歌描写苍白而无意义的日常生活。还有所谓卫慧、棉棉等的"身体写作""欲望化写作"，也是表现身体欲望，解构理性。而网络文化的兴起，更承担着以狂欢化消除无聊的社会功能。

中国后现代主义美学体现为几种美学主张：其一是反本质主义，它依据德里达和福柯的理论，否认艺术具有确定的本质。前些年，国内学界一直在讨论文学有没有本质这一问题。一些人依据后现代主义哲学，认为本质只是话语权力构造出来的，于是艺术也就没有了本质，只是一种历史性、地方性的知识。其二是身体主义美学思潮，它依据福柯的学说。依据古典理论，审美是精神性的，排斥身体性，而现在，人们认为审美带有身体性，就是感性欲望的满足，其精神性被身体性所消融。其三是所谓"日常生活审美化"的争论。一派认为日常生活已经艺术化了，不需要独立的艺术了，艺术的本质就是感性的快乐。这实际上是艺术消亡论。另一派认为日常生活审美化其实只是审美日常生活化，它是对审美的降格，审美应该是超越的，不应是商品化的。但中国的后现代主义美学往往是一种消极的后现代体验，它认同现实，为大众文化和通俗艺术的合理性论证，而缺乏批判意识。这就是说，中国的后现代美学还没有真正建立在对后现代性体验的反思的基础上。

五、超越后现代主义，建设新现代主义美学

很多人认为现代主义已经过时，被后现代主义取代，事实并非如此。现代主义有其缺陷，其理性主义倾向被后现代主义矫正，但这种矫正是矫枉过正，走向了非理性主义。一般认为当下后现代主义正处于兴盛期，其实它已经开始走向衰微。西方哲学已经意识到了后现代主义只有解构，没有建构，走向了虚无主义，而现代哲学提出的问题并没有得到解决。依据后现代主义，生活和价值都失去了意义，哲学和美学的真理性也会消失，这就走向了虚无主义。因而，后现代主义引起了反弹，西方哲学出现了"建设性的后现代主

义"潮流，它反对仅仅解构，主张应该去建构。当代美学建设面临的问题是如何超越后现代主义，以及面对后现代性体验——无聊，如何解决人的精神困境的问题。

笔者认为，必须越过前现代性体验，终结理性主义美学。理性主义不能解决现代人面临的生存困境。理性有其价值，但人不能凭借理性走向自由。科学促进生产力的发展，但科学破坏自然，毁灭人的生存家园，科学主义产生的不良后果逐渐被人认识到。人文主义有其价值，主体性确立，个性受到尊重，但是在原子式的个体存在中，人与人的关系疏远化，从而也使存在异化。因此，必须超越理性主义，走向现代性体验，从而获得反思批判的力量。既然焦虑和无聊是这个时代的真实生存体验，那么再讲主体性和崇高也就没有了意义，它不能解决现代人的生存困境。王蒙肯定王朔小说的价值，讲消解崇高，就是基于这种现代性体验。在中国美学理论方面，就是超越理性主义的实践美学，走向后实践美学。

既然回到理性主义不能解决精神困境问题，那么，后现代主义的身体性能否解决这个问题？笔者认为，回到身体性也一样面临困境。因为叔本华已经证明欲望是无穷的，欲望的满足只会导致无聊和产生新的欲望，从而陷入痛苦和无聊的恶性循环。身体性的张扬不会使无聊消失，只会产生新的无聊。而且，身体美学以身体性取代精神性，更导致了精神的荒芜，从而取消了生存的意义，走向虚无主义，使人类陷入万劫不复之境地，这种后果更为可怕。

那么，如何看待后现代主义对理性的解构？人生是否还有意义？如何获取生存的意义？古典美学的崇高不能提供生存意义，后现代主义也不能取消生存意义。

笔者认为，哲学探究存在的意义问题，存在决定了生存的价值。形而上学的存在论被后现代主义抛弃，后形而上学反对实体性的设定，有其合理性，但认为存在只是虚假的设定，抛弃本体论，却走向虚无主义。一旦取消存在论，美学就成了形而下学说，审美就会沦为消费性的、感性的活动。但是，这样的消解是否成功？难道人只是形而下的动物吗？除了现实需要外，人有没有形而上的追求？这些问题在现代主义美学中都已经提出，这就是如何超越现实生存，回归存在的问题。这个问题在现代主义那里没有得到合理的回答，主要是因为它没有摆脱主体性的束缚，因而招致后现代主义的否定。应该重新回到现代性情境中，改造现代主义，超越后现代主义，建设新现代主义美学。事实上，人们无聊的体验彰显了形而上的存在。无聊的体验之所以产生，就在于某种根本性东西的缺失，这就是存在的缺席。这也就是说，人的无聊体验可以使人获得更高的追求。如果人就是感性动物，人生只是衣食住行，人也就不会体验到无聊。动物不会无聊，因为它没有形而上的追求。相反，人却是这样一个生物，即使满足一切感性需要，他也会感到无聊。这表明人内在地具有形而上的追求，也证明有超越性的存在。存在并不是实体性的东西，后现代主义对实体性的批评是合理的，但却不能据此否定存在。在笔者看来，存在是我和世界的共在，它不是实体性的，它具有本真性和同一性特征，而审美作为自由的生存方式就具有了超越性和主体间性。美学的意义就在于证明审美作为自由的生存方式可以回归存在，也就是说审美真正是一种形而上的体验。在审美中，我们超越现实生存，存在的本真意义得以显现。在这种自由的生存和生存体验中，我们才能超越虚无，克服无聊情绪，获得存在的意义。

（原载于《天津社会科学》2015年第1期）

第三辑

文学理论

后现代主义与文学本质言说之可能

今天,后现代主义已经进入了中国的文学理论界,最近出版的几部文学理论教材证明了这一点。陶东风的《文学理论基本问题》,王一川的《文学理论》和南帆的《文学理论(新读本)》就是影响较大的后现代主义的文学理论著作。这几部论著运用解构主义理论,取消了关于文学本质的论说,代之以文学理论的历史描述;运用新历史主义理论,把文学理论还原为意识形态和话语权力的建构。这是一种值得注意的变化。一方面,它拓展了文学理论研究的新视野,打破了传统的文学研究的模式,特别是形而上学的本质主义的模式,从而与当代世界文学理论接轨,推动了文学理论的现代建设;另一方面,它也使文学本质的言说失去了合法性,文学理论的建构被取消,代之以历史的陈述,从而可能导致绝对的历史主义甚至虚无主义。因此,如何合理地接受后现代主义,并且在当代条件下进行文学理论建设,成为一个需要认真研究的重要的、现实的问题。本文认为,后现代主义的反本质主义,是基于对形而上学的本质主义的批判,那就需要对形而上学进行考察,以明确形而上学的本质主义是什么、后现代主义能够和已经解构什么、不能和没有解构什么,从而回答文学本质的言说如何可能的问题。

一、后现代主义消解了实体和文学的实体性本质

后现代主义消解了实体论的本质主义，从而瓦解了传统的形而上学体系，后现代主义的价值也在于此。传统形而上学是古典哲学的形态，它建立在实体观念的基础上。古代哲学研究的对象是与主体分离的客观世界，它相信在现象世界的后面存在着实体，实体是世界上万事万物的本质。因此，古代哲学首先确认实体，并且把实体当作自明公理，进行逻辑的推演，以揭示具体事物的性质。这就是"一决定一切"的形而上学及其思想方法。在形而上学的体系影响下，形成了所谓"本质主义"，即脱离具体的历史条件，寻求事物的绝对本质。形而上学的本质主义也体现在文学研究上面。传统的文学研究也是从所谓"世界的本质"即实体出发，来推演文学的本质。柏拉图认为理念是实体，因此提出了艺术是理念的再模仿的理论。亚里士多德认为实体是实在的物体（质料加形式），因此提出艺术模仿现实的理论。黑格尔认为实体是理念，因此艺术是"理念的感性显现"。这一切都植根于形而上学的实体论的本质主义。苏联文学理论提出了"文学是现实的反映说"，也是源于物质本体论，认为存在着物质实体，文学反映物质世界，从而是一种变相的形而上学的本质主义。

现代哲学抛弃了实体观念，进而摧毁了形而上学。洛克和休谟在经验主义的立场上否定了实体的存在。洛克认为一切知识都来源于直接经验，因此所谓实体是不可知的。休谟认为实体不过是思维产生的错觉，不存在超经验的实体。康德综合了经验主义与理性主义，认为认识只能把握现象世界，不能把握实体（物自体），把实体（物自体）列为信仰的对象，从而抽走了实体存在的根据。海德

格尔批判传统哲学，把本体论范畴"存在"错误地当作"存在者"即一种实体，而实体不过是一种虚构。分析哲学认为只有可以实证的命题才是有意义的，而关于实体、存在的论说都只是语言的误用，形而上学的问题只是无意义的假问题。后现代主义哲学更彻底地摧毁了实体观念。解构主义认为语言并没有确定的所指，而只是不断推延的"能指的游戏"，因此也没有终极的意义。新历史主义认为一切都是历史中的存在，是意识形态和话语权力的产物，不存在超历史的本质。总之，现代哲学认为，不是实体是否存在的问题，也不是实体能否认识的问题，而是谈论实体没有意义。这样，形而上学中所谓的实体、本质、绝对真理等也就被解构了。

后现代主义的积极意义在于消解了实体论的本质主义，即认为世界的本质是实体，实体决定一切现象的观念。在后现代主义哲学的影响下，传统文学理论也受到了致命的冲击。后现代主义终结了传统的文学理论模式，形成了以解构代替建构，以历史代替理论的新的文学理论模式。关于文学的本质问题的言说被废止了，代之以对特定历史条件下的文学观念以及它后面的意识形态、话语权力的考察。

后现代主义文学理论打破了形而上学的实体论本质主义，注重文学的历史性，揭示了文学后面的意识形态和话语权力。这些都是它的积极方面。对于中国来说，传统文学理论也存在着形而上学的实体论本质主义影响，因此后现代主义的引进，对于文学理论的发展具有积极的意义。从苏联传入的反映论的文学理论，认为文学源于现实，而现实是客观的实体，体现着客观的历史规律，因此反映现实的本质规律就是文学的本质。在这种文学理论的体系中，现实主义成为唯一合理的文学模式，因为它能够真实地、客观地反映现实。后现代主义的文学理论否定了客观实体以及作为其反映的真理的存在，文学成为一种话语形式，受到特定的意识形态的塑造。这样，就彻底地否定了反映论的文学观。同样，后现代主义文学理论也否定了主体性的文学理论。上世纪80年代，主体性文学理论取代了反映论的文学理论而成为主流，它主张文学是主体性的创造，体现着人的本质。这种文学观实际上把主体（人性或人的本质）当作实体，文学成为人性或人的本质的表现。后现代主义同样解构了主体性文论。它认为主体、人性或人的本质都不是独立的存在，而是意识形态、话语权力的构造。因此，文学也不是普遍、永恒人性的表现，而是意识形态和话语权力的构造。这样，后现代主义就彻底地推翻了主体性文论。对实体论本质主义的文学理论的批判，是后现代主义文学理论的历史贡献，它以极端的形式解构了旧的文学理论，为新的文学理论建构开辟了道路。

后现代主义文论像后现代主义哲学一样，也存在着理论的缺陷。首先，后现代主义特别是解构主义，不仅消解了实体论的本质主义，而且也取消了一切关于世界本质的言说。这样，在消解了绝对知识、终极真理的同时，也否定了一切确定的意义，认为一切言说都没有确切的所指，仅仅是能指的游戏；事物没有本质，不能言说事物的本质，这样就走向了相对主义和虚无主义。本文认为，虽然言语的意义不是绝对准确的、固定的，但也不是任意的、没有所指的，而是有一定的意义范围的。这是因为，一定的历史环境和语境，规定了言语的意义范围，因此才可以考察和言说事物的本质。当然，这个本质不是绝对的、超历史的，而只能是历史性的。这就是说，被解构的是实体论的本质主义，而不是历史性的本质言说。文学的本质问题也是一样，一方面不能把文学的本质实体化、绝对化，像形而上学那样寻找文学的绝对不变的本质；同时，也不能说文学无本质，放弃对文学性质的研究，甚至认为文学就是文化，没有什么特殊的文学性，导致文学取消论。应该而且可以在一定历史条件下考察文学的本质并形成文学理论，就像在一定历史条件下考察政治、道德等其他人文现象并形成政治、道德理论一样。这就意味着，不能回避关于文学本质的言说，尽管这种言说不具有绝对的真理性，只具有历史的真理性，但又必须对文学作出历史性的阐释，而不能仅仅以对以往的文学理论进行解构性的批判，并以此代替文学理论本身。

其次，后现代主义特别是新历史主义考察文化、知识的历史性，从而揭示其后的意识形态和话语权力，这是其深刻之处。但是，它的绝对历史主义又走向谬误。本文认为，事物既是在历史中变化的，具有历时性，同时又有超历史的共时性；绝对的历时性就像绝对的共时性一样是不可思议的。而且，把一切文化、知识都归结为意识形态和话语权力的构造，否定相对独立于意识形态的思想文化领域的存在（如科学、艺术和哲学等），又是另一种谬误。后现代主义文论也是一样，它既有深刻之处，也存在着偏颇。后现代主义文论认为文学没有所谓本质，只有随历史而变化的文学观念，而文学观念又是受到意识形态和话语权力支配和构造的。乔纳森·卡勒认为"文学就是一个特定的社会认为是文学的任何作品。"[①]这样，文学等于文化等于意识形态，甚至只是一种"惯例"，文学理论就是揭示文学的意识形态性和文学观念的历史性。这导致一种文学取消论，以文学以外的东西来解释文学本身，或者干脆取消文学本身。这不符合人们的文学经验，也不符合文学的历史发展。

---

① ［美］乔纳森·卡勒《当代学术入门　文学理论》，李平译，辽宁教育出版社、牛津大学出版社1998年版，第23页。

最后，更为重要的是，后现代主义否定了文学的超越性，也就是否定了文学的审美本质，这是本文要重点讨论的问题。

二、后现代主义不能消解文学的意义和超越性（审美）本质

后现代主义消解了实体，但没有消解掉意义，因实体已经转化为意义。意义与实体不同，它不是客体性的，而是主体间性的，是主体对世界的解释的产物；它不是超历史的绝对存在物，而是在历史中发生和存在的。同样，后现代主义消解了文学的实体性本质，但没有消解掉文学的意义。这样，文学的本质就可以理解为文学的基本意义。文学的意义是可以言说的，因为意义就是理解、阐释的成果。问题在于，文学的意义有不同的层次，对它们的言说也有所不同。按照后现代主义的观点，文学没有确定的意义，仅仅在历史中变化不定。而本文认为，在作为基础的现实层面上，文学具有现实意义，主要是意识形态。文学的现实层面是历史地变化着的，现实意义是历史性的意识形态。在这个角度上，也可以说文学没有超历史的确定的本质。在超越现实的审美层面上，文学具有超越现实的审美意义，也就是对生存意义的领悟，因此文学既具有历史意义，又超越历史意义，具有审美的超越本质。

后现代主义否定了形而上学，但不意味着取消了形而上学提出的问题。形而上学的存在，根源于人类对终极意义的追求。在现代视野之下，形而上学的终极存在物——实体被否定了，实体论的本质主义被推翻了，但人类对存在意义和终极价值的追求、追问并不随之消失。相反，它将永远伴随着人类的历史。因此，也将永远存在着一个超越性的领域，如此才有哲学、美学以及宗教的存在。海

德格尔批判了把存在等同于存在者的实体论形而上学，但同时又提出了自己的超越论形而上学，以回答"'存在为什么在'的在的意义问题"。在传统的形而上学体系中，本体界统领现象界，此岸服从彼岸，因此实体可以解释一切现象，这是西方式的天人合一。现代性发生后，天人分离，此岸与彼岸、现象界与本体界分家，本体界只是超越的领域，不再支配现象界，现象界后面也不再有实体，世界的实体性的本质被消解了。但是，由于超越性的领域仍然存在，因此，超越性的本质仍然存在，只不过它不再是现实世界的根据，而是对现实世界的超越。所谓超越性的本质，是指存在的终极意义，它超越现实存在，是对现实存在的反思、批判的产物。因此，反对形而上学的本质主义，并不是说世界没有本质，也不是说不能谈论文学的本质，而是说没有了实体性的本质，但仍然存在着超越性的本质，这个本质不再与现实世界具有同一性，不再决定和阐释现实事物的性质，而是对现实存在的超越，是对现实存在的反思、批判。这就是说，反对实体论的本质主义，主张存在论的本质主义，这才是对反本质主义的正确理解。后现代主义没有也不可能消解形而上学的问题和超越的领域，没有也不可能消解超越性的本质问题。超越的领域包括审美、宗教、哲学（这正是黑格尔确定的绝对精神的三种形态）等，它们是对现实存在的超越，是自由的领域。

那么，文学作为一种存在方式，其意义何在呢？文学的审美层面具有超越性，是对意识形态的否定性超越，也是对历史性的超越。从这个角度上看，文学有超历史的确定的本质，这就是审美本质。后现代主义哲学解构了形而上学，也否定了超越的领域，把一切都归结为意识形态和话语权力的构造，这是一种虚无主义。所谓超越，是生存的一种根本规定，生存不是异化的现实的存在，而是指向自由的超越性存在。因此，现实可以解构，但超越的领域不能解构，审美不能解构，因为对自由的追求不能泯灭。后现代主义文论否定文学的审美本质，否认审美的超越性、自由性，认为审美也是一种意识形态，也是一种话语权力的建构。陶东风这样批评所谓"审美的本质主义"："'审美'（其实质是艺术活动的自主性）本身即是一种意识形态，是一种历史的、社会的和地方性的知识—文化建构"①，后现代主义文论的要害就在这里。审美是一种意识形态吗？意识形态是社会价值体系，是特定阶级（主要是统治阶级）利益的体现，它具有现实性、历史性。道德、政治、法律等都是意识形态的形式。文学也带有意识形态的属性，这主要体现在文学的现实层面。同时文学也有超越意识形态的审美层面。审美作为自由的生存方式和体验方式，是对意识形态的超越。人类由于有了审美意识（以及其反思形式——哲学），才能够挣脱意识形态的束缚，获得精神的解放。文学的自律性源于审美超越性，审美虽然有现实的基础，但又超越现实，在历史的变化中保持着自己的恒定品格，从而使文学具有了独特的本质。

　　后现代主义认为文学是一种知识学的对象，审美也是一种知识—文化建构。这样，按照福柯的观点，知识即权力，文学理论也就成为一种权力的建构，文学的独立本质问题也就被消解。还有人认为，文学理论不仅仅是一种知识，还是一种价值判断，因为文学属于一种人文现象。但是，价值从属于意识形态，因此，文学本质问题又归结为意识形态的问题。这样，所谓文学的特殊本质就不存在了。本文认为，首先必须对知识、意识形态概念进行界定，不能想当然地把文学当作知识学的对象或意识形态的形式。知识是现代

---

① 陶东风主编《文学理论基本问题》（第二版），北京大学出版社2005年，第5页。

性的产物,从神学中分化出来科学(知识)、意识形态以及哲学、艺术等,因此,知识区别于超验领域的哲学、信仰、审美,也区别于经验领域的意识形态。文学确实具有知识学的意义,也具有意识形态的属性,因为文学具有现实层面和现实意义。但是,文学不仅仅是知识学的对象,文学理论也不仅仅是一种知识;文学不仅仅是一种意识形态的构造,文学理论也不能归结为意识形态的表达。这是因为,文学除了现实层面,具有现实意义,还有审美层面,具有超越性。审美作为本真的生存方式和生存体验方式,是对生存意义的领悟。在这个意义上,审美乃至于文学都不仅仅是一种知识—文化建构,不仅仅是一种话语建构,也不仅仅是一种意识形态的表达,审美乃至于文学超越了一般知识—文化体系,也超越了日常的话语体系,成为文化、话语的反思—超越层面。因此,优秀的文学作品不仅体现了某种意识形态,更为重要的是具有审美价值,而审美价值必然突破意识形态的局限,体现着自由的精神。例如《红楼梦》固然打上了那个时代的意识形态的烙印,但其审美价值却在于对意识形态的突破,表现在对传统人生道路的否定和抗争,对自由的向往和追求,对人生意义的质疑和追问。这一切都不能归结为意识形态,而是具有哲学高度的美学思考。

此外,后现代主义认为文学是语言的构造,语言没有确定的所指,话语只是权力的构造。因此,文学也没有确定的本质,也是一种意识形态的构造。问题在于,文学虽然是一种语言构成,具有一般语言的特性,但是,文学语言不同于日常(现实)语言,它把日常语言经过特殊的组织,变成了文学语言,从而消解了一般语言的局限,如能指与所指的对立等,成为自由的语言。同时,文学语言的表达也超越了现实话语,摆脱了意识形态的限制,具有了超越性的审美意义。海德格尔对诗性语言的论说,揭示了文学语言的审美性质。它认为诗性语言克服了现实语言的沦落,回归了语言作为存在的家园的本性。因此,文学作为语言不能仅仅归结为现实意义和意识形态,它超越了现实语言,也超越了现实意义和意识形态,成为存在的家园。

后现代主义消解了现实的实体性,但并没有消解了审美的超越性。西方现代哲学的审美主义的兴起,证明了这一点。审美主义是在现代性发生以后的一种批判性哲学思潮,它不再把理性当作终极真理,不再认为现实中可以实现自由,转而认为审美是最高的境界,是自由的生存方式。审美主义是对现代性的一种批判形式,是在此岸与彼岸分离后的一种超越途径。传统哲学不认为审美是存在的最高境界,只有神性或理性才是最高的存在形式。从文艺复兴开始,理性取代了神性的权威;而从席勒、叔本华以及尼采开始,理性的权威衰落了,审美成为最本真的存在方式,审美主义发生了。海德格尔、加达默尔、萨特、梅洛-庞蒂乃至福柯等,都在不同程度上、以不同形式走向了审美主义。审美主义的兴起,证明形而上学的问题并没有被取消,仍然存在超越的领域,也仍然需要美学的思考。因此,文学理论就超越了一般知识、意识形态,在一定历史水平上克服了话语权力的制约,而具有了哲学—美学的高度;关于文学本质问题的言说也就具有了形而上的意味。

当我们批判后现代主义的局限的时候,必须注意到,现代主义不仅仅是解构主义的一种走向,还有一种建构主义的走向——"建设性的后现代主义"。以大卫·格里芬等为代表的"建设性的后现代主义"在批判形而上学的基础上,更注重建构新的理论体系。它批判形而上学的主体性和主客对立,而主张主体间性以及人与世界的和谐共处;变启蒙理性的"祛魅"为"自然的复魅"。总之,"建设性的后现代主义"在批判了形而上学的实体论之后,并没有取消形而上学提出的问题,而是试图在现代哲学的基础上重新解答这些问题。这给我们提供了有益的启示。

三、文学本质如何言说

在后现代主义的语境下,文学本质的言说失去了合法性。后现代文论否认文学有特殊的性质,甚至认为"文学是什么"的提问没有意义,因为文学不过是一种话语建构。但是,后现代主义并没有可能取消文学本质的问题,因为正像一切关于知识的问题以及哲学问题根源于人们对于世界意义的追问一样,文学本质的问题根源于人们对文学意义的追问。这种追问本身是不能被解构的。因此,文学理论仍将存在,关于文学本质的问题也仍然需要回答,只是提出问题的方式和答案与以往有所不同罢了。

时下一些论者,放弃对文学本质的回答,代之以对关于文学本质问题论述的历史描述,以实践后现代主义关于文学本质是由意识形态决定的和话语权力的建构的思想。问题在于,以史代论并不能解决人们对文学意义的追问,它只能说明历史上的文学理论以及它们产生的社会文化条件,而不能告诉人们现在如何看待和评价文学现象。我们不能只是这样告诉人们:以往的文学理论是这样谈论文学的本质,这是那个时代的意识形态和话语权力的构造;但是我不能接着说下去了,我不能告诉你文学是什么,因为文学没有本质。我们也不能仅仅这样评价文学作品:无论是《红楼梦》还是其他什么作品,它们都一样,没有什么审美价值和艺术性的高低,都是意识形态和话语权力的产物。后现代主义仅仅从外部解说文学的性质,回避了文学理论自身演变的根据,这种解说就是不全面的。文学理论并不是由历史任意捏弄的泥团,而具有自身的规律。它除了适应外部社会文化因素外，还要发展理论自身，修正以往理论的缺陷，以更确切地解释文学现象，这是学术发展自身的规律。不能以文学外部影响取代文学自身的规律，相反，文学外部的影响要通过文学的内部规律起作用。因此，必须在历史上形成的文学理论基础上接着说下去。后现代主义以史代论，取消了关于文学本质的言说，但其前提是有此前的关于文学本质的言说，从而才有可能解构它，并作出文学理论的历史的考察。如果完全回避本质的界定，解构和历史考察也就失去了对象。可以设想，如果依照后现代主义，从现在开始，仅仅对文学理论作历史的考察，仅仅解构而不建构，那么从今以后就不仅没有新的文学理论体系，而且也将没有关于文学理论的解构对象和历史考察。这意味着文学理论的消亡，也意味着后现代主义的消亡。

关于文学本质的研究，首先必须改变问题的提问方式。传统的文学理论都是首先提出"文学是什么"的问题，而这种提问方式，预设了文学是一种客观的存在（与主体无关的文本），而且它具有实体性的本质。历史上对于这个问题的回答，或者从形而上学出发，寻找文学现象后面的实体性本质（理性主义），或者从经验出发，寻找文学文本的共同特性（经验主义）。第一种方式已经被解构主义所否定，第二种方式也走到了绝境。由于文学本身形态多样，特别是现代文学的反传统性，这种共同本质的寻求遇到了愈来愈大的困难。乔纳森·卡勒说："文学作品的形式和篇幅各有不同，而且大多数作品似乎与通常被认为不属于文学作品的东西有更多的相同之处，而与那些被公认是文学作品的相同之点反倒不多。"[①]

[①] ［美］乔纳森·卡勒《当代学术入门 文学理论》，李平译，辽宁教育出版社、牛津大学出版社1998年版，第21页。

这就为反本质主义提供了口实，包括所谓家族相似说、所谓惯例说乃至于取消文学本质的问题等等都发生了。必须首先解决文学理论提问的方式问题。在现代哲学看来，实体是一个虚假的概念，它已经还原为意义概念。文学不是实体性的存在物（例如文学作品），而是作为存在方式的文学活动，因此不是提出"文学是什么"的问题，而是提出文学是何种存在方式或者文学的意义何在的问题。这种提问方式的改变，实际上是哲学基础的改变，从实体论改变为存在论，也就是海德格尔说的，把对存在者的考察还原为对存在本身的考察。

　　本文认为，文学的本质是可以言说的。由于实体论转化为存在论、实体概念转化为意义概念，虽然文学没有了实体性本质，但仍然有基本的意义，这也可以理解为一种本质。文学是一种区别于现实体验的特殊体验方式，它具有特殊的意义，因此文学具有特殊的本质。从历史上看，文学的文本和文学的概念确实经历了不断的变化，因而可以说具有历史性。但是，问题在于，文学不是一种实体或者文本，而是一种存在方式，就是所谓文学活动。文学作品可以千差万别，但文学活动应该有统一性，文学的体验应该有共同性，文学的意义应该有一致性。古今中外的一切文学活动，都有别于日常活动，都有别于现实意义。如果这样理解文学，那么虽然现代文学有与古典文学非常不同的特征，因此作为形而上学的实体论的文学本质被解构了。但是，作为存在方式的文学本质却没有被消解，文学活动在历史中保持着统一性。人们在各种文学活动中都有某种特殊的生存体验，从而区别于现实的存在。在这种历史变化中，文学文本虽然流转不定，但其意义又有某种同一性，而这就被称作文学的本质。历史上的文学作品，至今并没有失去意义，那些经典性作品还仍然感动着我们。这就表明文学作为特殊的生存体验具有历史的连续性，也就存在着统一的文学的本质。

后现代主义仅仅承认文学的历史性，不承认文学的超历史性。因此，它们认为文学的本质只能是一种没有确定内涵的历史性的观念。本文认为，任何文学活动都既在历史之中，又超越历史，因为文学既有现实层面，又有审美层面。现代解释学认为文学解释是"视域融合"，即文本的历史视域与接受者的现时视域的融合，从而揭示解释的历史性。但是，加达默尔仅仅肯定文学解释的历史性，而没有意识到文学解释的超历史性。实际上，视域融合不仅仅具有历史性，而且具有超历史性。所谓"视域融合"就是对历史视域的超越；只有超越特定的历史视域（文本的历史视域和接受者的现时视域），才有可能接受历史文本。文学作为审美解释，更直接地超越了现实、超越了历史，进入超验的领域，充分地显示了自己的超越本质。

文学活动作为一种生存方式，同时也作为一种生存体验方式，其性质是确定的，那就是从现实存在到超越性存在的过程，是从现实体验到审美体验的过程。文学的本质就存在于这个过程之中。这个本质不是形而上学的实体性本质，而是超越性本质。由此，文学的意义也因此得到揭示，那就是从现实意义到审美意义的转化、升华。如前所述，文学有现实层面和审美层面（此外还有原型层面，此暂不论），它们各自的意义不同。现实层面与现实存在相联系，具有现实意义，核心是意识形态。审美层面与超越性存在相联系，具有审美意义，而审美意义是对生存意义的领悟。现实意义具有历史性，而审美意义具有超历史性。文学的意义是现实意义向审美意义的转化、升华，审美意义对现实意义的批判、超越，形成一种动态系统。

接下来的问题是，文学有各种不同的形态，它们的意义也有所区别，不能一律视之。这就要求我们具体地分析各种文学形态以及它们各自的意义，从而对不同文学的性质有不同的言说。大体上说，文学有三种基本的形态：纯文学、严肃文学、通俗文学。所谓通俗文学是指那些原型层面主导、突出消遣娱乐功能的文学。它主要具有感性意义，而意识形态意义以及审美意义不突出。所谓严肃文学是指那些现实层面主导、突出教化功能的文学。它主要具有意识形态意义，而感性意义、审美意义不突出。所谓纯文学，是指那些审美层面主导、突出超越功能的文学。它主要具有审美意义，而感性意义、意识形态意义不突出。

总之，本文认为，文学的实体论本质可以被解构，而文学的超越性本质不能解构，它仍然存在并可以言说。我们可以在一定历史水平上阐述文学的意义，形成关于文学本质的言说和一整套理论体系。这个理论体系既有历史性的因素，受到意识形态的支配；同时也有超历史性的因素，超越意识形态，是对文学的审美意义——生存意义的揭示。

（原载于《文艺理论研究》2007年第1期）

论文学的多重本质

以往关于文学性质的研究是一种本质主义的研究。本质主义认为事物只有单一、不变的本质。后现代主义反对本质主义，又走向反本质主义，这是另一种极端。我认为，文学的本质不是单一的，而是复合的，文学具有多重本质。现代研究方法已打破本质主义，认为事物的性质是多层次、多方面的，事物依据其不同层次和多方面的联系而有不同性质。本文借鉴结构主义方法，考察文学文本的结构和形态进而确定文学的多重本质。

一、文学文本结构的多层次性

事物的性质是由其结构决定的。研究文学的性质必须研究文学的结构。文学文本是由以下三个层面构成的复合结构。

1. 原型层面是文学文本的深层结构。所谓深层结构，就是不显现于现实中而又起作用的隐性结构，它区别于表层结构，被其所遮蔽，而又作用于表层结构。文本的原型结构与意识的深层结构——无意识结构相对应。深层结构往往是事物历史发展中前结构的转化形态。文学的原型是原始巫术。原始巫术瓦解后，作为深层结构存留于文化中，包括文学艺术中。文本的原型层面保存着原始意象，所以人类学家弗莱说:"原始意象即原型"。原始意象是原始巫术的产物,它是原始文化和原始意识的一些基本意象。这些基本意象既是认识世界的工具,又是原始情感的凝结,它积聚着巨人的心理能量。人类学家荣格认为,原始意象转换为各种现实的和文艺的形象。原型是在历史上形成的、在人类文化心理活动中不断重复出现的一些基本意象。这些原始意象作为原型出现在文学中,转化为文学形象。文学形象千姿百态,但却有基本的模型——原始意象。一些原始意象如母亲、父亲、英雄、神灵、魔鬼、太阳、月亮、高山、大海、鲜花、鸟、兽、春天、夏天、秋天、冬天……它们伴随着一些原始范畴,如和谐、崇拜、狂喜、恐惧、自卑、牺牲等。这些原型既存在于文化中,也存在于人的心理中。文学形象以升华的方式再现了这些原始意象,如正义与邪恶的斗争就有英雄与魔鬼斗争的原型。中国古代诗歌总集《诗经》中大量运用比兴手法,用花鸟起兴,而比附人事,如"关关雎鸠,在河之洲。窈窕淑女,君子好逑。"花鸟作为原始意象,甚至是图腾,往往象征着某些社会现象,具有普遍的意义,后来这些"兴象"在诗歌中转化为具有审美意义的文学意象。抒情文学以描写自然现象来抒发情感,也因为这些自然现象有原型意义,它蕴涵着人类普遍的情感。正因为文学形象表现了原始意象,才具有了超个体的普遍意义和动人心魄的力量。也许,我们为英雄而感动时,无形之中已经触动了人类的全部历史经验——从对普罗米修斯的崇敬到对后羿射日的景仰,使原始英雄意象升华为文学的英雄形象,因此才会有超常的情感力量。既有全人类的普遍的原型,也有每个民族的原型。一个民族的文学风格和传统,不仅由它的生活和文学实践决定,也源于它的文化心理原型结构。

文学的原型不仅来源于集体无意识和原始巫术,也来源于个体无意识和童年经验。人类的集体经验要通过个体经验才能保持，而个体经验则成为集体经验的重复。个体童年的经验会转化为个体无意识结构，从而成为人的深层心理结构。作家童年的经历会形成个体的原始意象，并且转化为文学形象。弗洛伊德认为文学形象是童年形成的原始欲望的转移，认为《俄狄浦斯王》就是人的童年时期"恋母憎父"情结的表征。弗洛伊德的理论既有合理性，又有片面性，它揭示了文学原型的个体形式，但把它狭隘地归结为性欲。其实，文学的个体原型包括一切童年生命冲动和生活经验。当然，其核心是性欲和攻击性，但表现形式是多种多样的。如现代主义作家卡夫卡作品中反复出现陌生的、强大的、异己的形象，这一方面是对资本主义异化的真实体验，同时又源于作家童年的经历。他对威严而缺少温情的父亲的惧怕和反感，他在自己的日记中透露了发现父亲一件不可告人的隐私而受到的精神创伤。父亲的形象成为他文学形象的原型。总之人类和个体童年形成的原始意象是文学文本的深层结构，即原型层面。童年经历形成的心理原型，是成人后文学创作风格的深层内核。

2. 文学的现实层面是文学文本直接呈现出来的表层结构，是文学语言的字面意义。从文本的角度说，现实层面是作品讲述的故事，包括人物、事件、环境以及现实的思想感情等，总之是文学的现实描写。它还保持着现实形态，没有升华到审美层面，因此还没有转化为文学形象。在现实层面上，文学展开了一幅现实生活的画面（叙事文学）或表达了现实的思想感情（抒情文学）。文学首先是作为现实形象存在的，然后才有文学形象的创造。文学的现实层面是基础层面，审美层面建筑在其上。

文学的现实层面与原型层面不同。原型层面是隐性的，不能直接观察到的，只有经过分析才能发现；现实层面是显性的，可以直接观察到的，它直接以感性形象呈现出来。原型层面是非理智的对象，它与无意识对应，而现实层面是理智的对象，是作家有意为之、读者自觉接受的。以《聊斋志异》为例，它虽然是一部志怪小说，但仍然有现实层面。这就是它的现实生活背景，现实的思想感情。作品中的神话故事仍然可以还原为现实事件。其实作家是通过神怪幻想来表达自己的现实态度和现实追求。这些都是可以直接、理智地把握到的。而原型层面则是作品所体现的对异性的渴望，这种渴望在现实中受到压抑，以神话幻想的形式表现出来。它不能直接地、理智地把握到，而只是非理性的体验。它在作品中不自觉地体现出来，甚至与作者的思想观念以及作品的现实层面相冲突。

文学的现实层面是文学与现实的结合部，体现了文学与现实的联系，是现实对文学发生影响和文学对现实适应的结果。从根本上说，它是现实体验的产物。文学既包含着审美体验，又包含着现实体验。现实体验是审美体验的基础。作家和读者的现实体验构成了作品的现实层面。文学的现实层面有客观和主观两个来源。从客观方面看，文学的现实层面是现实生活的再现。文学必须以现实生活材料构造文学形象物、事件、环境都来源于现实生活的折射。即使是神话或幻想的题材，也有现实生活的影子。如《西游记》里孙悟空、猪八戒、妖魔鬼怪等，虽非人类，但性格、思想、感情与常人无异，仍然是现实中的人的化身。在他们的身上体现着中国古代各种类型的人的特征。因此，考察作家生活、作品产生的社会环境、历史条件，可以了解作品的现实内容、社会意义。同样，通过作品的思想内容，也可以了解现实生活、社会环境。而从主观方面看，文学的现实层面是主体思想感情的表现。作家在作品中表达自己的人生态度、对现实的认识。文学形象不是纯客观的反映，而是作家世界观的体现。同样，对读者来说，作品也是自己现实体验的对象。因此，了解巴尔扎克的世界观，他的贫困生活、保皇思想、人道主义信念等，有助于理解他的作品；同样，通过作品所体现的同情下层人民、暴露金钱罪恶、谴责资本主义等内容，也可以了解作家的世界观。

3. 审美层面作为最高层次，具有支配性，它主导着作品的意义，使文学具有审美导向。所以文学创作虽然有原型层面，但不同于神话传说，不是白日梦；虽然有现实层面，但不是历史文献，不是新闻报道。审美层面使文学成为文学，具有了审美意义。审美层面与现实层面、原型层面的关系不是平列的、互不相干的，审美层面使原型层面升华，使现实层面转化，最终都处于自己的光辉之下。

审美层面虽然是文本的最高层次，但它又不是自然存在的，而是超验的、生成性的。这就是说，审美层面不是像现实层面那样的实体，它不直接呈现，不是语言的字面的意义，不是现实的描写。用现实的眼光来看，它不存在，存在的只是现实对象。审美层面也不像原型层面那样隐而不显，无法还原，只是精神分析的对象。如果说，现实层面是现实体验的产物，那么，审美层面是审美创造的产物，只有对现实层面进行审美体验，才能把它转化为审美层面，变现实意义为审美意义。在文学创作和文学欣赏过程中，最后的环节就是审美层面的创造。一旦脱离了审美体验，审美层面就不复存在了。总之，审美层面不是现实体验的对象，而是审美体验的对象。审美体验不是人的自然态度，而是现实意识的升华，因此，审美层面是超验的，有待于生成的。在这个意义上，美学家英加登认为文学有一个空白，需要主体的填充，这个空白就可以理解为审美层面。《红楼梦》在现实层面上叙述了三个故事线索：一个是贾宝玉与林黛玉的爱情悲剧，一个是贾府的兴衰荣辱，一个是大观园女性的命运。这些内容只具有社会意义,还不具有审美意义,因此它本身不是审美层次。但作品的审美层次就建筑在这些现实叙述上。《红楼梦》把这三条故事线索升华到生存意义的高度,得出了一个"空"字。这个"空"并不等同于佛教的"空",不是无情的"空",而是有情的"空"。它在对人生大彻大悟的同时,仍然饱含着对人生的眷恋、对爱情的执着、对女性的赞美、对传统人生道路的拒绝、对吃人社会的控诉。一旦达到对这些故事的审美体验,现实层面就转化为审美层面,审美意义就产生了。总之,文学具有原型层面、现实层面和审美层面,从而也就决定了文学具有相应的属性和意义。

二、文学形态的多样性

不同的文学形态突出了不同的属性,故可以把文学划分为三种类型:通俗文学、严肃文学、纯文学。由于文本有原型层面、现实层面、审美层面,因此文学也就具有了原型意义、现实意义和审美意义。而在不同的作品中,这些层次间的关系不同,分别突出了不同的功能,就形成了不同形态的文学类型,即突出原型功能的通俗文学、突出现实功能的严肃文学和突出审美功能的纯文学。不同文学形态间虽然有共同性,但它们之间的差别是非常大的。在现代社会,通俗文学地位上升,与严肃文学、纯文学分离,文学的功能和意义发生分化。不区分文学形态,笼统地谈论文学的本质和意义,是以往文学理论的疏漏,它已经不适应文学的现代发展。因此,我们必须注重对文学具体形态的研究。

通俗文学是原型层面起突出作用的文本,它以消遣娱乐为主要功能,并具有通俗性、大众化特征。现代通俗文学的前身是民间文学。民间文学也是通俗文学,但它是传统社会的产物,不具有现代性。民间文学的特点是，流行于民间大众（主要在农村），创作非专业化，经常是非个体化，以口传为主等。民间故事、民谣等是其主要形式，这是一种初级形态的文学。现代通俗文学，是在现代文明产生后发生的，它以市民大众为主体，是一种现代形态的文学，有专业化写作、商业化传播等特征。

通俗文学的基本特征是极度感性化和消遣娱乐性。一般来说，通俗文学的思想性往往不如严肃文学，审美价值不如纯文学。通俗文学的原型层面没有充分转化为现实层面和充分升华为审美层面，原始欲望只能以感性化的形式得到宣泄。因此，通俗文学往往涉及性与暴力题材，较健康的通俗文学多写爱情和武打、警匪、战争等内容；而不那么健康的通俗文学则多有色情和凶杀等描写。当然，通俗文学并不仅限于这些内容，要在通过对日常生活的感性描写，来宣泄人的生命欲求，从而达到消遣娱乐的目的。严肃文学和纯文学也要涉及性爱和暴力内容，所以才有"爱和死是永恒的主题"之说。但是，它们的区别在于，通俗文学对性和攻击性的表现虽然也要现实化、道德化、合法化，却是以消遣娱乐为目的的，因此是最低限度的；它受理性的限制较少，也没有充分审美化，有极度感性化的倾向。

通俗文学的另一基本特征是通俗化和大众化。通俗文学适应大众的消遣娱乐需要，因此思想内容较为浅显，形式较为通俗易懂，而又追求可读性，容易被文化水平不高、文学修养不深的普通群众接受。同时，它选取大众熟悉而又感兴趣的题材，很容易引起大众的共鸣。通俗文学的现实作用和审美价值可能不高，很难具有永恒价值，不会成为经典，但较之严肃文学和纯文学却有更广泛深厚的社会基础，更广大的市场。如金庸的武侠小说的流传之广，影响之大，非一般纯文学和严肃文学可比。在这个意义上，通俗文学是现代文学的主体，更适应市场经济，其繁荣是借助市场经济的发展实现的。

通俗文学的崛起，是文学现代性的一个重要表征。它既有适应社会发展和广大群众需要的积极意义，也有极度感性化、低俗化等消极方面。因此在西方，由于对大众通俗艺术的评价不同，发生了本雅明与阿多诺之间的争论。阿多诺认为，大众通俗艺术已经沦为文化工业，它已经磨灭了个性，丧失了艺术的"本真性"，不能满足人的审美需要，而只是消遣娱乐的对象，从而服务于资本主义意识形态。而本雅明则认为，"机械复制时代的艺术"使大众成为艺术的真正主体，并且能激励公众的政治热情。两种都有合理性，也都有片面性。它们对通俗文学的两重性各执一端，未能辩证地把握。

通俗文学的积极性在于其民主性，在传统社会，通俗文学有抵抗意识形态压迫，维护人的感性权利的作用，如中国传统社会的民歌、民间故事就有反抗宗法礼教的内容；欧洲文艺复兴时期的《十日谈》等通俗文学具有反抗宗教禁欲主义的作用。在现代社会，通俗文学更多地担负起减轻人的精神负担的功能，它通过消遣娱乐作用，满足这人的感性需要，从而减缓现代性（理性）的压力，使人的精神健康发展。

通俗文学的消极性在于其低俗性。低俗性在思想内容上的表现是极度感性化，它可能导致低级庸俗，甚至渲染色情暴力，诲淫诲盗，从而产生有害的社会作用。低俗性在审美上的表现是品位低，以虚假的趣味代替审美价值，从而降低人的文学趣味。对待通俗文学要尽量发挥其民主性，克服其低俗性，努力提升其思想性和艺术价值，使其健康发展。

在文学文本的三个层次中，如果现实层面起了突出作用，就形成了严肃文学。在文学史上存在着大量的严肃文学作品，特别是一些具有"美刺"作用的作品,就属于严肃文学。唐代的杜甫、元稹、白居易多有讽喻之作,如杜甫的"三吏""三别"就再现了安史之乱的社会面貌,只有强烈的认识作用和批判作用。当然,严肃文学也可能有很高的审美价值或者很强的消遣娱乐性,在严肃文学与纯文学之间也没有绝对的界限,如许多西方现实主义作品的审美价值就很高,甚至成为经典。严肃文学与纯文学、通俗文学的区别只是一种原则,严肃文学只是表明现实性相对突出而已。

严肃文学的长处在于它贴近现实、发挥社会作用,从而较直接地从生活中获取生命力。因此,只要人生活在社会中还有社会矛盾,人们就需要严肃文学,严肃文学就会存在。特别在社会变革过程中,严肃文学的作用更为突出,能够更充分地发挥其长处。

严肃文学也可能有自己的短处。与纯文学相比,它可能由于执着于现实问题而削弱了审美价值,即忽视了对生存意义问题的探索。这样,严肃文学虽然可能形成一时的社会热点,但随着社会的变迁,现实问题得到解决或发生变化,这些作品就可能被人们遗忘,从而失去社会意义。同时,严肃文学的意识形态性也可能具有某种偏执性,一旦社会意识形态发生变化,它就失去了合理性。还有,严肃文学与通俗文学相比,可能由于其过于严肃而缺乏可读性和趣味性,限制了接受的广泛性。但是,那些既有现实意义又有可读性、趣味性的作品则会获得广泛的社会接受。严肃文学的价值和生命力不仅在于它所关注的社会问题的迫切性,更在于其深刻性和普遍性以及它对审美价值的包容程度。

纯文学指审美层面起突出作用,审美价值为主的文学形态。它与通俗文学不同,不是以消遣娱乐性见长;也与严肃文学不同,不以现实性取胜,而突现了审美品格。纯文学的首要特征是审美超越性。纯文学在关注现实问题、干预现实生活方面可能不如严肃文学，但它却可以超越现实层面，触及更为根本的生存意义问题。纯文学对社会人生的描写，主要不在于说明、干预社会问题，而在于通过对人的命运的探索和对人的内心世界的发掘，揭示生存意义问题。因此，它具有了审美超越性，克服了严肃文学局限于现实问题，而在审美价值方面薄弱的缺陷，也克服了现实层面的意识形态偏执，达到了形而上的高度，并且给人以美感享受。《红楼梦》描写的是贵族家庭生活，对传统社会的矛盾、阶级斗争的描写显然不如《水浒传》直接、集中，因此现实意义要逊于后者。但它却通过对贵族青年人生道路的描写，探索了人生意义问题，而这个问题是人类永远在追问又难于最终解答的问题。在这个意义上，《红楼梦》的价值高于《水浒传》，也因此成为中国古代纯文学的典范。

纯文学的第二个特征是高雅性。与通俗文学相比，纯文学可能不那么通俗化、大众化，但却克服了通俗文学的低俗性，以高雅性见长。它有贵族文学传统的渊源，保持了超凡脱俗的品格。中国的纯文学形成于六朝时期，这是文学自觉的时期，其时门阀世族形成，社会演变为特殊的贵族社会。以贵族知识分子为主体的六朝文学追求形式的华美、思想的高深，打破了"饥者歌其食，劳者歌其事"的平民文学传统，创造了高雅的六朝文学，开创了高雅文学传统。纯文学的主体是知识分子，他们有较高的思想水平和文学修养，纯文学满足他们的超越性要求和审美趣味。因此，无论在文学形式的精致化上，还是在思想内容的深刻性、超越性上，纯文学都高于通俗文学和严肃文学。纯文学因此成为文学的最高形式，以其审美的超越品格和高雅性引领着文学前进。

纯文学和严肃文学，以及通俗文学的区别只是相对的，虽然在理论上可以作出定性的划分，但在现实中往往界限模糊。如《水浒传》是由民间话本经文人加工而成，可以划入通俗文学一类；但它有很高的现实性，又可归为严肃文学；又由于它有较高的审美价值，又带有纯文学的属性。

三、文学性质和意义的多重性

文本的多层次结构和文学的多种形态，决定文学意义的多元性。应该在文本的不同层面和文学的不同形态上考察文学的意义和性质。

文学的原型层面决定了文学具有原型意义。原型层面潜藏着原始意象，而原始意象凝聚着人的生命欲求、原始欲望也对应着人类文化的深层模式。这就是文学的原型意义。由于人类的基本欲望而导致的基本行为模式，不仅在原始文化中定型为文化原型，而且在文学中"移位"而成为文学形象。文学的故事千变万化，但基本的人类行为模式没有变化，这就是文学的深层结构。因此，揭示文学的原型意义即人类文化的深层模式就成为文学批评的任务。

揭示文学的原型意义就是所谓原型批评和精神分析批评，前者揭示文学的普遍的文化心理原型结构，后者揭示具体文学作品所蕴藏的个体深层欲望。在文学描写中，透过社会内容，可以分析出人类的原始欲望和个体的无意识表现，这就是精神分析批评。例如，对卡夫卡的作品进行精神分析批评，就可以探讨他童年时期与父亲的关系。由于他从小惧怕严厉、专制、暴虐的父亲，而又知道了父亲一个不可告人的隐私，产生了强烈的反感，受到了深深的心理创伤。这种童年形成的憎父心理与他对资本主义社会的反感结合在一起，在他的文学作品中就体现了对异化的现实世界的畏惧和反感情绪。如《城堡》中的土地测量员K和《变形记》中的萨姆沙，他们带有孤独感、恐惧感、软弱性、负罪感、虐待狂等"人类的普遍弱点"（卡夫卡语）。原型批评则揭示文学中的普遍文化模式。如原型批评家吉尔伯特·默里发现莎士比亚戏剧中的哈姆雷特的故事与古希腊英雄俄瑞斯武斯的故事有相似之处，老国王被王族中人谋杀、篡位、娶王后为妻，王子受到神示为父报仇，杀死篡位者，也导致王后即自己母亲的死亡。对这种情节相似的现象（过去的文学理论称为"情节的浮游"），默里考证说，这不是模仿，而是一种"种族记忆"，而所谓"种族记忆"实际上就是一种深层文化模式。

在现实层面，文学具有现实意义，即意识形态观念。虽然文学作品是作家思想感情的表现，但它又受到意识形态的制约。因此，文学的意义就不只是个人的意识，而是社会意识，在现实层面上具有意识形态意义。不管哪一种文学形态，都有现实层面和现实意义，都摆脱不了意识形态的纠缠。通俗文学虽然充分感性化，但也不可避免地受到意识形态的制约，具有意识形态意义。通俗文学一般要使自己的故事符合某种道德的或政治的社会观念，以使其合法化，也就是把感性描写纳入意识形态规范。虽然这种规范化是不充分的，无法消除通俗文学的感性性质，但也使其具有了意识形态属性。如《杨家将演义》以情节曲折取胜，但又表现了强烈的政治意识——忠烈观念。

纯文学也有现实层面和现实意义，因此也有意识形态意义。纯文学的审美意义就是建立在现实意义基础上的。审美意义不是凭空产生的，它是现实意义的升华。这就要求文学的意识形态必须与审美意义有所调适，即意识形态必须是进步的、合乎人道的。纯文学的意识形态往往以人道主义为基调，这是进步的意识形态。它克服了阶级的偏见，因此才能在此基础上升华为审美意义。托尔斯泰的作品贯穿着人道主义精神，充溢着对下层人民的同情，冲破了贵族阶级的偏见，因此才可能升华为审美意义。如他对妓女玛丝洛娃和被视为堕落女人的安娜·卡列尼娜的同情，就是基于人道主义思想的。当然，纯文学的意识形态观念可能与审美意义相冲突，特别是当它已经落后、僵化的时候，冲突就更明显，那么审美意义就可能冲破现实意义。

严肃文学的现实意义更为突出明显地传达着某种意识形态。它要干预现实，必须提倡某种思想观念，因此就有了明确的意识形态意义。如果说，通俗文学的意识形态意义由于其感性化而被削弱、纯文学的意识形态意义由于其审美化而被淡化，那么严肃文学的现实意义则较少受到感性化和审美化的冲击，因此其意识形态色彩更强烈。《子夜》的意识形态性是明显的，作者在作品中自觉地用马克思主义的阶级斗争观点分析中国社会，指出资本主义道路走不通，唯有社会主义才是中国的未来。

在文本的审美层面，文学具有审美意义。审美意义是文学的最高意义，它超越了现实意义。审美意义是对审美体验的反思，而审美体验是最高的生存体验形式，因此审美意义就是生存意义。文学不但要表达生命欲求和传达意识形态，还要探索人生的价值和真谛。这个形而上的问题，不仅是哲学研究的对象，也是文学反思的对象。生存意义问题表现为两个方面：主观方面即生存的价值问题，也就是说，人为什么活？人应该追求什么？怎样生活才有价值？客观方面即生存的真谛问题，也就是说，人生是怎么回事？人性是什么？什么样的生活才是真实的？这两个问题其实是一个问题的两个方面。叙事文学主要通过对人物的命运的描写，揭示生存的真谛；抒情文学主要通过主观情感的升华来体验生存的价值，它们同样是对生存意义的思考和解答。

文学的审美意义即生存意义问题是一个形而上的问题，它具有超越性。所谓超越性包括两个方面，一是超越现实意义，二是没有最终答案。生存意义问题的思考，必然超越科学和意识形态范围。科学是现实的认识（知性），意识形态是现实的价值观念，它们是被现实存在决定的，无法超越自身的局限，不能达到对现实的批判性思考，从而也无法回答生存意义问题。康德已经指出过，知性不能解决理性（本体）问题，否则就会陷于二律背反。道德、政治、法律等观念只是现实生存规范，而不是人生的最高价值。而审美意义则是人生最高意义的揭示。意识形态是一种阶级意识，历史性的意识，而审美意义则是人类的自我意识，它超越了历史的、阶级的局限，成为自由的意识。文学在现实层面有意识形态的现实意义，同时在审美层面又有审美意义。审美意义的产生，必须超越意识形态，克服其局限性，才能达到对生存意义的揭示。这就是说，审美意义是否定性的，生存意义不是现成的社会观念，它必须建立在对意识形态扬弃的基础上。托尔斯泰的《安娜·卡列尼娜》最初的意图是宣扬陈腐的宗法观念，婚姻是神圣的，破坏家庭是有罪的。作者企图通过安娜的悲惨下场来警示人们：违反这个信条是没有好下场的。但是，作品的审美意义却超越了意识形态的局限，它同情安娜的命运，肯定了她的勇敢选择，宣布了爱情高于婚姻，没有爱情的婚姻是不道德的。文学作品中往往存在着审美意义与现实意义的矛盾，而优秀的文学作品往往是审美意义突破意识形态的局限，体现了自由的意识。

审美意义的超越性还体现为它没有结论，而只是探索的过程。现实意义是确定的，因此也是有限的。而审美意义并没有作出结论，它只是否定一切现实观念，指向自由，而自由就是超越本身。因此，审美超越就是对现实意义的无化和对于真正意义的追寻。文学的审美意义就体现于这个超越过程中，它引导人去追寻、思考，而又不作结论。《红楼梦》否定了传统的人生道路，但并没有说明生存意义，它以宝玉出家来表达对现实的拒绝，并把现实人生归结为一个"空"字。但在这种悲凉之中并非一无所有，对爱情的执着、对纯洁女性的爱慕、对自由生活的向往，已经深深地铭刻在我们的心灵上，而这就是对人生的审美体验，就是对生存意义的揭示。正因为审美意义没有最终答案，生存意义没有最后结论，每个人才能作出自己的思考，文学才永远有生命力。

总起来说，文学的意义就是原型意义、现实意义和审美意义的复合。这种复合不是三种意义的平列和累加，而是系统的综合。文学的深层（原型）意义是生命欲求，表层（现实）意义是意识形态，超越的（审美）意义是生存意义。审美意义升华了原始意义，超越了现实意义，成为文学的最高意义。通俗文学的原型意义和消遣娱乐性突出，严肃文学的现实意义和意识形态性突出，纯文学的审美意义和超越性突出。运用结构方法研究文学的性质，也许可以克服本质主义的文学观的局限，在动态上、总体上把握文学作品的意义，从而把对文学本质的研究向前推进一步。

（原载于《学术研究》2004年第1期）

论文艺的自然维度

文艺是一个多层面的体系,包括原型层面、现实层面和审美层面。与之对应,文艺作为一种复合的生存方式,包括自然的生存方式、现实的生存方式和自由的生存方式。文艺活动首先是感性活动,感性活动一方面被理性制约,停留于现实生存,同时又挣脱现实领域而有两个取向,一个是升华为审美活动,一个是还原为身体性活动。这就是说,感性活动一方面升华为自由的生存,另一方面回归于自然的生存。因此,就后者而言,文艺就具有了自然维度和身体性。

一、文艺向自然生存的回归

文艺作为一种独立的生存方式,包括不同的水平。在身体性的水平上,文艺使人回归于自然,属于自然的生存方式。

原始人类的生存方式是自然的生存方式,它没有产生人与自然的对立、身体与意识的分离;理性还没有在发生,没有支配人,人是自然人。当然,这种自然的生存方式还具有动物性,还不是真正人的生活。原始人类的生活方式是直接的原始欲望表达,而不经过理性的矫正。原始欲望包括两个基本方面,一是性欲,二是攻击性即暴力倾向。在男女关系方面，原始人类是自然的、开放的，性欲没有受到理性规范的压抑。直至周代还有原始习俗的遗留，《周礼》记载："中春之月，令会男女，于是时也，奔者不禁。"（《周礼·地官》）在攻击性方面，则表现为原始时代的暴力崇拜，例如许多原始部落还遗留着"猎人头"作为成年礼的习俗，这项活动被视为勇武的象征。

在文明社会中，自然生存方式转化为现实的生存方式，人与自然对立，身体与意识分离，理性支配了人，人失去了自然天性，成为社会关系的总和。于是，身体被意识支配。欲望受到文化压制，人成为理性化的动物。这既标志着文明进步，也导致人的片面化，自由的天性受到限制。于是，人就有了挣脱理性束缚，回归自然天性的要求。中国古代的道家特别是庄子提出了回归自然的思想，但这个自然是无知无欲的、等同于鸟兽木石的自然，而不是真正的人的自然天性。卢梭提出了"自然人"理想，以反抗和消除理性对人的天性的扭曲。他认为这个自然是理想化的人性，是人的良心。尼采以身体性反抗理性，认为身体的强健和欲望的强烈是超人的特性之一。马尔库塞认为爱欲是人的本性，具有快乐原则，但被理性压抑了。因此他提倡"新感性"，以解除理性对感性的压制，实现人的幸福。福柯认为身体被权力所奴役，企望解除理性对身体的规训，呵护身体性。但在现实生存中，这种自然人的理想只是一种乌托邦，因为理性不可或缺，它使社会进入文明；自然不能复原，人不能再回到原始状态；而且感性也不可能摆脱理性而独立，理性始终制约着感性。

自然人虽然不能成为现实，但在文艺活动中，这一理想在一定程度上得到了实现。文艺是异质性的文化，使人摆脱理性桎梏，这不仅体现为审美超越性，还体现为向自然天性的回归。回归自然的愿望可以成为文艺创造的内在动力之一，它凭借文艺的想象力使人摆脱理性的统治，离开现实生存状态，向自然回归。这意味着人不用实际地摆脱社会而回归自然，而可以想象地脱离现实而回归自然。例如文艺复兴时期的《十日谈》，通过色情描写和情欲体验，反抗宗教禁欲主义，肯定人的自然性，并且回归自然的生存。

二、文艺活动的自然维度

在文艺活动中，由于解除了理性的控制，消除了人与自然的对立、身体与意识的分离。这种状态导致两种趋向，一种是趋向审美，审美把意识与身体同一起来，并且升华到精神的高度；另一种是回归自然，回归原始欲望。在特定意义上，文艺是原始欲望的转化形式：原始欲望或者转化为现实层面，或者转化为审美层面。但这种转化并不充分，还有一部分以极度感性的方式呈现出来。因此，在文艺活动中，特别是在通俗文艺中，不仅有现实的维度和审美的维度，还有一个自然的维度，它使人获得感性的解放，复归于自然天性。

文艺作为自然的生存方式，其自然性表现在文艺活动的极度感性化上面。由于解除了理性的限制，感性得到充分解放。这种极度的感性化使原始欲望得到释放，人复归于自然天性。文艺有两个基本的主题，就是所谓的爱与死，也就是性和暴力（攻击性）的文化形式，它们或隐或显地通过文艺描写表达出来，演绎成各种社会生活的故事。在通俗文艺中这两个基本主题表达得更为直接和鲜明，从而也就更直接和鲜明地摆脱了理性的控制而进入了自然性的生存。这就是说，文艺总是要涉及爱（以性欲为基础）与死（以攻击性为基础）这两个永恒的主题，并且总是以细致生动的描写表达原始欲望。通过文艺的欲望书写和身体经验的想象，人的原始欲望摆脱了理性桎梏，得到宣泄，从而获得了感官的快乐。感官快乐就是由于原始欲望的释放而产生的。理性原则与感性原则不同，理性原则是社会价值，感性原则是感官快乐。感官快乐是自然生存的本性，自然生存依据感官快乐的原则。文艺是原始欲望的想象满足，它产生了身体性的快感。文艺作为自然的生存方式，也依据感官快乐原则，产生了消遣娱乐性。这样，文艺就依据快乐原则而不是依据理性原则创造，从而使人在一定程度上摆脱了社会角色的限制，回归了自然天性，成为自然人。弗洛伊德提出文艺是原始欲望的泄导，在身体层面上是合理的。在一些带有情欲描写的作品中，由于偏离了伦理规范，让人在一定程度上获得了感性的解放，欲望获得了想象的满足。

文艺的自然性首先体现在文艺主体的自然化上面。现实的人是理性化的人，感性被理性支配，人成为理性主导的生物。于是，人的自然天性被文化改造，被理性压抑。而自然化的文艺主体则去除了理性的控制，复归于自然天性。在文艺特别是通俗文艺中，文艺主体可以不受理性压抑，自由地表达欲望，并且通过想象满足欲望，从而自由地享受感官快乐，真正成为自然人。

文艺的自然性也体现在文艺对象上面。现实世界是理性化的世界，它规训人，迫使人服从社会规范。同样，作为文艺对象的世界则是自然法则支配的世界，社会法则失效。它不再用理性规训人，而是成为欲望化的世界、感官快的对象。文艺中的情欲描写如（《金瓶梅》《肉蒲团》）和暴力描写（如武侠小说或警匪片），就很大程度上服从自然法则，而不是服从社会法则。它是欲望的世界，而非法理的世界。

当然，文艺的自然性导致向自然天性的回归，既有其合理性，也有其危险性。它一方面可以解脱理性的压抑，使人的心理获得平衡；另一方面也可能导致原始欲望的膨胀，从而产生反理性、反社会的危害。因此，对于文艺的自然性可能带来的危害要有所防范。

与作为自然的生存方式相对应，文艺具有了身体体验。身体体验属于文艺体验的深层结构。在文艺活动中，身体体验由隐到显，成为文艺体验的组成部分。

三、文艺体验的身体层面

文艺是一种回归自然的生存方式，也是一种自然性的身体体验，也就是说文艺体验具有身体性。所谓身体性是相对于意识性的概念，既是指区别于纯意识的肉身性，即没有脱离身体的感觉特性；也是指区别于社会性的自然性，其核心是原始欲望。人既具有意识性，也具有身体性，二者处于对立统一的关系中。传统的理性主义文论高扬了意识性而抹杀了身体性，把文艺归结为纯粹的意识，从而否定了文艺的自然取向。后现代主义文论批判了理性主义的身心观和文艺观，认为身体与意识是同一的，身体包含着意识；文艺的性质是身体性的。后现代文论主张把文艺建筑在身体性的基础上，并且要通过文艺来恢复被压抑的身体性。福柯建立了身体性的"生存美学"，认为主体被理性规训，身体受到压抑，因此要通过审美的"自我呵护"恢复人的身体主体性。舒斯特曼进一步提出了"身体美学"的概念，认为身体美学是"将身体作为感性审美欣赏与创造性自我塑造的核心场所，并研究人的身体体验与身体应用"[①]，这实际上是把审美当作身体的愉悦。身体美学为大众文化和

---

① [美]理查德·舒斯特曼《身体意识与身体美学》，程相占译，商务印书馆2011年版，第33页。

通俗文艺的合法性提供了理论根据，它们认为文化消费和文艺活动就是要满足身体欲望，获得身心一致的快感。后现代主义纠正现代主义的意识美学，肯定文艺的身体性，有其合理性。但它否认意识与身体的差异，以身体性吞没精神性，进而抹杀文艺的现实性和审美性，这就导致另一种偏向。它在肯定通俗文艺的同时，也抹杀了严肃文艺和纯文艺的价值，这是应该批判的。

身体体验是人类最原始的体验方式，它不是以脱离身体的意识把握世界，而是在意识与身体未分化的条件下以身体感觉来呈现原初的世界，以原始欲望来想象世界。《诗经》中的国风部分有许多性爱场面和性爱体验的描写，表现了那个时代还没有完全理性化的自然生存方式，也表达了那个时代没有完全理性化的身体体验。如：

> 野有死麕，白茅包之。
> 有女怀春，吉士诱之。
> 林有朴樕，野有死鹿。
> 白茅纯束，有女如玉。
> "舒而脱脱兮！无感我帨兮！无使尨也吠！"
>
> （《召南·野有死麕》）

身体和意识本来是同一的，但是在现实生存中，这种原始的同一发生了分裂，二者既有统一性也有对立性。后现代主义强调文艺的身体性，使身体吞没意识，在肯定身心联系的同时，也抹杀了身体与意识的区别。身体体验是最原初的体验方式，只是在现实生存中被意识化了。于是，如何还原身体体验成为一些哲学家的目标。梅洛-庞蒂指出知觉是最基本的体验活动，后来又提出了"肉身化"

理论，认为人与世界的本源关系不是意识与对象的关系，而是一种不分彼此的"肉"的融合。这实际上提出了身体体验是最原初的体验。舒斯特曼提出身体意识即"身体化的意识"："活生生的身体直接与世界接触、在世界之内体验它。"[①]但身体体验无法提纯，不能在现实中还原，因此这些理论都有空想性。但身体体验能在文艺（以及其他文艺）中实现，这是文艺的一个特性。文艺体验中既有意识的经验，也有身体的经验。这是因为文艺不仅是思想的活动，而且是身体的活动；文艺不仅引起思想情感，还引起身体的反应，是全身心的活动。文艺的描写要通过人的解读和想象而成为文艺形象，主体全身心地参与进去，也引起全身心的反应。所以瓦莱里认为，诗歌对人的影响是深层的，它引发或再造活生生的人的整体性与和谐性，"诗会扩展到整个身心；它用节奏来刺激其肌肉组织，解放或者激发其语言能力，鼓励他充分发挥这些能力。"[②]

　　文艺的身体体验不仅指其感官性，还有一个方面，就是说文艺体验深入到原型层面，成为一种原始欲望的经验。现实体验受到理性制约，只限于意识层面，展现的是一个理性化的世界（感性也受到理性制约），而不能展现身体经验中的世界，它与身体体验一道被排除了。原型层面中隐藏着原始欲望，它处于无意识状态，不能直接呈现，也不能直接体验世界。但是在文艺活动中，由于摆脱了理性制约，无意识得到解放，原始欲望得到充分释放，一方面升华为审美体验；另一方面也以极度感性化的形式突现出来，转化为身体意识，它与世界会通，即直接成为一种身体体验。文艺特别是通

[①] ［美］理查德·舒斯特曼《身体意识与身体美学》，程相占译，商务印书馆2011年版，第1页。

[②] ［法］瓦莱里《论诗》，见《文艺杂谈》，段映虹译，百花文艺出版社2002年版，第338—339页。

俗文艺可以在一定程度上突破意识形态的束缚，而表达了人的身体欲望，呈现出原始经验。这样，在文艺体验中，除了有现实经验和审美体验之外，还有一种身体欲望释放的快感和原始经验。这种身体体验与现实体验、审美体验混合在一起，不易区分。但是我们仍然可以把它们区分开来，因为身体体验是没有被理性化的，也没有被审美化的，保留着自然的本性。最基本的原始欲望包括性欲和攻击性，其他欲望都是其衍生的。在现实中性欲和攻击性被理性所规范、包装，不能直接成为生存体验的合法形式。而在文艺中，身体欲望被合法化，并且成为一种生存体验的直接形式，使世界成为原始经验的对象，从而具有了原型意义。文艺的身体体验是与感性经验沟通的，感性经验可以脱离理性管控而趋向于身体体验，并与之融合，从而成为独立的，具有意识性的身体体验。这样，文艺活动就给感性拓展出一个空间，使其充分发展，最终进入身体体验，并且让身体体验以极度感性化的形式来呈现世界。在身体体验中人成为自然人，不再是理性化的人；世界成为自然化的世界，不再是理性统治的世界，社会规范的桎梏被消解于无形。文艺中的性和暴力描写，虽然有所节制，并且进行了道德化的包装，但毕竟突破了理性规范，使人获得了一种身体经验。它把原始欲望从无意识领域中释放出来，以原始经验感受世界，产生了一种身体性的自然感受。

  在古典文艺理论中，身体体验产生的快感只是有待于升华为审美愉悦的低层次的感觉，但现代文论和后现代文论使得身体体验具有了独立性和独立的意义。巴赫金提出了"狂欢化"的理论，而狂欢化就是对文化规范的解构和原始欲望的释放，是破除理性非禁锢而向身体体验的回归。在民俗节日活动中以及通俗文艺中存在着消解理性规范、回归野性自然的现象，它产生了身体性的快乐，这就是狂欢化现象。狂欢化理论揭示了民间文化和通俗文艺中蕴含的反理性倾向，而这就是一种身体体验。后现代文论改造了巴赫金的狂欢化思想，把快感意识形态化，提出了快感政治的理论。它认为资本主义建立了生产快感的文化工业，使文艺具有了消费性，从而支撑了资本主义的意识形态。这样一来，文艺的快感具有了两重性。在《聊斋志异》中，通过对狐妖花魅与人的情爱描写，不仅产生了现实经验和审美体验，也有原始欲望的体验。它超脱了理性规范，表现了人的自然天性。在武侠小说中，主人公可以凭借武功横行天下、快意恩仇，不受王法制约；而所谓武功，不过是暴力的形式，在行侠仗义的旗号下，隐藏着攻击性的体验。因此，这是一个身体体验下的江湖世界，不同于理性统治下的现实世界。在民歌中，也更多地保留了身体体验，特别是那些大胆而火辣辣地表达性爱的民歌。

文艺的身体性和意识性，构成了完整的文艺活动，即文艺活动具有全身心性。文艺创作和文艺接受过程中不仅仅是意识的表达，也是身体的激动；不仅有理性的认知，也有欲望的体验。巴尔特认为，阅读带有身体性："阅读，就是使我们的身体积极活动起来……处于文之符号、一切语言的招引之下，语言来回穿越身体，形成句子之类的波光粼粼的深渊。"①

四、文艺的原型意义

体验及其反思产生了意义。文艺的身体体验决定了文艺具有原型意义。身体体验面对的世界与现实体验面对的世界不同，它以原始欲望感受和想象世界，使世界呈现为身体意象。所谓身体意象就

---

① [法]罗兰·巴尔特《S/Z》，屠友祥译，上海人民出版社2012年版，导言第3页。

是身体化的感性意象，是身体化的对象世界。这个身体体验的对象世界不是现实的律法世界，而是对应人的欲望法则的世界。身体意象是原始意象的现身。文艺的身体体验对应着原型层面，文艺的原型层面潜藏着原始意象，而原始意象凝聚着人的生命欲求，也就是原始欲望。人有两种基本的原始欲望，一为性欲，一为攻击性。弗洛伊德最先揭示了人的深层心理结构，他认为这是以性欲为核心的原始欲望。在童年时期，性欲以"恋母（父）情结"的形式存在，成年后被理智压入无意识，成为深层结构。无意识中的原始意象不直接表现出来，而是以做梦或文艺（白日梦）的形式得到宣泄或升华。一战以后，他目睹人类的残忍好斗，又提出了"死本能"来补充性本能。死本能实际就是攻击性，这是人类的另一种生物本能，也是人的基本的原始欲望。另一方面，荣格从"集体无意识"的角度揭示了人类的深层心理结构。性欲和攻击性作为人类两大本能和原始欲望，成为人类行为基本的深层动力，也成为文艺活动的原始动力和深层内容。在文艺活动中，尽管表现了广阔的社会生活，但最基本的内容仍然是爱情与死亡。它们成为文艺永恒的主题，而爱与死又是性欲和攻击性的文明形式。文艺的身体体验产生了身体意象，它是原始意象的呈现形式，是原始欲创造的世界，而不是理性创造的世界。许多文艺作品，特别是通俗文艺作品都展现了一个野性的身体意象。身体意象蕴含着身体意义，也就是原始生命力表现。对身体意象的反思就得出了文艺的原型意义。文艺的原型意义就是对生存的自然本性的揭示，是对感官快乐的肯定。

对严肃文艺而言，原始欲望被较充分的理性化了，它被道德的合法形式所抑制和隐蔽，因而不易被察觉。但它对社会生活的描写所呈现的感性意象，仍然包含着某种身体体验，这是原始欲望的转化形式，如爱情以性欲为原型；社会斗争以攻击性为原型。在严肃文艺中，原始欲望很少以极度感性化的形式呈现出来，更多的是以符合社会规范的形式表现出来，它的现实意义突出而原型意义不彰显。但严肃文艺仍然存在着原型意义，它往往比较隐蔽，需要我们的挖掘。例如莫言的《红高粱》，虽然描写了民间的抗日战争，具有现实内容，但也具有原型意义：表现了"我爷爷"与"我奶奶"之间的野性情欲，以及民间的尚未被理性消磨掉的原始生命力。

对纯文艺而言，原始欲望被充分净化、升华为审美理想，原始意象转化为审美意象，因此其审美意义突出而原型意义不彰显。但审美冲动仍然源于原始欲望，是原始欲望的升华。纯文艺以审美的形式升华了原始欲望。它之所以达到了自由的境界，正是由于原始欲望得到升华，从而消除了无意识与意识之间的冲突的结果。但是，纯文艺也不可能使原始欲望完全升华为审美意识，也会有部分转化为身体意识，尽管它受到了审美意识的限制。例如《红楼梦》，虽然讴歌了宝玉与黛玉之间纯洁的爱情和高尚的人生理想，否定薛蟠、贾琏式的蠢滥之物的低劣情欲，但在第六回中也有"贾宝玉初试云雨情"的性爱描写。

通俗文艺以极度感性化甚至非理性的形式，较直接地体现出文艺的原型意义。通俗文艺理性化和审美化的程度都不高，因此其现实意义和审美意义都不突出。它以充分感性化的描写，偏离了理性的制约，宣泄了人的原始欲望，故其原型意义突出。这就是说，感性意象较少地理性化，而较多地受到原始欲望的支配，故较多地体现了原型意义。通俗文艺的内容主要有两类，一个是言情，一个是打斗（武侠、警匪等），它们正是性欲和攻击性的宣泄形式。当然，比较健康的通俗文艺也对原始欲望进行了道德化，如情欲表现为爱情，攻击性表现为正义对邪恶的斗争等。即使如此，它仍然表现和宣泄了人的感性冲动。而不健康的通俗文艺则有渲染色情和暴力的倾向，以迎合人的原始欲望。通俗文艺的消遣娱乐性来自原始欲望的宣泄，有的是直接的，如关于性爱和暴力的描写；有的是间接的，仅仅表现为一种游戏的乐趣。娱乐性来自游戏，而游戏是原始生命力的释放。通俗文艺就是突出了娱乐性，成为一种游戏。

　　文艺的原型意义还体现于文艺中蕴涵的人类文化的深层模式。由于人类的基本欲望而导致的基本行为模式，不仅在原始文化中定型而成为文化原型，而且在文艺中"移位"而成为文艺形象。文艺的故事千变万化，但基本的人类行为模式没有变化，这就是文艺的深层结构。因此，揭示文艺的原型意义即人类文化的深层模式，就成为文艺批评的任务。揭示文艺的原型意义就是所谓原型批评和精神分析批评，前者揭示文艺的普遍的文化心理原型结构，后者揭示具体文艺作品所蕴藏的个体深层欲望。

　　人的现实经验受到意识形态的制约，人的感性经验和原始生命力受到压制。因此，它所展示的生活经验和文化形态就必然是不完整的、不全面的。而身体体验作为人类原始生命力的所在，影响、冲击着现实意识，改变着现实意义，使文艺所体现的现实经验一定程度上摆脱了理性的压制，充实了感性的内容，成为完整的、全面的生活经验和文化形态。所以，文艺所展现的现实生活才是富有人性的、有血有肉的生活，而不是意识形态化的、抽象的生活。在传统社会，由于宗教或者礼教的禁锢，生活是受压抑的，人的情感欲望不能得到实现。但是在文艺所描写的日常生活中，往往能够冲破意识形态的禁锢，大胆地描写情欲、讴歌爱情。中国文艺从《诗经》开始，就具有歌咏男女情爱的传统，甚至多有男女情色的描写，以至于为正统意识形态所不容，孔子说"郑声淫"，并且删改了《诗经》；后世文人对《诗经》中的感性描写也多有曲解。但这种感性传统不绝如缕，延续至今，充分体现了完整的人性。

五、文艺的原型意义与其他意义的关系

首先看文艺的原型意义与现实意义之间的关系。文艺活动一方面产生现实意义，受理性的制约；同时也以其原型意义消解现实意义，成为解构理性的逆向活动。文艺体验是生命体验的回归，而生命体验本身就是生命的冲动，包含着人的原始生命力。人的原始生命力的核心是性欲和攻击性，这种原始生命力具有非理性。它不顾理性的规范，顽强地实现自己。在现实生活中，这种原始的生命力受到理性的制导和压抑，不能充分实现，从而形成了理性与非理性的冲突。在文艺活动中，特别是在通俗文艺中，无意识被充分释放，表现为一种极度感性化身体性倾向。文艺描写往往以感性解放的形式导向非理性体验，它使感性解脱了理性的抑制，回归身体性。这种非理性体验成为对理性意义的消解过程。文艺的理性意义要求确立对原始生命力的约束机制，而文艺的身体体验又要求确立对原始生命力的解放机制，从而不知不觉间就会对理性意义产生怀疑、动摇、破坏理性意义。于是，在这个层面上，文艺的意识形态意义就被解构。比如《金瓶梅》的现实层面的主旨是通过对放纵情欲的恶果的揭示，宣扬礼教，达到劝诫的效果。但是，它在原型层面上又解构了这个宗旨，其性爱描写自觉不自觉地渲染了性爱的乐趣，从而消解了传统的禁欲主义的意识形态。文艺的原型意义总是肯定人的自然本性和权利。《包法利夫人》塑造了艾玛的形象，她由于性生活的苦闷而有了婚外恋，被社会所谴责和抛弃，成为淫妇形象。而作者的写作和我们的阅读经验却告诉我们，她是值得同情的，她的性爱追求是有合理性的，而那些道德规范却是压制人性

的。文艺非理性体验导致现实意义的消解,这实际上是文艺对理性化的一种矫正、约束。文艺对理性的解构功能的合理性在于,理性不是存在的全部,非理性同样是人的本质属性;对非理性的过度抑制可能导致生命体验的丧失和生命力的枯萎,因此需要文艺的非理性体验来平衡。在文艺实践中,文艺不仅仅建构理性意义,同时也进行自我否定,通过非理性体验来消解理性意义。这种解构作用平衡了理性与感性,避免理性异化,对人的自由具有重要意义。

原型意义与审美意义的关系有两个方面,其中一个方面是原始意象、原始意义作为原型被审美理想所提升,转化为审美意象、审美意义。如美学的两个基本范畴优美与崇高(壮美)就分别有性欲与攻击性的原型。两性作为最初、最直接的审美对象,性爱和攻击性作为审美的深层原始动力,对优美和崇高范畴的形成具有重要意义。这就是说,优美与爱欲、女性美相关,崇高与攻击性、男性美相关。康德认为,美与崇高两种审美范畴与两性的特点有关,男人的特点是崇高,女人的特点是优美。他还认为,优美和崇高与男女的不同的性欲对象相关,即男人喜欢女性的优美,女人喜欢男性的崇高。他说:"对异性的向往(我们总是以沉默来掩饰这一点)归根结底还是所有其他动机的基础。""人性中最精细、最生动的欲望恰好与本能相关。"[1]中国美学中早就有阴柔之美与阳刚之美、秀美与壮美的区分,而阴阳之分源于男女两性之别。

另一方面,原型意义对现实意义的消解,为审美意义的发生开辟了道路。这是一种否定之否定的过程:消解了现实意义,去除了

---

[1] [德]康德《对美感和崇高感的观察》,曹俊峰译,黑龙江人民出版社1990年版,第37页。

审美意义发生的理性障碍，留下的思想空间将被审美意义填充。例如，爱情小说以其感性描写，突破了意识形态的限制，消解了传统的道德观念；同时，感性欲望也得到升华，成为具有道德品质或审美品格的爱情。

（原载于《文艺争鸣》2018年第2期）

文学理论：从主体性到主体间性

一、文学主体性探索的历史回顾

20世纪80年代，中国发生了关于文学主体性的论争。这场论争突破了由苏联传入的反映论的文学体系，肯定了文学的主体性，认定文学是人的本质力量的对象化活动，从而建立了主体性的文学理论。应当说，这是对文学认识的重要深化，是中国文学理论的重大进展，其历史意义是不容低估的。但是，主体性仍然是前现代的哲学、美学和文学理论的命题，而不是现代的命题；它自身存在着重大的理论缺陷，不能有效地解释文学现象特别是现代文学现象。因此，中国文学理论需要进一步的更新，亦即由主体性转向主体间性。

主体性是近代哲学和美学的命题。出于呼唤社会现代性——理性精神的历史需要，西方近代认识论哲学高扬理性，肯定主体性。笛卡尔的"我思故我在"的命题，开始把存在的根基转到主体性上来。康德确定了精神活动的主体性，即通过先验范畴对客观世界的模塑，从而实现"人为自然立法"。黑格尔把理性客观化为绝对精神，以其统摄世界、推动历史，实际上仍然是倒置的主体性哲学。青年马克思在实践论的基础上建立了主体性哲学，强调社会存在的实践性质,即"人化自然"或"人的本质力量的对象化"。在主体性哲学的基础上,美学与文学理论也强调审美和文学的主体性。无论是康德、黑格尔,还是席勒、青年马克思,他们都把审美看作是人的本质的表现,是主体对客体的征服的产物。这种主体性美学正是近代启蒙理性的产物。80年代,正是中国思想解放的高潮期,启蒙理性成为学术思想界的主导精神,哲学、美学和文学理论都高举起主体性的旗帜,青年马克思的《1844年经济学—哲学手稿》成为新的经典。美学、文学的主体性理论继承了近代主体性哲学,如中国的主体性实践哲学便直接继承了康德哲学与马克思《1844年经济学—哲学手稿》中的思想。主体性哲学和美学、文学理论适应了建立社会现代性的需要,因为现代性从根本上说就是理性,而理性精神的核心是对主体性即对人的价值的肯定。主体性理论对传统反映论哲学、美学和文艺理论的冲击具有积极的历史作用,并且推动了中国哲学、美学和文艺理论的发展。但是,由于其理性主义的局限,它仅仅呼唤现代性,而没有达到反思、批判现代性的高度,因而是前现代性的理论体系。它肯定主体性,而没有意识到主体性的负面因素。在启蒙时代,它具有历史的合理性。但是,在现代性已经来临,需要对现代性进行反思、批判的时代,主体性理论的历史局限性就突显出来。

　　主体性哲学、美学的缺陷有:第一,建立在主客对立二元论基础上的主体性哲学不能解决生存的自由本质问题。主体性哲学把生存活动界定为主体对客体的构造和征服,导致唯我论和人类中心主义。由此形成的文学理论,把文学看作人的自我扩张和自我实现,而自我并不能成为文学的根据。第二,局限于认识论,仅仅关注主客关系,忽略了本体论,即存在的更本质方面——主体与主体间的关系。文学也被当作关于客观世界的知识,遗忘了文学与生活世界的关系；文学并不是一种知识，美学也不是知识学，而是一种生存体验和有关生存意义的学问。第三，主体性的认识论不能解决认识何以可能的问题。在主客二元论的框架内，客体不可能被主体所把握。而且，认识论和科学认知方法也不适用于精神现象，不能解决生存意义的问题，尤其不能解释文学活动，文学的审美意义和直觉想象、情感意志特征无法从认识论得到说明。正因为上述原因，在西方启蒙时代和在中国的80年代具有革命性的主体性理论，在西方现代和中国当代就已经或将要被新的主体间性理论所取代。

二、从主体性到主体间性的历史演变

西方哲学经历了由前主体性到主体性到主体间性（交互主体性）的历史过程。古希腊哲学是实体—本体论哲学，存在被看作是非主体性的理式（柏拉图）或物质实体（亚里士多德等），因而是前主体性的哲学。近代哲学是认识论哲学，存在的根据转移到主体性上来，因而是主体性哲学。主体性哲学也经历了先验主体性到历史主体性的转化过程。笛卡尔的我思，康德的先验理性以及黑格尔的理念都是先验主体。但黑格尔的理念既是逻辑主体，又是历史主体，从而开始了由先验主体性向历史主体性的过渡。马克思以及由狄尔泰、叔本华、尼采、柏格森等代表的生命哲学，都转向了历史主体性。现代哲学是主体间性哲学，存在被认为是主体间的存在，孤立的个体主体变为交互主体。胡塞尔在肯定先验主体性（先验自我）的同时，也提出主体间性概念，以摆脱唯我论的困境。而海德格尔则开始由历史主体性向主体间性（共在）转化。萨特虽然肯定了历史主体性，但由于自由选择的命定性，主体性已经成为虚无，在高扬主体性的同时也终结了主体性。加达默尔的解释学把解释活动看作一种主体间的对话和"视界融合"。哈贝马斯的交往理论把原子式的孤立个体转换成为交互主体。总之,现代哲学扬弃了主体性哲学而建立了主体间性哲学。在由主体性向主体间性转化的过程中,存在反主体性哲学的否定环节,如抹杀主体存在的结构主义以及以话语权力消解主体性的后结构主义等。

在哲学主体间性转向的同时,也建立了相应的人文学方法论。传统认识论和归纳、推理的科学方法,是与主体性哲学相适应的。人文科学的建立,打破了认识论和自然科学方法的统治。狄尔泰提出精神科学的特殊性问题,强调精神科学方法论与自然科学方法论的相异之处。如不是注重普遍规律,而是注重特殊情况即个性;不是外在的客观认知,而是对意义的体验和理解,这实际上把人文科学当作是主体与主体间的理解活动。柏格森、叔本华、尼采、克罗齐等重视直觉和意志、欲望体验;胡塞尔的现象学主张对精神现象采用理性直观的方法;解释学注重理解、对话等等,都表明人文科学方法论取代了传统认识论和自然科学方法论。总之,人文科学注重体验、理解,它是主体与主体间的对话、交往的途径。

应该说明,主体间性并不是对主体性的绝对否定,而是对主体性的现代修正,是在新的基础上重新确立更全面的主体性。主体间性也翻译为交互主体性,后一种译法更能体现它与主体性的关系,即不是反主体性,而是主体间的交互关系。弗莱德·R·多尔迈在《主体性的黄昏》一书中指出:"事实上,依我之见,再没有什么比全盘否定主体性的设想更为糟糕的了,因为真实的原因在于……我们无法采取一种有意宣布它无效的形式,来开辟超越现代性的通道。"①

---

① [美]弗莱德·R·多尔迈《主体性的黄昏》,上海人民出版社1992年版,第1—2页。

三、主体间性的含义

主体间性首先具有哲学本体论的意义。主体间性的根据在于生存本身。生存不是在主客二分的基础上主体构造、征服客体，而是主体间的共在，是自我主体与对象主体间的交往、对话。一方面，在现实存在中，主体与客体间的关系不是直接的，而是间接的，它要以主体间的关系为中介，包括文化、语言、社会关系的中介。因此，主体间性比主体性更根本。由此，人文学科就有了特殊的研究领域，即关注主体与主体的关系，把对象世界，特别是精神现象不是看作客体，而是看作主体，并确认自我主体与对象主体间的共生性、平等性和交流关系。另一方面，哲学范畴的生存，作为自由的存在，不是主体对客体的认识或征服，而是主体间的共在。世界只有不再作为客体而是作为主体，才有可能通过交往、对话消除外在性，被主体把握、与主体和谐相处，从而成为本真的生存。马丁·布伯认为，人持双重态度，由此有双重世界，即我—他和我—你两个世界。我—他之间是有限的经验、利用关系，只有转化为我—你关系，才是纯净的、万有一体之情怀。"人通过'你'而成为'我'"[1]，从而成为本真的存在。本真的生存不是现实意义上的共在，而是本真的共在。在本真的共在中，世界不是外在的客体（实体），而是另一个自我；自我与世界的关系不是主客关系而是自我与另一个我的关系，是我与你的关系，在我与你的交往、对话中和谐共在。主客关系中不能达到自由，只有主体间的存在才有可能成为自由的存在。主体间性作为本体论的规定是对主客对立的现实的超越。

---

[1] [德]马丁·布伯《我与你》，生活·读书·新知三联书店1986年版，第44页。

主体间性的第二个含义涉及自我与他人、个体与社会的关系。主体间性不是把自我看作原子式的个体，而是看作与其他主体的共在。西方近代哲学在肯定认识的主体性的同时，也发生了由群体向个体的转移，最后把主体看作是原子式的孤立个体。胡塞尔的现象学以意向性构造对象，最后归于先验自我。为了避免唯我论，他提出了主体间性理论。他认为主体性是指个体性，主体间性是指群体性，主体间性应当取代主体性。但是，胡塞尔对主体间性的理解有误。自我的存在方式是社会性的，即社会性存在的个体性。主体间性既包含着社会性，也包含着个体性。主体间性既否定原子式的孤立个体观念，也反对社会性对个体性的吞没。主体间性即交互主体性，它是主体与主体间的共在。主体既是以主体间的方式存在，其本质又是个体性的，主体间性就是个性间的共在。海德格尔指出："由于这种有共同性的在世之故，世界向来已经总是我和他人共同分有的世界。此在的世界是共同世界。'在之中'就是与他人共同存在。他人的世界之内的自在存在就是共同此在。"[①]只是在现实中，主体间性并没有充分实现，因此共在往往是对个性的限制。海德格尔认为有两种共在，一种是处于沉沦状态的异化的共在，这种存在状态是个体被群体吞没；另一种是超越性的本真的共在，个体与其他个体间存在着自由的关系。实存既是个体性的存在，又是本真的共在。因此，主体间性并不是反主体性，反个性，而是对主体性的重新确认和超越，是个性的普遍化和应然的存在方式。

主体间性还意味着特殊的人文学方法论。传统哲学认识论沿用自然科学方法论，注重归纳和逻辑推演，强调理性认识。胡塞尔批

---

① ［德］海德格尔《存在与时间》，生活·读书·新知三联书店1987年版，第146页。

判传统认识方法是"对象化的思维""自然的思维",而这种建立在主客对立二元论基础上的认识论,是不能解决认识何以可能的问题。因此,他主张用"现象学一元论"取代主客二元论,用现象学的理性直观取代"自然的思维"。应当把精神现象当作主体间的现象而不是主体面对的客体。如果把精神现象看作客体,就是把人看作物,就会像萨特所说的在凝视中把人客体化、异化,也就不可能真正了解对象主体。萨特说:"我们已知道,他人的存在是在我们的对象性的事实中,并且通过这一事实明确地体验到的。而且我们也已看到,我对自己的为他人异化的反应是通过把他人理解为对象表现出来的。简言之,他人对我们来说能以两种形式存在,如果我明白地体验到他,我就没有认识他;如果我认识了他,如果我作用于他,我就只能达到他的对象存在和他的没于世界的或然存在;这两种形式的任何综合都是不可能的。"①如果要免除萨特所说的自我与他人的对抗,必须把他人看作"你"或另一个我,以人对人的方式对待世界和他人。现代人文科学提出了重直觉体验和对话、交往的方法论,这种方法论是建立在主体间性的基础上的。把握人的方式与把握物的方式不同,后者是一般科学的(逻辑的和归纳的)方法,是外在的认知;而前者只能采用人文学的方法(如现象学、解释学对体验、理解的注重)。对人的了解不能凭借知识性的把握,因为人不是物,而是活生生的、有灵魂的,甚至有无意识的人。把人当作客体,采取认知的方法,比如根据其行为、历史进行判断,固然在科学意义上是合理的,甚至是必要的,但这并不是真正充分的把握,它不能理解人的内心世界。对对象主体要尊重、同情、设身处地、将心比心,通过互相倾诉和倾听的对话,进入对象主体的内心

---

① [法]萨特《存在与虚无》,生活·读书·新知三联书店1987年版,第396页。

世界，才能充分理解对象主体。同时，这也意味着自我主体向对象主体敞开了心灵世界，让对象主体理解了自己。

四、文学主体间性的意义

主体间性理论为美学、文学理论提供了新的哲学范式和方法论原则，从而也在新的基础上揭示了文学的性质。

文学主体间性的第一个含义是把文学看作主体间的存在方式，从而确证了文学是本真的（自由的）生存方式。传统的文学理论或者在认识论的基础上，把文学看作主体对客体的认识（认识论美学和反映论美学）；或者在价值论的基础上，把文学看作主体情感的投射（浪漫主义美学）；或者以实践论为指导，把文学看作主体对客体的征服（实践美学），总之，看作主体与客体间的活动。这样，就把文学对象客体化、非人化，并且把文学当作主体与客体对抗中主体的胜利（反映论美学除外）。这些观点除了反映论美学具有非主体性倾向外，都强调文学的主体性，而忽略了文学的主体间性。人的生存固然有现实性，要以主体性征服客观世界，但这不是本真的存在方式，也没有自由可言。因为在主客对立的情况下是不能达到自由的，只要世界还作为客体与人对峙，就没有自由可言。即使主体支配、征服了客体，也不能达到自由的境界。因为对世界的主体性霸权也表明主体的异化和不自由。只有当世界成为主体，与自我主体和谐共存时，才有自由的可能。文学不是主体对客体的构造和征服，而是自我主体与对象主体间的自由交往，和谐共存。在文学活动中，作家不是把自己的意志强加于世界，而是把社会生活由客体变成主体，即把现实的人变成文学形象，并与之共同生活；文学接受也不是对文本固有意义的认知或构造，而是读者把作品描述的世界由客体变成主体,并与之共同生活。在这里,文学对象不是死的现实或文本,而是活的文学形象;不是客体,而是另一个我。文学是一种生存方式,是自我主体与对象主体间的交往活动,即主体间的生存方式。

文学作为主体间性活动,与其他人际交往不同之处在于,它具有充分的主体间性,亦即哈贝马斯所说的"完整的主体间性",因此是本真的(自由的)生存方式。在现实生存中,囿于现实关系的狭隘性(比如利益需求),人与人不可能完全摆脱主体与客体的关系。他人在自我的眼里就成为有用或无用的客体,而不是与自我一样的人;而人类以外的世界则更成为利用的对象、死的客体。现实中即使存在着主体间性也是不充分的,因为现实的主体间的交往活动是不充分的、不自由的。由于没有彻底摆脱主客对立,不仅人与世界不能和谐相处,人与人也互相隔膜、冲突,主体面对着一个非人的世界,这意味着自我也被非人化了。主客对立的生存方式是不自由的、非本真的生存方式,而自由的、本真的生存方式必须有赖于主体间性的充分实现。只有在主客对立消失,主体间充分和谐的世界中,才有自由,才是本真的存在。

文学彻底克服了现实世界中主体与客体间的对立,把主客关系转变为主体与主体间的关系,从而进入了真实的存在。在文学的审美活动中,文学形象不再是与我无关的客体,而成为与我息息相通的另一个自我;并且没有自我与对象之分,最终与我合为一体,他的命运成为自我的命运,我们在共同经历人生。这种主客同一不是认识论的一致,也不是主体征服客体,而是在审美的理解和同情的基础上充分地交流以达到自我主体与对象主体的融合。这种充分的主体间性不仅体现在叙事文学中,也体现在抒情文学中。在抒情文学中,世界(包括自然界)已经不是客体,而是主体了;自我主体把世界当作人格化的对象主体，与其进行情感的交流，并且达到主"客"同一、"物"我两忘的审美境界，世界成为自我的化身。如此才会"见花落泪，见柳伤情"，才能创造出审美的意境。事实上，文学活动就是一个由主体性到主体间性，或者说由不充分的主体间性到充分的主体间性的转化过程，也就是主体性被克服和超越的过程。我们一开始是把文学形象当作客体，就像在现实生活中把他人或世界当作客体一样；同时还保留着主体性和自我意识，即以一种外在的立场在"看"文学形象。但随着文学活动的深入，我们就逐渐进入文学的审美境界，自我消失了，进入文学形象之中了，自我意识变成了对象意识，我自身就成为文学形象。同时，文学形象的客体性也消失了，成为另一个主体，并且通过与自我的交谈进入自我之中，对象意识变成了自我意识，文学形象就成了自我的化身。这时，主体不是在"看"文学形象，而是与文学形象共同成为文学活动的主体，进入新的生活。

　　文学主体间性的第二个含义是，文学不是孤立的个体活动，而是主体间共同的活动；文学不仅具有个性化意义，还具有主体间性的普遍意义。这就确证了文学是自由个性的创造。主体性文学理论的一个致命弱点是不能解决个性与社会性、自我与他人的关系问题，它带来了这样的问题：如果文学是原子式的孤立个体活动，那么文学经验如何沟通？如何形成共识？而事实上文学的意义既是个性化的，又是可以互相传达的；文学除了具有个性意义外，还具有普遍意义。那么，原因何在呢？原因就在于文学是主体间性活动。文学活动中的自我不是孤立的个体，而是共在的自我。自我必然与他人进行文学经验的交流、沟通，从而形成了某种共识。这种共识（共同的审美理想或审美规范）成为自我的前理解，参与了当下的文学活动。文学的理解不仅源于自我意识，也接受了他人的影响。

因此，文学作品的意义不仅是自我与文本间对话的直接产物，也与其他主体的文学实践相关；文学经验不仅仅是个体性的，而且是社会性的。传统文学理论强调个性，这无疑具有合理性，因为文学归根结底是个性化活动。但是，文学作为个性化活动又必须有其他主体的参与。文学活动具有社会性，是社会交往的产物和特殊形式。正是由于文学活动是主体间的活动，才存在着共同的文学理解，才能进行文学经验的交流和沟通。这就意味着，文学的创造和解释的有效性、合理性存在于主体间性之中；文学不仅仅有个性化意义，也有社会、历史的标准。传统的文学理论，或者强调文学经验的绝对主观性、个体性，否定共同经验和可交流性；或者强调文学经验的绝对的客观性、共同性，抹杀文学经验的主观性、个体性。主体间性文学理论则认为文学是主体间的活动，文学经验是在主体间的交流中形成的，是一种共在的经验，因此既不是纯主观的、个体的，也不是纯客观的、共同的。

但文学主体间性的特殊性在于，它不仅包含着个体性与社会性，而且还消解了二者的对立，达到了二者的同一。在现实世界中，由于主体间性受到主客关系制约，因此个性与社会性对立，社会性压制个性。但在文学中，文学主体超越了现实主体的局限，变现实个性为审美个性，即解放了的、充分发展的个性形式。充分发展的个性之间的关系是充分的主体间性，它不但不限制个性，而且成为个性实现的前提和手段。文学越有个性，就越有审美价值，从而就越有普遍性。文学既是主体间的充分交流、沟通，也是个性的充分发展。每一个作品作为审美个性的体现，都是独特的，同时又具有最大的可沟通性，它向一切主体开放，获得了最普遍的理解。最优秀的文学作品，都获得了最普遍的认同，同时每个人又保留着自己最独特的理解。在这个意义上，文学是自由个性的创造，是开放的个性化体验。

　　文学主体间性的第三个含义是，文学是精神现象，属于人文科学研究的对象；文学通过对人的理解和同情而达到对生存意义的领悟。传统的文学理论基于认识论，把文学当作低级的感性认识，或当作与科学认识并列的形象思维。这样，就把文学当作一种知识体系，抹杀了文学的精神性。不论是主体构造客体的认识论还是主体反映客体的反映论都难以解释文学活动。只有把文学看作是精神现象，归属于人文科学，用人文科学的方法研究，才能真正确证文学的审美本质。文学作为精神现象，与科学认识不同，它不是面对客体世界，而是面对主体世界；不是对物的把握，而是对人的理解和同情；不是关于客观世界的知识，而是对人的精神世界的体验。文学不同于一般的认识活动，它不使用概念，不进行逻辑推理，它是审美体验即直觉想象和情感意志体验，是主体与主体间的最充分的沟通、理解方式。因此，文学研究方法不是认识论，而是解释学和现象学。只有在文学的理解和同情中才能领会作品的意义，进而把握文学的本质。

　　文学把人当作对象，沟通了自我与他人，充分地实现了对人的理解。理解人不能采用科学认知的方法，科学认知通过归纳和推理，达到对客体、物的把握。要理解人，必须深入到其内心世界，这只有通过推心置腹的对话，设身处地，将心比心，达到同情的体验才有可能。在现实中，由于人与人的关系基于利益原则，不能摆脱主客关系，因此不可能真正互相理解和同情。文学不是对客体的认知，而是对人的真正的理解和同情。文学活动是自我主体与文学形象间的对话、交流。此时，自我转化为审美个性，而不再是冷漠的现实主体，它以最大的诚挚和最深切的同情对待文学形象，倾听文学形象的述说；同时自我也向文学形象敞开了心扉，倾诉自己的最隐秘的渴望。两个主体都把对方当作知己，充分地理解和同情对方，也就是充分地理解和同情人。在日常生活中，你也许对贵族少爷与小姐的爱情和苦恼不感兴趣，但在阅读《红楼梦》时，你却不能不为贾宝玉、林黛玉的爱情悲剧所打动，不能不为他们的人生追求而思考。因为你已经不再把他们当作与己无关的客体，而是当作最亲近的知己，关心他们的命运，同情他们的遭遇，理解他们的苦恼；同时自我也在向他们倾诉自己的人生追求和内心的苦恼，与他们共同体验人生，他们成了另一个自我，是自我在谈恋爱，在为人生苦恼。

　　文学主体间性不仅是对对象主体的理解和同情，也是对自我主体的理解和同情。人类自脱离原始存在以来，就受到社会关系的制约，处于异化的生存状态，丧失了自我。于是，寻求真正的自我、认识自我就成为一个终极的追求。但是，自我并不是孤立的实体，它与其他人已经纠缠在一起，无法截然分开。这就意味着只有通过对他人的认同才能达到自我认同。在现实世界，由于受到主客关系的制约，不可能实现主体间的互相认同，也就不能实现自我认同。当你把他人看作客体时，自己也被物化，也不可能真正地认识自我。人类在现实生活中既不了解他人，也不了解自我，也就是说，不了解生存的意义。对自我的了解不是通过笛卡尔式的自我意识获得的，而是通过主体间的交往、理解获致的。文学作为充分的主体间性活动，自我体验与对象体验就合二为一，不仅使自我与他人互相理解和同情，而且也获得了自我意识。在文学活动中，自我主体与对象主体间并无隔膜，而是通过充分对话和同情的体验达到充分的互相理解。自我在文学形象展示的命运中也看到了自身的命运，也了解了自我。无论是作家还是读者，都把文学形象当作与自我来体验。鲁迅笔下的阿Q形象不是他人，而是我们自己，在他身上，我们每一个人都看到了自己的灵魂。文学的理解是真正的沟通，既是主体间的体验，也是一种自我体验，在理解对象主体的同时也真正理解了自我。

文学通过对人和自我的真正理解和同情，就超越了现实认识，达到了对生存意义的领悟。文学不是经验或科学意义上对客观世界的认识，而是通过与对象主体（文学形象）的沟通来达到对他人和自我的认同，从而对人生有了深刻的体验。这种体验不同于现实的感受，是审美的领悟，是对现实认识的超越，对理想人生意义的追求。在现实生活中，我们受到现实关系的限制，没有进入真正的生存，无法真正体验人生，不能理解生存的意义。日常经验或科学认识都不能真正把握生存的意义，因而生存是盲目的。只有在文学等审美活动中，才克服了现实生存的有限性，能够进入真实的生存体验，从而领悟了生存的意义，获得了生存的自觉。

文学作为充分的主体间性何以可能呢？其奥秘在于文学语言。在文学的自我主体与对象主体之间，存在着语言的中介。语言是主体间性存在的场所，它把人与人之间沟通起来。但是，日常语言是公共语言，它具有抽象性、工具性，使思想抽象化、标准化，因此只适用于对客体的认知和片面的主体间交往。这就是说，日常语言作为主体间交流的中介是不透明的，它把主体间的关系性扭曲为主客关系，不能充分地实现主体间性。文学语言不同于工具性的科学语言，也不同于功利性的日常语言，而是真正主体间交流的透明的语言。文学语言把日常语言变形，以具象的描绘克服了语言的抽象性，以内涵的充分释放突破了语言的工具性，成为个性化的、有生命的符号，从而消除了主体间交流的障碍。在文学活动中，我们消除了语言的间隔，直接面对文学形象，双方的沟通是一种心灵的默契，是充分的、自由的交流，从而获致了直接的生存体验。因此，文学语言不仅仅是一种修辞性的语言，而且是真正主体间性的，也是真正个性化的语言，就是海德格尔所说的解除存在障蔽的，成为存在家园的诗性语言。

主体间性理论是西方哲学、美学的现代发展，但中国哲学、美学早已经是主体间性的了。当然它没有作为一种哲学、美学理论提出，而只是作为观念和方法论存在于哲学和审美实践中。中国哲学没有建立认识论体系，也不是从主客关系角度研究世界；它不强调人对世界的认识和征服，因此也没有确立主体性观念。中国哲学是主体间性的，它关注主体与主体的关系即人际关系，因此是伦理哲学。孔子的仁学，张载的"民胞物与"思想，庄子的人与自然和谐同一的逍遥理想，禅宗的物我相通的体验，都基于主体间性。中国的美学和文学理论也不是认识论和主体性的，它不认为审美和文学活动是一种主客间的认识活动，因此不同于西方的再现论；也不认为审美和文学活动是主体对客体的征服，因此不同于西方的主体论。中国美学和文论把审美和文学活动看作是自我主体与对象主体间的交流和融合，即人与自然间的会通，人与人间的契合，天人合一成为最高的审美境界。中国诗歌写景抒情手法的普遍运用，文学理论中的顿悟说和意境说，皆根源于此。中国古代文论强调直觉、体验，也是人文科学方法的体现。因此，主体间性是中国哲学、美学的重要的、有价值的思想遗产。中国学界在引进西方现代理论时，往往忽视对中国传统理论资源的开发，主体间性理论就是一例。为了推动中国文学理论的现代发展，必须注意汲取中国传统文论的思想资源，把西方现代文论与中国古代文论结合起来，而这个结合点就是主体间性。

（原载于《厦门大学学报》2002年第1期）

论文学语言的本源性

存在是我与世界的共在,共在是我与世界之间的对话,而对话就是语言的本体,在对话中我与世界互相理解,存在的意义得以显现。因此,语言就是存在的构成,是存在意义的表达方式。

一、语言的本体与本源的语言

我们可以把语言看作语言形式,即语词(能指与所指)与语法的总和;也可以看作是语言行为,即语言的运用,也就是说语言是自我主体与世界主体之间的交谈。实际上,语言就在这两个层面上被理解、阐释。但是,语言的运用更为根本,是语言的基本存在形式,而语言的概念体系只是它的一种抽象。传统语言观往往从语言的概念体系出发,认为语言是思想的外壳、认识的工具,而语言行为就是理智对语言的支配,这实际上认为语言是工具性的,而语言行为是主体性的。按照这种语言观,诗性语言行为具有更充分的主体性;而诗性语言形式具有更充分的工具性。现代语言理论产生了两种不同的倾向,都反对把语言行为看作主体性的活动,也都反对把语言形式看作思想的工具。一种倾向是以索绪尔为代表的结构主义语言学,他仍然把语言看作语言形式,通过区分语言和言语,考察语言形式的共时性结构,认为语言不是主体操纵的工具,而是自成意义的体系;而具体的语言行为是"言语",它不是语言学考察的对象。另一种倾向则从考察语言行为出发,认为语言的本体是语言的运用。洪堡认为语言不是一种"产物",而是一种"活动"。维特根斯坦认为语言是一种"游戏",语言的意义即使用。海德格尔认为"语言的生存论、存在论基础是言谈"。加达默尔认为语言是"谈话"。索绪尔的结构主义语言学尽管贡献颇大,但割裂能指和所指、语言与言语,引起了许多人的批评。而把语言看作语言行为,则弥合了语言与言语的分裂,而且把语言与存在联系起来。

一般观念中,语言是指一套词语和语法规则的体系,但这不是语言的本质。语言的本质必须从本体论上得到说明。存在是我与世界的共在,而共在不是我与世界的并列,而是互相的交往、沟通,直至融合为一,而这种交往和沟通是我与世界对话,对话是通过语言实现的,存在的意义由此得到体现。因此,语言不是一种实体,不是某种工具性的东西,而应该看作存在的基本方式和我与世界之间的对话。传统语言观认为语言是概念体系,是一种思想的工具,这实际上是对语言的误解。本源的语言是活的,是对话,这才是语言的根本,而概念体系只是本源语言的异化和抽象化。在这个意义上,维特根斯坦说语言的本质就是语言的使用;海德格尔认为"语言的生存论、存在论基础是言谈";加达默尔认为语言是"谈话",都有其深刻性。

从现实语言来看,只是人与人的对话,人与整个世界的对话被掩蔽了,而且人与人之间的对话也是不充分的,变成了主体性的独白和对世界的命名。本源的语言是人与世界整体之间的对话,包括人与人、人与自然的对话。人与世界之间可以对话吗?在现实生存领域,人与人之间可以对话,但是并不充分,而人与自然之间的对话似乎不可能,世界是死寂的客体,人是有生命的主体,它们之间如何对话?它们之间似乎只有认识论和实践论的关系。在原始人自然的生存方式中,万物有灵,世界也是有生命的对象,人与世界的交流就是与神灵的对话,而且原始人与世界之间是原始的同一。在现实生存方式中,这种对话被破坏了。但在本体论(存在论)的领域,人与世界之间具有主体间性,它们之间可能恢复对话关系,这种对话是通过本源的语言进行的,或者说就是语言本身。这种对话是我与世界之间的内在的联系,是一种心灵的渴求和沟通,它具有形而上的性质。正是通过人与世界之间的对话,存在才不是人与世界的分离、对立,而是二者的同一。这种同一是互相理解,彼此向对方呈现自身,由此存在的意义得以显现。海德格尔后期提出的语言是"道说",它是本源的语言,是存在的家园,从而区别于沦落的日常语言——人言。

二、本源性语言的本真性

关于语言的本质,必须区分现实的语言和本源的语言。现实语言是日常语言,它根源于现实生存,是我对世界的独白和命名。现实的语言是本源性语言的异在形式,是沦落的语言,因为它不是存在的意义构成,而是其变体即生存的意义构成。现实语言揭示着有限的生存意义,存在的意义被遮蔽。现实语言不具有充分的本真性和同一性,而具有现实性和主体性,是历史性的、主体性的语言。

本源性语言仅仅是一种逻辑的设定,而非实际的语言。本源的语言是现实语言的根据,它根源于存在。存在是本真的生存,是我与世界的共在。共在是我与世界之间的体验和对话,体验和对话是以语言的形式发生的。因此,共在的意义结构是语言,由此才可以显示存在的意义。这就是说语言是存在的意义构成,体现了我与世界的本质关系。加达默尔在《真理与方法》中说"能够理解的存在,就是语言。"海德格而区分了本质的语言即道说与非本质的语言即人言。他指出:"作为世界四重整体的开辟道路者,道说把一切聚集入相互面对之切近中,而且是无声无阗的……这种无声的召唤着的聚集,我们把它命名为寂静之音。它就是:本质的语言。"①这种"本质的语言"超越了人之"独在式"的"有声言说",并将人之"有声言说"视作对此种语言的"倾听和回应",人以"守护者"而非"支配者"的身份"平等的"与其余各方展开"映射"之"对话"。

  本源性语言不是现实的语言,而是现实语言的根据。本源性语言作为存在的意义结构,具有本真性(超越性)和同一性(主体间性)。所谓本源性语言的本真性,就是说它同存在超越生存一样,也超越于现实语言,是一种超验的、可能的语言。现实语言是经验性的语言,它只是本源语言的沦落、异在。而本源的语言则超越现实语言具有本真性。这种本真性表现为:第一,本源语言的对象不是具体的事物,而是存在本体,这是一种超验的对象,而不是经验的对象。第二,本源语言表达的意义不是现实意义,即不是经验意义和理论意义(科学的和意识形态的),而是形而上的意义——存在的意义。老子认识到"道"不可用日常语言来表达和把握,"道可道,非常道",应该有一种更本源的语言来把握和言说道。第三,本源的语言与现实语言不同,不是概念的体系,而应该是与本源的存在体验完全合一的语言体系,是前反思性的语言。这种前反思性

---

① [德]海德格尔《在通向语言的途中》,孙周兴译,商务印书馆2004年版,第212页。

的语言继承了原始语言的意象性，是意识与符号的同一。这也就是说，它是意象性的语言，还没有发生意识与语言的分化。这也就是说，本源性的语言具有现象性，是现象性的语言体系。本源的语言与存在本体同一，因此它就具有现象性，能够使存在的意义显现。本源性语言的超越性，在后期海德格尔那里，是"道说"与"人言"的区别。海德格尔认为："鉴于道说的构造，我们既不可一味地、也不可决定性地把显示归因于人类行为。"①海德格尔把它归结为"本有"（或译为"大道"），"大道（Ereignis）乃作为那种道说（Sage）而运作"②，"大道成道"即"道说Sagen"，即"天、地、神、人"四方之相互"居有和揭蔽"。

现代哲学发生了语言学的转向，语言能否表达形而上的意义被质疑。最后，出现了一种审美主义思潮，认为只有艺术语言才能表达存在的意义。哲学语言本质上是本源的语言的反思形式，即它通过对本源语言的反思，形成哲学的范畴体系，把握存在的意义。后现代主义的语言哲学如解构主义，认为语言的意义是不确定的，实际上是对现实语言的非本真性的表述，只是这种表述否定了本源性的语言。正是由于本源性的语言是本真的，所以现实语言的意义也是相对的。

---

① ［德］海德格尔《在通向语言的途中》，孙周兴译，商务印书馆2004年版，第253页。

② 同上，第189页。

三、本源性语言的同一性

存在的同一性，规定了本源性语言的同一性，即本源性语言使我与世界同一，成为存在的意义构成。本源性语言的同一性，表现为主体间性。本源性语言如何达成我与世界的同一性的呢？

首先，从发生学上看，语言是交谈的产物，而交谈是主体间性的活动。语言不是主体独白的产物，独白不需要语言，交谈才需要语言。语言也不是主体与客体之间的产物，即不是人给世界命名。如果没有另一个主体，是不需要语言的。在荒岛上的鲁滨孙不需要语言，多年独处的人往往失去了语言的能力。动物之间也不需要语言，虽然它们之间也有信息的交流。语言是主体与主体间的交谈的产物。正是由于在人类在社会生活的交往中，主体与主体之间有了交谈的需要，才产生了语言。

其次，语言本身就是谈话，谈话是语言的本体，而谈话是主体间性的行为。人们往往把语言看作由语词、语法组成的实体，看作一种思想的工具，而实际上，这并不是语言的真正存在。语言的真正存在是语言的运用，是谈话，谈话的总和构成了语言。这是语言的本体论。至于语词、语法等不过是对交谈的分析、抽象产物，而不是语言本体。语言的符号形式在没有进入谈话前并没有语言的功能，只有进入谈话才成为真正的语言。海德格尔认为语言是言谈，而言谈是"共在"（主体间性）的所在："把言谈道说出来即成为语言……言谈就是存在论上的语言。""共在本质上已经在共同现身和共同领会中公开了。在言谈中，共在'明言地'被分享着，也就是说，共在已经存在，只不过它作为未被把捉未被占有的共在而未被分享罢了。"①加达默尔也是这样看待语言的,他考察了"从古希腊时期对语言的完全无意识一直走到了近代把语言贬低为一种工具"的历史过程,认为:"语言按其本质乃是谈话的语言。它只有通过相互理解的过程才能构成自己的现实性。"②。

哈贝马斯认为通过语言进行的社会交往之可能性基于语言的主体间性:"通过语言建立的主体间性结构——该结构能在与基本语言行为的关联中,接受标准化检验——乃是社会系统与个体系统的条件"。③语言的符号形式一旦进入谈话,就不是客体,而成为另一个主体即作为谈话对象的主体。加达默尔、巴赫金都认为语言或文本不是客体,而是主体。加达默尔认为"本文作品是自为的存在",解释活动是自我主体与文本主体之间的"视域融合"。巴赫金认为阅读文本是对话,而文本是另一个对话的主体。它认为自然科学中人的对象是客体,是独白活动;而在人文科学中,人的对象是主体,是对话活动:"精确科学是知识的一种独白形式,因为,人们依靠智力观察和谈论事物。这里只有一个主体,就是认知主体和表达主体。唯有无声音的事物出现在它面前。但是,我们不能把主体作为一种事物来感觉和研究,因为,如果它没有声音,就只能是主体;所以,对它的认识只能是对话性的。"④梅洛-庞蒂也认为语言是一种对话,对话具有主体间性,他说:"在对话体验中,语言是他人

---

① [德] 海德格尔《存在与时间》,陈嘉映、王庆节译,生活·读书·新知三联书店1987年版,第197页、198页。
② [德] 加达默尔《真理与方法》下卷,洪汉鼎译,上海译文出版社1999年版,第570页。
③ [德] 哈贝马斯《交往与社会进化》,张博树译,重庆出版社1989年版,第101—102页。
④ 转引自 [法] 托多罗夫《巴赫金、对话理论及其他》,蒋子华、张萍译,百花文艺出版社2001年版,第199页。

和我之间的一个公共领域,我的思想和他人的思想只有一个唯一的场所,我的话语和对话者的话语是由讨论情境引起的,它们被纳入一种不是单方面能完成的共同活动中。……在一种完全的相互关系中,我们互为合作者,我们互通我们的看法,我们通过同一个世界存在。"①语言所展开的对话或交谈活动本身是主体与主体之间的活动,是主体间性的,也就是说语言是主体间性的。语言——谈话的主体间性意味着语言形式不是工具,它在运用中构造成为文本——显现的世界主体,因为世界是在语言中呈现的。这意味着语言形式是潜在的主体。

还有,语言作为交谈本质上是一种游戏,而所谓语言游戏是主体间性的充分形式。从根本上说,在语言的运用中,并不是人在使用语言,而是语言自己在运动,人被语言所支配。表面上看,是人在说语言,而实际上是人按照语言的规则和意义体系在讲话,谈话者投入到谈话本身中去,无形之中就被谈话所支配,失去了自我的独立性。同时,谈话也不是对世界的命名,因为世界不在语言之外,而在语言之内。世界与主体都被吸附于谈话中,世界也失去了独立性。这就是说,语言即谈话本身成为主体;不是人在说语言,而是语言在说人。加达默尔以游戏来说明语言活动:"游戏者的行为不能理解为一种主观性的行为,因为游戏就是进行游戏的东西,它把游戏者纳入自身之中并从而使自己成为游戏活动的真正主体(Subjectum)。"②"游戏的主体不是游戏者,而游戏只有通过游戏者才得以表现。语词的使用,首先是语词的多种比喻性的使用,

---

① [法]梅洛-庞蒂《知觉现象学》,姜志辉译,商务印书馆2001年版,第446页。
② [德]加达默尔《真理与方法》下卷,洪汉鼎译,上海译文出版社1999年版,第625页。

表明了这一点。"①这种非主体性的语言游戏活动本质上是主体间性的活动,是人与世界和谐共在的存在形态。

最后,从存在论上看,语言的同一性就是我与世界之间的对话,通过对话达到互相理解、同情,最后实现我与世界的沟通与融合,从而成为一体。这种同一性是一种隐秘的形而上学的冲动,它潜藏在日常语言活动之后,期待着实现。海德格尔认为,作为语言的本质"道说",具有主体间性。在"道说"中发生的"在场者本身将自己显示出来"就不是"独在式的现身",而是在"天、地、神、人"四方"共在"中的相互"居有和揭蔽"。海德格尔把这种"共在式现身"称为"映射(Spiegel)"之"游戏(Spiel)"。在此游戏中,各方显示自己,而这种显示又是从其余各方那里映射的结果。他说:"四方中的每一方都以它自己的方式映射着其余三方的现身本质。""以这种居有着——照亮着的方式映射之际,四方中的每一方都与其他各方相互游戏。"②本源性语言沟通了我与世界,消除了主体与客体的对立。本源性语言也继承了原始语言的魔力,它具有一种超越现实的力量,使被死寂化的世界复活,使异化的自我恢复本真,从而进入彼此的沟通与融合。

四、文学语言的超越性

基于本源的语言的本真性,文学语言具有了超越性,超越性就是本真性的体现。文学语言通过文学的象征(转喻和隐喻),突破了现实存在的界限,把人引入自由的生存,从而回归存在,这就是

---

① [德]加达默尔《真理与方法》上卷,洪汉鼎译,上海译文出版社1999年版,第132页。

② 孙周兴选编《海德格尔选集》,上海三联书店1996年版,第1180页。

其超越性。

　　文学语言超越现实语言，即超越感性、知性水平的语言，而显示了存在的意义。文学语言构成的意义世界是现实语言所难以表述的，它具有形而上的意义。正是在这种意义上，维特根斯坦才认为：艺术是超语言的幸福信息；世界上存在着不能用语言表达的神秘的东西，这就是世界的意义。世界的意义是不可描述的，因为人不能站在生活之外用逻辑来描述它。艺术就是这种超语言的对神秘之物的表达。在我们看来，文学语言并不是什么神秘难测的东西，虽然它不能用现实语言来解释，而要求超越性的体验。文学与哲学都揭示着存在的意义，而任何感性、知性语言都无法真正地揭示存在的意义。

　　文学语言具有象征性，从而使超越性成为可能。现实语言通过转喻和隐喻手段转化为文学语言，以具体的文学意象揭示存在的意义。文学语言的象征不同于现实语言的象征，后者局限于现实水平，如以橄榄枝象征和平，这是感性意象象征知性意义（政治观念）。文学语言的象征不仅仅在修辞水平上，也是在文本水平上，就是说整个文本都具有象征意义。而且，文学语言的象征超越现实的水平，是对现实意义的超越、对生存意义的显示。文学的意义不在于构成它的现实语言的所指，例如一首风景诗的意义不在于山水本身，它象征着人们对自由的追求和高远的志趣；一部小说不仅仅描写社会生活的现象，它揭示着人类的历史命运，启迪人们思索生存的意义。如果一部文学作品不能告诉我们这一切，仅仅是告诉我们一些现实的东西，没有象征意义，那就失去了文学的灵魂。文学具有感性形式，但不是现实生活的模仿、复制，也不是日常情感的表达，它超越感性，也超越知性，引导我们真正进入存在。通过对自由体验的反思，我们就把握了存在的意义。

文学语言的超越性，使其具有了开放性。现实语言的开放性是有限的，现实语言有确定的语义规定和语法规则，因而带有封闭性。在解释活动中，这种封闭性在一定程度上被突破（如德里达所阐述的"延异"），但其开放性仍然是有限的。这种情况在科学语言中最为明显。科学语言语义单一、语法严密，不容许解释的随意性。文学语言与科学语言正处在对应的两极，文学语言具有最大限度的开放性。文学语言是由现实语言构成的，对现实意义的消解和象征（隐喻和转喻）作用产生文学意义。文学意义是充分个性化的，主体按照自己的文学理想自由地创造着独特的意义世界。这样，文学意义本身就是开放的，它对每个人开放，允许每个人作出独特的解释。这就是说，文学语言不是封闭的，它没有固定的语义规定和形式化的语法规则，是自由的语言。

文学语言的开放性，保证了它对存在意义的解释。封闭性语言不能解释存在的意义，因为存在的意义是不能作有限的解释的。只有开放性语言，才能超越现实世界的局限性，才能揭示存在意义的无限底蕴。同时，开放性语言也保证了文学的永恒价值。文学具有超越性意义，它不随历史发展而丧失自身价值，而科学或意识形态则不具有这种永恒性。由于文学语言历史地开放，因而不断增值，每一时代都赋予它新的意义。《红楼梦》、莎士比亚的作品被人研究了几百年，至今仍是不可企及的高峰，人们从中获得新的领悟、作出新的解释，而且还会继续下去，没有止境。文学的无穷魅力，正是来自文学语言的超越性、开放性。

五、文学语言的主体间性

　　基于本源的语言的同一性，文学语言具有了主体间性。主体间性是回归存在的同一性的途径，或者说就是同一性的实际体现。文学语言与现实语言的区别之一正在于是否具有主体间性。现实语言是独白的语言，是主体的工具，虽然还残留着主体间性。而文学语言是对话的语言，具有充分的主体间性。现实语言的不充分的主体间性在文学语言中充分化。现实语言活动把世界当作客体，语言成为主体的表达和对世界的命名，这实际上是一种独白。现实语言脱离了存在的本源，成为主体与客体之间的工具，打断了人与世界的交流，障蔽了存在的意义。在日常生活中，我与世界不能充分对话，我只是运用现成的语言表达我的情感或者给对象命名。这就是说，现实语言是独白和工具。现实语言使我失去了自身，也失去了世界。我用现实语言命名对象，把片面的意义强加给世界，不能倾听世界的呼唤。我用现实语言表达自己的思想感情，导致与世界对立，把自己异化，忘记了真实的表达。

　　文学语言不是主体的工具，而是主体与世界之间的交谈。在文学活动中，人（作家、读者）与世界（文本）的关系不是主体与客体的关系，而是主体与主体的关系。文学语言不是死的能指，而是活的交流，它使世界复魅，成为另一个主体，也使我成为自由的主体。文本展示的世界不是外在的世界，而是自我参与的世界，是具有生命的主体世界。加达默尔说："但流传物并不是一种我们通过经验所认识和支配的事件（Gechehen），而是语言（Sprache），也就是说，流传物像一个'你'那样自行讲话。一个'你'不是对象，而是与我们发生关系。……流传物是一个真正的交往伙伴（Kommunikationspartner），我们与它的伙伴关系，正如'我'和

'你'的伙伴关系。"①我们通过语言进入文学作品，就进入了另一种生活世界。在文学中，主体（读者或作者）面对的文本变成了文学形象，而文学形象不是客体，是主体，也不是作者或读者的传声筒。他独立于作者和读者，有自己的声音，这就构成了巴赫金所说的"多声部"。巴赫金评价陀思妥耶夫斯基："他肯定了他人的我不是客体而是另一个主体。"他认为，陀思妥耶夫斯基作品中的主人公"不是作者的代言人"，他的作品展现的世界"这不是一个有许多客体的世界，而是有充分权力的主体世界。"②在这种世界中，自我与文本描写的主人公之间不是陌生的，而是亲和的，是灵魂的交往所达到的充分的理解、同情。在读者或作者与文本展现的主体（文学形象）之间，进行了主体间的交流，最后达到充分的理解和同情，实现了充分的主体间性。在这种主体间性的对话中，存在的同一性得到实现，存在的意义得以彰显。

　　文学活动是真正的对话，是作者与生活世界的对话，读者与文本所展现的世界的对话，这种对话是平等的交谈，彼此都承认对方的主体性。这就是海德格尔说的"听—说"关系、加达默尔说的"问—答"关系、巴赫金说的"对话"关系。从根本上说，文学语言不是主体与客体之间的工具，不是现实经验的表达，而是人与世界的交谈，是我主体与世界主体之间的对话。文学是特殊的对话——人与世界的交流方式。正是人与世界对话、交谈的需要才产生了文学语言。在这种对话中，克服了现实语言的局限，恢复了语言的主体间性，实现了语言的本质。加达默尔认为"诗歌所进行的

---

　　① [德]加达默尔《真理与方法》上卷，洪汉鼎译，上海译文出版社1999年版，第460页。
　　② 转引自[法]托多罗夫《巴赫金、对话理论及其他》，蒋子华、张萍译，百花文艺出版社2001年版，第321—322页。

是一种特别类型的交往""诗歌作品是一种新含义上的'构成物',它是一种卓越的'本文'。语言在这里完全是以其自主性出现的。它是自为存在并自己存在,而语词则可以被它们所抛弃的话语意向所超越。"[1]可以说,现实语言是存在的牢房,它障蔽了存在的意义;文学语言即海德格尔所说的"诗性的语言"是存在的家园,它使人能够"诗意地栖居"即进入自由的存在,使存在的意义显现。

我与世界的对话,不是现实水平上的对话,而是超越水平上的对话。现实语言也有对话,但这种对话是不平等的、不充分的,带有独白的倾向。而在文学语言的对话中,我与世界都从现实世界抽身,回归存在,彼此共在,并且展开对话。在文学语言展开的对话中,我向世界倾诉自己的心声,那是自我在解除了现实语言枷锁后的自由心声;我也倾听世界的呼唤,那是世界在解除了现实语言枷锁后的自由呼唤。我把自己的自由要求告诉世界,世界把自己的自由呼声告诉我,双方互相沟通,而成为一体,形成自由的体验。这就是文学的境界。

(原载于《华夏文化论坛》2017年第2期)

---

[1] [德]加达默尔《真理与方法》下卷,洪汉鼎译,上海译文出版社1999年版,第806页。

现代性视野中的中国文学思潮

关于20世纪中国文学思潮的性质,传统的观点已经失效,目前还没有形成一个普遍认同的说法。解决这个问题的关键是从现代性的角度重新界定文学思潮概念,并且重新叙述20世纪中国文学思潮的历史。

一、现代性与文学思潮的演变

考察文学思潮概念,首先应抛弃从苏联引进的"创作方法"概念。"创作方法"概念来自苏联"拉普"派的"辩证唯物主义创作方法",这是生搬硬套哲学方法论于文学的产物。在"拉普"派倒台后,"辩证唯物主义创作方法"受到了批判,但"创作方法"概念却保留下来,并演变为"社会主义现实主义创作方法"。按照苏联文学理论,创作方法是"作家反映现实的基本原则",文学思潮是它的具体体现。于是,文学思潮成为超历史的循环,诸如浪漫主义、现实主义就被描述为在文学史上反复出现的文学现象,甚至文学史被描述为现实主义与浪漫主义交替的历史,或者现实主义与反现实主义斗争的历史。而实际上,没有所谓现成的"创作方法",文学创作是"无法而法"(石涛语);也不存在超历史的"创作方法"。文学思潮是一定时代产生的共同的审美理想在文学上的自觉体现。它并不是古已有之的，而是现代性的产物。现代性是使现代社会成为可能的力量，其核心是启蒙理性，包括科学精神和人文精神。首先，文学独立是形成文学思潮的第一个条件，而现代性使文学独立成为可能。在现代性产生之前的古代社会，文学还没有获得独立，还处于宗教（西方）或礼教（中国）的桎梏之下，文学的自觉还没有形成，因此也没有可能形成文学思潮。只有在现代性发生之后，宗教或礼教统治瓦解，文学获得独立，才可能产生文学思潮。其次，传统社会向现代社会的剧烈变革是文学思潮发生的第二个条件，而现代性使这种变革成为可能。现代性发生之前的传统社会，虽然也存在着不同的文学主张和文学风格，甚至产生了某些文学流派。但是，却没有产生要求社会变革的自觉意识，也没有形成反传统的审美理想，因而也没有产生自觉的文学思潮。现代性产生以后，传统社会向现代社会的剧烈转变，迫使文学对现代性做出明确的反应，于是就形成了各种文学主张、风格、流派，也即形成了特定的文学思潮。文学思潮是对现代性的审美反应，而在不同历史阶段，对现代性的审美反应有所不同，从而形成了不同的文学思潮。

　　欧洲最早发生的文学思潮是新古典主义。新古典主义不是对现代性的直接的反应，因为17世纪还没有直接实现现代性的条件，它面临的历史任务是建立现代民族国家，而现代民族国家是现代性的政治载体。"民族－国家存在于由他民族－国家所组成的联合体之中，它是统治的一系列制度模式，它对业已划定边界（国界）的领土实施行政垄断，它的统治靠法律以及对内外暴力工具的直接控制而得以维护。"[①]民族国家是现代性的相关物，是现代性催生的和赖以

[①] ［英］安东尼·吉登斯《民族－国家与暴力》，生活·读书·新知三联书店1998年版，第147页。

存在的政治实体，它相对于朝代国家而言。传统国家是朝代国家，其合法性在于神意，君主不是以民族代表的身份而是以神的名义进行统治。现代民族国家的合法性在于民意，国家以民族利益代表的身份进行统治，这是理性精神在政治领域的实现。现代民族国家的充分形式是资产阶级民主共和国，而其前身或初级形式是被吉登斯称为"绝对主义国家"的中央集权的王朝国家。马克思指出，在法国，君主专制是"作为文明的中心、作为民族统一的奠基者"[1]而出现的。新古典主义就是在这个时期形成的。欧洲建立现代民族国家的运动是与争取实现现代性的运动相始终的，建立现代民族国家成为实现现代性的任务之一。

为了建立现代民族国家，必须动员一切政治的、文化的力量。特别是在现代民族国家的形成阶段——"绝对主义国家"时期，更需要包括文学在内的文化的支持，以造就民族国家这个"想象的共同体"。自上而下地发生、由国家力量推动是新古典主义的一个特征。新古典主义高扬理性，认为理性是人的本质，也是文学的本质；认为理性就是真实，就是自然。新古典主义的政治理性是对建立现代民族国家的正面回应，符合国家意识形态。这是新古典主义的另一个特征。它强调个体情感、欲望必须服从国家、社会的责任。新古典主义悲剧突现了个体对社会责任的牺牲而显示的崇高。新古典主义尊崇古代文学典范，强调服从权威，认为"模仿自然就是模仿古代准则"（蒲柏《论批评》）。新古典主义认为，文学形象应当体现某种普遍人性，形成人物形象的"类型说"。约翰生就提出，"诗人的任务是细查类型，而非细查个别"（《懒散者》）。此外，新古典主义具有贵族文学的精神气质，布瓦洛认为，悲剧反

---

[1]《马克思恩格斯全集》第10卷，人民出版社1974年版，第72页。

映上层社会生活，是高级题材；而喜剧反映下层社会生活，是低级题材。（《诗的艺术》）古典主义往往选取古希腊、罗马的题材，描写宫廷贵族的生活。它的语言典雅、气质高贵、风格崇高，表现人性的伟大。最后，新古典主义讲求艺术规范，认为共同规范比个性创造更为重要。尤其是新古典主义的"三一律"，给戏剧制定了不容违反的形式规则。这是理性主义在文学形式上的表现。

启蒙主义是争取现代性时代的文学思潮，启蒙理性成为其主导思想。启蒙理性与古典主义宣扬的理性既有相通之处，又有所不同。古典主义的理性是现代民族国家的初级形式"绝对主义国家"的意识形态，它不是以个体的人为本位，而是以国家为本位，强调道德和社会责任。而启蒙理性以个体的人为本位，宣扬天赋人权、自由平等的思想观念。启蒙主义确立的理性和主体性原则，成为现代性的核心。如法国的孟德斯鸠、伏尔泰、狄德罗、卢梭等启蒙思想家同时也是启蒙文学家，他们宣传的启蒙理性成为启蒙文学的指导思想。启蒙主义文学是直接鼓吹现代性的文学，而不是批判现代性的文学或支持"绝对主义国家"的文学，这一点是它与现实主义和浪漫主义以及古典主义的根本不同之处。启蒙主义文学坚持理性，主要是人文理性，宣传自由、平等、博爱思想，相信人的崇高和伟大，体现着理性主义的乐观精神。启蒙主义文学还没有发生主观性与客观性的分离和对立，因此，客观的描写和主观的抒情、说理融为一体。这与以后浪漫主义偏向主观性而现实主义偏向客观性不同。启蒙主义文学具有平民性，是新产生的资产阶级平民知识分子的文学，体现着平民精神和气质，与贵族化的古典主义和浪漫主义文学有本质的不同。在以上启蒙主义文学的基本特点中，核心的精神是对于现代性的鼓吹。

浪漫主义是现代性开始确立时代的文学思潮，是文学对现代性的第一次反抗。浪漫主义是欧洲19世纪上半叶的产物。此时近代工业已经显著地发展起来，城市文明逐步取代传统社会的农业文明。资本主义现代化虽然是历史的进步，但却使人类付出了代价，城市束缚了人的自由，科学排斥了人的灵性，世俗精神取代了高贵的气质。文学作为超越现实的"自由的精神生产"开始反抗早期现代性的压迫。它讴歌田园生活，回归自然，甚至缅怀中世纪，反抗城市文明；它以想象、激情甚至神秘主义和病态的颓废情绪来对抗理性的现实；它以理想和诗意来对抗世俗的生活。欧洲中世纪的希伯来文化传统和贵族精神成为浪漫主义文学的思想资源。正如浪漫主义思想家马丁·亨克尔对浪漫主义的说明："浪漫派那一代人实在无法忍受不断加剧的整个世界对神的亵渎，无法忍受越来越多的机械式的说明，无法忍受生活的诗的丧失……所以，我们可以把浪漫主义概括为'现代性'（modernity）的第一次自我批判。"①

现实主义是现代性获得迅速发展时代的文学思潮，是对现代性的第二次反抗。19世纪下半叶，欧洲资本主义现代性已经迅速发展，在推进生产力发展的同时，其黑暗面也日益显露，启蒙时期的人道主义理想落空。于是，现实主义以人道主义为武器、以写实为手段来揭露资本主义带来的社会灾难和人性的堕落，成为继浪漫主义之后又一次对现代性的批判。巴尔扎克、狄更斯、托尔斯泰等现实主义大师对资本主义造成的苦难和堕落进行了揭露、控诉、抨击，并提出了以爱为核心的社会理想。同时，19世纪的实证主义哲学成为现实主义的理论基础。现实主义揭露和批判资本主义，企图以人道主义治疗社会疾病。现实主义以实证精神描写社会现实，主张文学的客观性。现实主义具有平民精神，关注底层民众，注重文

---

① 转引自刘小枫《诗化哲学》，山东文艺出版社1986年版，第5—6页。

学的政治、道德性和社会效果。现实主义在文学风格上注重真实感，追求描写的精确细致、人物性格的生动具体。

现代主义是现代性走向成熟时代的文学思潮，是对现代性的彻底抗议，对理性的全面反叛。20世纪以来，资本主义发展到成熟阶段，现代性的黑暗面突出显现，社会生活已经全面异化。启蒙运动以来建立的理性神话破产，非理性思潮蔓延。文学开始全面反叛现代性和理性，抗议人的异化。存在主义哲学成为现代主义的理论基础。现代主义揭穿理性的虚伪，揭露世界的异己性、非人性，揭示生存的荒诞和无意义。

现代主义关注个体精神世界，展示人的心理体验，表现现代人的孤独、苦恼和绝望。现代主义继承了中世纪文学传统和浪漫主义文学传统，人物和世界被抽象、变形，塑造了一个非现实、非理性的世界。表现主义、新小说派、超现实主义、黑色幽默、荒诞派戏剧、存在主义文学等现代主义诸流派都体现了上述特征。

二、现代性与中国文学思潮

中国现代性来自西方，而西方列强是侵略者和压迫者，所以实现现代性与建立现代民族国家之间产生了冲突，中国的社会转型陷入了两难处境：要实现现代性就必须学习西方；而要建立现代民族国家就必须反对西方。五四以前，采取了学习西方现代性（洋务运动学习西方的经济、戊戌变法和辛亥革命学习西方的政治、五四运动学习西方的文化）与建立现代民族国家并行不悖的方式。但这条道路没有成功，更由于救亡的紧迫性，建立现代民族国家的任务压倒了实现现代性的任务，于是，由师法西方转为"以俄为师"，采取了以反（西方）现代性建立现代民族国家的道路。这就是所谓"救亡压倒启蒙"的更深刻的内涵。

作为中国启蒙运动的五四新文化运动，引进欧洲的启蒙理性，批判封建主义，呼唤现代性。启蒙理性包括工具理性和价值理性。五四启蒙运动高举科学和民主的旗帜，也就是启蒙理性的旗帜。五四启蒙运动自觉地以文学为武器，通过对传统文化的反思和批判，达到改造国民性和建设现代文明的目的。因此，五四新文化运动成为五四启蒙运动的重要一翼。五四时期的文学思潮是批判封建主义、争取现代性的启蒙主义，不同于反思、批判资本主义和现代性的浪漫主义、现实主义。五四文学批判吃人的礼教，揭示国民性的愚昧，旨在建立像"今日庄严灿烂之欧洲"（陈独秀《文学革命论》）那样的现代社会。对现代性的肯定态度决定了五四文学的启蒙主义性质。

与欧洲启蒙主义一样，五四启蒙主义也具有科学主义倾向。五四启蒙者讴歌新的生产力，对人类的未来充满了乐观的憧憬，郭沫若把工业化的产物称为"二十世纪的名花！近代文明是严母呀！"（《笔立山头展望》）他歌颂着："力哟！力哟！力的绘画，力的舞蹈，力的音乐，力的诗歌，力的律吕哟！"（《立在地球边上放号》）这个"力"是以现代科技为基础的人类征服自然的力量。被称为写实主义文学的一派受科学主义的影响更大，如茅盾就以科学主义的立场提倡写实。五四科学主义的重要内容是进化论。达尔文的进化论传播到中国，演变成了社会达尔文主义，并成为进化的历史观的根据。这种科学观是启蒙主义的，与现实主义的实证科学观不同。它不仅对人性的进步充满信心，而且对科学的昌明寄予希望。对科学精神的歌颂与启蒙主义文学的主题是一致的。

同样，五四文学与欧洲启蒙主义文学一样，具有人文主义倾向，如鲁迅批判国民性、控诉吃人的旧道德，郭沫若讴歌理性的自我，郁达夫抒发内心的苦闷，王统照强调爱与美，冰心塑造童心等等。这些主题都属于启蒙主义，而不属于浪漫主义或现实主义。从文学主张上看，五四文学接受了西方人道主义和个性解放的思想，李大钊提倡"以博爱心为基础的文学"，周作人提倡"人的文学"，文学研究会提倡"为人生"的文学，创造社主张"表现自我"等等，都是启蒙主义的思想主张。启蒙主义宣扬的个性主义与对国家、民族命运的关注结合在一起，如鲁迅"救救孩子"的呼吁、对阿Q的灵魂与命运的解剖是为了反思国民性和总结辛亥革命失败的教训。即使郁达夫的颓废、感伤也与国家的命运联系着。（《沉沦》）

与欧洲启蒙主义一样，五四启蒙主义没有发生主观性与客观性的分裂。它不是纯粹的客观写实，也不是纯粹的主观表现，而是把客观的写实与主观的表达融合为一。首先，它不具备现实主义的充分的客观性。鲁迅的作品因写实手法而被看作是现实主义，但《狂人日记》等有很强的主观性；而且像《阿Q正传》这样的作品也在客观写实中糅合了明显的主观性（如喜剧化的描写和夸张等）。其次，五四文学也不具有浪漫主义的充分的主观性。不用说文学研究会的写实倾向，即使被看作浪漫主义者的郁达夫，他的作品在主观表达的同时也展开了客观的描写，远没有达到欧洲浪漫主义的极端主观化。

与欧洲启蒙主义一样，五四启蒙主义也具有平民主义性质。五四启蒙运动的主体是新产生的城市平民知识分子，他们提倡平等、民主，这是一种政治上的平民主义。五四文学主张平民文学，白话文运动的内涵就是平民主义，是文化上的平民主义。陈独秀在《文学革命论》中就提出"推倒雕琢的阿谀的贵族文学，建设平易的抒情的国民文学。"周作人也提出平民文学的主张。茅盾提出"扫除贵族文学的面目,放出平民文学的精神。"①五四文学不是写英雄豪杰、上流社会,而是写农民、小市民和平民知识分子等小人物,关注他们的命运,同情他们的遭遇,体现了鲜明的平民精神。

在苏联文学理论传入中国并取得支配地位以后,五四文学被界定为浪漫主义(郭沫若和创造社)和现实主义(鲁迅和文学研究会)。但实际上创造社当时并没有提倡浪漫主义,也没有认定自己属于浪漫主义。创造社的理论家郑伯奇说:"19世纪初期英法德俄各国平民那种放荡的精神,古代追怀的情致,在我们的作家是少有的,我们所有的只是民族危亡、社会崩溃的痛苦,自觉和反抗争斗的精神。我们只有喊叫,只有哀愁,只有冷嘲热讽。所以,我们新文学运动的初期,不产生西洋各国19世纪(相类)的浪漫主义,而是20世纪中国特有的抒情主义。"②只是在30年代,由于苏联文学理论认为"社会主义现实主义"中包含着浪漫主义,于是创造社才被追认为浪漫主义。茅盾等虽然在五四时期就主张写实主义,但鲁迅在30年代宣称自己仍然遵循五四以来的启蒙主义。这些都说明五四文学思潮还没有获得自觉,它对自身的认定很大程度上是后来根据苏联文学理论做出的。中国争取现代性的历史要求决定了文学思潮的启蒙主义性质。五四文学尽管引进了浪漫主义和现实主义(同时也引进了启蒙主义,如歌德、席勒等),但由于中国特殊的历史要求的制约,在接受过程中难免发生"误读",而转化为中国的启蒙主义的思想资源。五四文学也提倡现实主义,并认为自己是现实主义,但它对现实主义的理解仅仅在于技术层面的写实(茅盾提倡的

---

① 《茅盾全集》第18卷,人民文学出版社1989年版,第11页。
② 郑伯奇《〈寒夜集〉批评》,《洪水》第3卷第33期,1927年7月。

"是自然派技术上的长处"),而忽略了揭露和批判现代性这一根本性质。因此,五四文学是"误读"了现实主义的启蒙主义。

五四启蒙任务没有完成,由于救亡的紧迫性,社会革命取代了启蒙。中国的社会革命是以苏联为蓝本的,其历史任务是建立现代民族国家。而建立现代民族国家就需要新古典主义文学思潮的支持。五四以后,从苏联引进的"社会主义现实主义"(在中国革命时期称"革命现实主义")取代了启蒙主义。新古典主义也是对五四启蒙主义的反拨。20年代中期的"革命文学"论争开始接受苏联文学思想,批判五四启蒙主义。30年代正式引进和接受苏联"社会主义现实主义",在原则上与五四启蒙主义划清了界限,也与欧洲现实主义(被称为"批判现实主义")划清了界限,形成了中国"革命现实主义"思潮。五四启蒙主义被误认为"资产阶级现实主义",它的人道主义、个性解放思想被当作资产阶级意识形态加以批判。新中国成立以后,中国的社会主义建设采用了苏联模式。苏联模式实质上是一种"绝对主义国家",它需要政治理性的支持,作为国家意志的主流意识形态成为文学的主导思想。这样,革命时期形成的新古典主义不仅被延续,而且更为彻底,最终走向僵化。从"革命文学"论争到左翼文学运动、抗战文学和延安整风,以及新中国成立以后的社会主义文学时期的"革命现实主义"和"社会主义现实主义""革命现实主义与革命浪漫主义相结合",新古典主义形成、发展,直到"文革"推出"样板戏"和"三突出"原则而走向终结,新古典主义主导了中国文坛达半个多世纪。

中国新古典主义既有一般新古典主义的特征,也有自己的特殊性。首先,中国新古典主义具有强烈的意识形态性尤其是强烈的政治理性主义。苏联的新古典主义在主张文学的意识形态性的同时,还注重文学的客观性(反映论),而中国新古典主义却更强调文学的意识形态性,不那么强调文学的认识论意义。这在《在延安文艺座谈会上的讲话》(以下简称《讲话》)中得到明确表述。中国新古典主义不仅明确主张文学是一种意识形态,而且鲜明地宣称"文艺从属于政治""文艺为政治服务"。中国新古典主义不是采用私人视角,而是采用阶级视角;不是采用多方面的生活视角,而是采用单一的政治视角。新古典主义文学作品也具有强烈的政治倾向性。如《太阳照在桑干河上》通过对土地改革的描写,形象地表达了对中国革命的信念;至于"革命样板戏"更极端地突出了(而且是偏执化的)意识形态性、政治性。

其次,中国新古典主义注重选取重大社会政治题材,突出了崇高的风格。它不是立足于关注个体命运的立场,而是立足于关注阶级、民族的命运的立场。这是政治理性主义在文学题材方面的表现。同时,中国新古典主义突出了崇高的风格,讴歌社会革命中的英雄人物,展示无产阶级的伟大和崇高。不仅在"革命现实主义"时期是如此,而且在新中国成立后的"社会主义现实主义"和"两结合"时期也是如此。"文革"前和"文革"中,阶级斗争题材被绝对化,开展了对"反题材决定论"和"时代精神汇合论"的批判;"革命样板戏"更是把这种倾向推到极致,"塑造高大完美的无产阶级英雄形象"成为文艺的"根本任务"。

中国新古典主义表现了强烈的理想主义和乐观精神。它突出了理想主义,并认为这是区别于"批判现实主义"的特征。《讲话》中提出文艺"应该比普通的实际生活更高、更强烈、更有集中性、更典型、更理想,因此就更带普遍性。"在"两结合"中,更强调、突出了理想主义。所谓"两结合"实际上是强调政治理想主义,因为这里的"浪漫主义"被理解为理想主义。新古典主义的理性乐观精神转化为革命理想主义,这是中国新古典主义区别于欧洲新古典主义之处。新古典主义不是客观地描写现实，而是按照理想主义原则选取现实中还没有发生或还没有成为普遍事实的东西；不是展示人性和社会生活的黑暗面，而是展示光明的未来。这就是所谓"反映现实的本质"。在"革命样板戏"中，这种理想主义更发挥到极致。与欧洲新古典主义不同，中国新古典主义没有形成悲剧意识，它不是表达个体对社会责任做出牺牲的悲痛，而是展现个体牺牲所具有的社会意义。因此，中国新古典主义充满了乐观精神，坚信个体的牺牲是完全值得的，革命必将胜利。

最后，中国新古典主义形成了自己的形式规范。中国新古典主义也遵循了一般新古典主义的人物类型化原则，并接受了苏联新古典主义的形式规范。如"塑造典型环境中的典型性格"。"典型"被确定为"共性与个性的统一"，而共性是个性的本质，阶级性成为典型的本质。不仅如此，中国新古典主义还创造了更为特殊的形式规范，最明显的是"样板戏创作经验"，如"三突出"原则等。

在五四启蒙主义退出历史舞台之后，新古典主义成为主流，但同时也出现了其他的文学现象，如现实主义、浪漫主义、现代主义等。五四运动以后，中国进入官僚资本主义社会。一方面，开始出现和发展了片面、畸形的现代性，主要是在城市发展了工业文明和商品经济，同时也保留了封建性的极权政治，特别是在农村保留了传统的封建经济和家族制度。这样，对片面、畸形的现代性的反抗、揭露和批判就可能出现多种方式，从而产生多种文学思潮。与欧洲新古典主义类似，中国的浪漫主义表现为对畸形的现代城市文明的排斥，对消逝的农村文明的留恋。沈从文以对湘西农村淳朴生活和农民纯真性格的描写，表达了对堕落的城市文明的拒绝。但中国的浪漫主义缺少欧洲浪漫主义的神秘、怪诞和颓废色彩，比较明朗、健康，这与中国文化的理性传统有关。中国的现实主义是对官僚资本主义社会的揭露和批判，特别体现在对现代城市生活的描写。老舍可以看作是现实主义的代表，他的《骆驼祥子》描写了城市贫民祥子的苦难和堕落，控诉了吃人的社会。中国的现代性虽然只处于萌芽状态，但也产生了中国的现代主义，如李金发代表的现代诗派，施蛰存、穆时英、刘呐鸥的新感觉派小说，张爱玲等关于现代都市生活的末日体验的作品。中国的现代主义是一些敏感的知识分子对生存意义的追问和质疑，表达了他们的非理性的思想情绪。由于现代性不发达的历史条件的限制，这些文学现象或流派都没有发展为大规模的文学思潮。

我国新时期的思想解放运动，是一场新启蒙运动。它重新提出了科学、民主这个五四启蒙的课题，反对政治上的专制和思想上的迷信，实际上是恢复了启蒙理性，实现现代性的任务又被历史地提出来了。于是，启蒙主义再次成为文学主潮。从"伤痕文学"到"反思文学"再到"改革文学"，文学担当了批判变相的封建主义，呼吁科学、民主，倡导个性解放的启蒙任务，成为思想解放的先锋。这种文学思潮在当时被称作现实主义（现在仍然有人这样认识），但与五四文学一样，不过是对现实主义的误读。现实主义是揭露和批判资本主义现代性的，而新时期文学是揭露和批判变相的封建主义，争取现代性的；它的充满激情的理想主义和乐观精神不是现实主义的精神气质，而是启蒙主义的精神气质。但是，处于世界现代文学的大环境中，新时期的启蒙主义吸取了现实主义、现代主义等思想资源，具有开放的性质和多元的特征。

新时期的启蒙运动在80年代末中止，90年代初又被市场经济的大潮所淹没，现代性以片面的形式来临。在这种历史条件下，启蒙主义消歇，现实主义、现代主义等文学思潮产生。90年代初期盛行的新写实小说对市场经济下的庸众生活，给以淋漓尽致地描写，这是带有自然主义特色的现实主义。由于理性精神的消退，中国的现实主义已经失去了批判的激情，而更多的是冷漠的观察和无奈的忍受，从而带有自然主义的倾向。同样，在90年代发展起来的各种先锋派文学也开始反抗现代性，它们接受了国外现代主义的影响，也表达了一部分知识分子的生存体验。中国的现代主义诉诸非理性，对传统理性的破坏成为其最突出的特征。从王朔的"痞子文学"和贾平凹的《废都》开始，对理性的破坏就成为文学的趋势。由于现代性的弱小，中国的现代主义还不成熟，对异化人生的体验和现代性的反抗都没有达到历史的深度，因此有人称之为"伪现代主义"。但它对理性主义的毁弃，卸下了中国文学最久远、最沉重的包袱，从而为现代主义的发展开辟了道路。

（原载于《天津社会科学》2006年第2期）

中国恩情文化批判

在比较文化的研究中流行一种说法：西方是罪感文化，因为基督教认为人是有原罪的，生存的意义在于赎罪以拯救灵魂。古印度文化是苦感文化，因为佛教认为世俗生活的本质是苦难，所以生存的意义在于通过修行，渡过苦海，到达极乐世界。日本文化是耻感文化，因为日本民族认为每个人都有确定的身份，人生价值在于恪守职责，所以具有强烈的羞耻感。那么对中国文化如何定性呢？李泽厚提出，中国是乐感文化，因为儒家相信天理人心，对世俗生活持有乐观精神。这一说法不无道理，揭示了中国文化的一个侧面。但是，这还不能说是中国文化的本质方面，因为乐观精神仅仅是一种外在的表现，是果而不是因，不是文化的内在的本质。所以，还要在根本的价值取向上确定中国文化的性质。

还有一些论者认为中国文化的本质是"仁"或"孝"，也有说是"集体理性""道德文化"等等。这些说法是否准确先不说，问题在于没有道出其价值取向。比如说"仁"，如何理解？仁不能解释为现代的爱，内在的价值为何？又如集体理性，也不能解释为集体主义，其内在的价值为何？所谓道德中心，那么是什么样的道德，这才是应该确定的事情。我认为中国文化应该称为恩情文化，因为中国传统伦理是建立在施恩与报恩关系之上的，恩情观念是中国伦理的核心。无论是仁、孝还是集体理性、道德中心，都建立在恩情观念的基础上，恩情观念才道出了中国文化的核心观念。

所谓恩情文化，首先是指中国文化重情感的性质。进入文明社会后，原始血缘关系没有彻底瓦解，得以保留，形成了血缘亲情为基础的伦理关系。中国传统文化根基于家族伦理，伦理亲情维系着人际关系。在这个基础上形成的伦理，是情与理的统一。中国传统文化的感性与理性未充分分化，道德、政治、法律等意识形态被情感化，因此中国文化重情感，中国社会是人情社会。

其次，中国文化的核心是恩情观念，而恩情的本质是情感的权利化。儒家以伦理亲情来维系社会关系，但这个情感不是李泽厚先生美化的爱的情感，而是恩情，恩成为情的核心。各种施恩与报恩的情感关系构成了复杂的中国文化结构和社会结构。因此，所谓恩情文化，就是指在人际关系上以施恩—报恩为准则，而施恩一方具有支配受恩一方的权力；受恩一方有报答施恩一方的义务。中国文化的本质是恩情文化，它以恩情代替爱，恩情衍化为一种普遍的权力，支配了整个社会生活。传统生活的社会规范礼，就建立在报恩的基础上。《礼记》曰："大上贵德，其次务施报。礼尚往来，往而不来，非礼也；来而不往，亦非礼也。"这里指出道德为最高原则，在这个原则之下要讲求回报，礼尚往来，这就形成了恩情文化。

中国传统社会也有恩情伦理的反对者，包括墨家、道家、法家都反对恩情伦理。墨家讲兼爱，反对爱有差等，被儒家斥为无父无君。道家反对文明教化，主张回归自然天性，以无情无义来对抗恩情伦理。法家认为人性皆恶，所以主张以刑赏代替伦理教化，严刑峻法、刻薄寡恩，导致秦二世而亡。汉武帝总结历史教训，罢黜百家，独尊儒术，利用恩情伦理维系统治。董仲舒以天人合一的观念统一了天恩和人恩,建立了三纲五常的伦理秩序。

中国恩情文化的渊源是祖先崇拜。原始社会按照时间顺序流行三种崇拜形式,一是自然崇拜,二是图腾崇拜,三是祖先崇拜。中国社会在走出原始社会后,并没有以文明宗教取代祖先崇拜,反而使祖先崇拜宗教化,成为普遍的信仰和社会伦理。这就是说,一方面,没有形成文明宗教,道教是原始巫术的演化,而佛教是外来的,也被世俗化了,信仰变成了赐恩与报答的恩情关系。因此,没有形成基督教那种爱的神恩。另一方面,祖先崇拜成为实际的信仰。特别是周代以降,以"德治"主义取代殷商的"鬼治"主义,提倡敬天法祖,祖先被神化,与天一道成为崇拜对象。一旦祖先取代神成为崇拜对象,神恩变成了人恩,一切都是祖先所赐,就要感谢祖先的恩德,报答祖先的恩德。同时,这种崇拜也就延伸到活着的长辈,就要感谢、报答家长的恩德,从而形成了以孝为中心的恩情文化体系。因此,《礼记》还说:"礼也者报也。……反其所自始。……礼报情反始也。"这里说礼是关于报答人情的规范,根源于对祖先的报恩(反始)。

中国恩情文化的社会基础是家族制度。中国社会在走出原始社会进入文明社会的时候,家族并没有解体,个体没有独立,家族被保留下来,成为社会的基本细胞。而中国宗法社会的家族伦理就成为普遍的社会伦理。中国文化的根基是家族伦理,其核心范畴是孝,围绕着孝还有悌、慈、贞等。以孝为核心的家族伦理推广成为普遍的社会伦理,其核心范畴就是仁,围绕仁有忠、义、廉、耻、信、智等伦理范畴。孔子说"仁者爱人",似乎仁就是爱。但是仁不能等同于现代的爱,它不是平等的爱,而是恩爱,恩是仁的真正内涵。在中国,所谓恩的观念,就是一方对另一方施以恩惠,施惠方就具有了支配受惠方的权力,而受惠方则承担了以牺牲自身权利回报施惠方的义务。仁作为恩爱，是一种以爱获得支配权力的伦理观念：施爱者有恩于被爱者，对其有要求报偿的权力；被爱者要对施爱者报恩，否则就是不仁。在家族伦理中，父母养育了子女，对子女有恩，这个恩也是一种责任，一种"爱"，要终生对子女操心、负责。另一方面，家长也因此具有了绝对的权力，可以支配子女的一切，包括决定子女的婚姻、学业、职业，甚至"父要子亡，子不得不亡"。同样，子女必须终身报恩，附属于父母，服从父母，因此儒家有"父母在不远游""三年无改于父之道"，父母死后还要守孝三年等信条，这就是孝，否则为忤逆。以此类推，兄弟之间的爱是兄长施爱于弟，因此弟要服从于兄，"兄友弟恭"就是悌；夫妻之间，丈夫对妻子的爱是恩爱，"一日夫妻百日恩"，因此丈夫就对妻子有了支配权，妻子必须服从丈夫以报恩。这一施恩—报恩的伦理模式，蔓延到整个社会生活中，就形成了中国传统社会伦理关系。因此，从本质上说，恩情文化来源于中国的家长制社会。

中国伦理中缺少平等的关系，以恩为内涵的伦理关系就成为一种权力的运作，一种支配关系。中国传统文化的伦理信条都是建立在恩的基础上，基本范畴如礼、义、廉、耻、忠、孝、仁、爱、信、德等，都是恩情关系的凝定。

民间所谓义气，实际上就是一种施恩与报恩的支配性关系，而非平等的友谊。像《水浒传》中梁山好汉之间，就是如此。宋江作为大哥有恩于李逵，于是李逵就为大哥舍生忘死；而宋江也自认为对李逵有了支配权。当宋江喝了奸臣的毒酒之后，怕死后李逵造反，坏了自己的忠义之名，就让李逵也饮下毒酒。李逵中毒后知道原委，也不怨恨宋江，说生为大哥的人，死为大哥的鬼。这意味着施恩者可以剥夺受恩者的生命。

恩情观念推广到政治伦理范畴，就成为维系封建社会关系的忠的观念。由于中国封建社会没有建立人与人的广泛的社会联系，家族与社会、国家之间的联系就被伦理化。君主对臣民行仁政是恩德，因此就有了统治的权力，甚至可以支配臣民的人身财产，即所谓"君要臣死，臣不得不死"；而臣民要忠于君主以报恩，否则就是大逆不道。中国的专制与西方不同，统治者不是以上帝的名义进行管理，而是进行家长式的统治，它更强调君民之间的伦理关系，政治压迫被君父与子民的亲情关系掩盖了，即君父对子民施恩，子民效忠君父。作为社会精英中国知识分子——士与君主的关系也以恩为纽带，君主信用士，是有恩；士对君主尽忠，是报恩。孔子说过："君使臣以礼，臣事君以忠。"（《论语·八佾》"士为知己者死"成为古代知识分子的信条。百姓与官员的关系也是如此，官员是父母官，是牧守；人民是子民，是牛羊。官员很好地履行了职务，国人看来就是慈父、青天大老爷，要感谢他的恩德，而官员也认为自己"爱民如子"，有了道德上的优越感和统治的合法性。总之，中国文化的"三纲五常"的渊源，就在于恩的观念。所以中国封建社会的稳固，具有深厚的文化心理的因素。

恩情文化使情感权力与政治权力结合在一起，是情感化的意识形态，极大地稳固了传统社会关系。恩情观念是尼采所说的"奴隶的道德"，而不是主人的道德。恩情文化创造了许多世俗的神话，如真龙天子神话、清官神话、忠臣神话、义气神话、大团圆神话、善战胜恶的神话，这些神话成为意识形态的活的形式，构造了中国人的文化心理结构。著名的"赵氏孤儿"的故事，体现的就是这种文化心理：仆人要报主人的恩，让自己的儿子替代主人的儿子去死，这成为一种美德。可是，我们可以反思，仆人的儿子一定比主人的儿子低贱吗？父亲有权力把自己无辜的儿子送死吗？主人真的对仆人有恩,以至于仆人要牺牲自己的儿子来报恩吗?当然,如果历史地看,恩情文化发挥了稳定社会的意识形态功能,它成为社会关系的润滑剂,一方面使人民成为企盼恩德和感恩的奴隶,服从封建社会秩序,形成鲁迅所说的"主奴关系";另一方面也使封建家长制度具有了某种人情味,减少了统治关系的严酷性,从而避免了西方中世纪那种神权、贵族政治。但是,历史已经走出古代,这种恩情文化已经失去了历史的合理性,不应该继续了。

以恩情观念为核心的伦理虽然有现实的根据和合理性,但并不是最高的价值,而像一切意识形态一样,带有历史规定的缺陷和局限。纯粹的爱是最高的价值,而恩不是纯粹的爱,是爱的畸变。恩与爱都是利他,但爱是纯粹的情感,不涉及利益,也不要求回报;而恩虽然有感情因素,但与利益结合在一起,并且要求回报。因此,必须用爱来约束恩。离开了爱的前提,施恩就是一种借债,报恩就是一种偿还。只有基于爱,施恩与感恩才具有某种正当性,而不是一种纯粹的情感的债务。由于爱作为最高价值的缺失(没有爱的宗教),中国的恩成为一种绝对的伦理法则,一种意识形态,一种支配性权力,爱的因素被压抑、排斥和扭曲了。从哲学层面上说,恩是一种特殊的权力形式。按照福柯的观点,权力无所不在,支配着人和社会的各个领域。伦理就属于这个权力系统,它作为集体价值规范是对人的支配、规训力量。但这种伦理权力也有其解构力量,那就是真正的爱。爱的核心是同情,同情是主体间性的构成,是对施爱者和受爱者双方的肯定,只能以爱交换爱,施爱者不会变成占有者、支配者,爱的对象不会失去主体性,不会沦为权力支配的对象。因此,同情作为真正的爱可以消解伦理对人的禁锢,化解人与人之间的敌意,从而成为伦理中的积极因素。但中国的伦理却缺乏这种解构力量,也减少了这种积极因素,因为它把爱当作恩。恩爱不等于同情，不具有主体间性，而是以情感方式对他人的占有，是对自己的支配地位的确认。这就是说，爱交换了权力，或者说爱权力化，爱异化。当然儒家也谈同情，孟子讲君子有不忍人之心，但这种同情心却受到了恩的限制而丧失了本源性。中国传统文化中的恩，无论是父母对子女的恩爱，还是统治者对子民的恩德，或者是"义士"对弱者的恩义，都在情感上和伦理上把受恩者降为奴隶，这是一种温柔的奴役。正是在恩情文化当中，中国人失去了自我，失去了自由。

恩爱作为爱的异化，不仅表现在权力化上，也表现在其他几个方面。其一，由于爱权力化，所以利益关系、伦理评价就成为爱的前提，爱被狭窄化，被意识形态所置换。本来爱是超越功利的，具有普遍性，爱要战胜仇恨，要爱一切人，如《圣经》所言，要爱自己的敌人；佛家讲要有大慈悲心，这才是真正的爱。儒家虽然讲仁者爱人，但这种爱是恩爱，要有回报，因此是有边界的，对于非礼者，对于小人就没有爱，甚至还要食肉寝皮。因为他们是非人，是"禽兽"，不配享受人的待遇。这个逻辑就是基于这样的事实：小人不知报恩，所以不配得到爱。中国人最恨的就是"忘恩负义"，这是小人的标志，因此不能对其施爱。这与基督教的爱一切人的教义完全不同。其二，由于恩情是一种权力，要有回报，因此权力的大小、回报的多寡就决定了爱的程度。本来真正的爱是没有等级的，对所有的人都要一视同仁。但在中国的宗法社会里，是以血缘关系的远近来衡量爱的程度。同一宗族形成利益共同体，彼此的爱就浓，血缘关系越近，爱就越多，反之就越少；血缘关系以外，爱就更淡。因此儒家批评墨家主张的无差等的爱，而主张有差等的爱，血缘的远近成为爱的多寡的标准。这实际上也是情感权力等级化，而这也就是说爱的多少是基于获得的支配性权力的多少决定的，越是爱得多的领域，如家族内支配权力就越大，回报就越多；而越是爱得少的领域，如家族之外支配权力就越少，回报也越少。总之，恩情文化使爱异化了。

与中国传统文化讲"人恩"不同，西方文化也讲恩，但这是神恩，只是超越的上帝才有的对人类的恩爱，这是无私的绝对的爱，因此人类才要以信奉上帝来感恩、报恩。《圣经》说："神救了我们，以圣召召我们，不是按我们的行为，乃是按他的旨意和恩典；这恩典是万古之先在基督耶稣里赐给我们的。但如今借着我们救主基督耶稣的显现，才表明出来了。他已经把死废去，借着福音，将不能坏的生命彰显出来。"[1]这就是说，只有人神关系中才有施恩——报恩，而这种报恩不是外在的奉献，而是内在的信仰。而在社会生活中，人与人是契约关系，彼此平等独立。在伦理领域，西方人也讲爱，但这个爱来源于上帝，上帝把爱分享给每一个人，因此人际关系中的爱是一种平等的关系，是自由的主体对另外一个自由的主体之间的同情和关怀。《圣经》说："亲爱的弟兄啊，我们应当彼此相爱，因为爱是从神来的。凡有爱心的，都是由神而生，并且认识神。没有爱心的，就不认识神，因为神就是爱。神差他独生子到世间来，使我们借着他得生，神爱我们的心在此就显明了。不是我们爱神，乃是神爱我们，差他的儿子，为我们的罪作了挽回祭，这就是爱了。亲爱的弟兄啊，神既是这样爱我们，我们也当彼此相爱。从来没有人见过神，我们若彼此相爱，神就住在我们里面，爱他的心在我们里面得以完全了。"[2]在基督教文化中，施爱者不因为爱他人而有了支配他人的权力，被爱者也不因此而附属于施爱者，丧失

---

[1]《新约》提摩太后书1章9—10节。
[2]《新约》约翰一书4章7—12节。

了自我。这种观念成为现代伦理的核心，从而造就了一个民主的公民社会。在现代社会中，家庭关系是平等的，父母子女、兄弟姐妹之间人格平等，亲情是互相的爱恋和吸引，没有施恩与报恩关系。所以，父母没有权力支配子女的自由，子女也不用牺牲自己的权利而报恩。中国人不理解西方文化，认为西方社会缺乏伦理，没有亲情和爱。如父母不管成人后的子女，子女也不养父母，不知道报恩，实际上是把爱与恩混淆，是恩情文化造成的偏见。

人与人之间是否有恩情关系呢？应该说有。在特殊的情况下，一些弱者得到强者的施舍和帮助，就发生了恩情关系，弱者会对强者感恩。这种关系具有特殊性，它基于一种不平等的社会关系，也产生了不平等的情感关系。因此，这种恩情关系并不能成为普遍的社会关系。恩情关系和恩情观念一旦普遍化，成为一般的社会关系和观念，就变成了不平等的社会关系和意识形态。总之，恩情文化是弱者的情感和奴隶的道德，而不是强者的情感和主人的道德。

中国文化把一切社会关系变成了伦理关系、人情关系，把一切行为都道德化了，从而把人际关系都变成了施恩与受恩的关系。在宗教信仰中，本来人与神之间的关系是非功利的，但在中国，信仰也变成了世俗的恩情关系，信众拜神往往是为了求得神灵的恩惠，对神灵的回报也是功利性的许愿还愿。在职业道德方面，本来顾主与雇员之间是契约关系，不是施恩与报恩，但传统文化却认为主仆关系是恩义的关系，所以才有类似"赵氏孤儿"这样的故事。公民与政府之间也是如此，政府受公民委托履行政治职能，而民众具有监督之权。因此，官员的政绩与恩情无关，公众也无报恩之责。但传统文化却认为这是恩德。恩情文化的要害是剥夺了个体的独立性和人身权利，使依附关系合法化。中国封建社会长期存在，有赖于这种文化心理因素。人民不知道自己的个体权利，而认为都是他人所赐，在家族中附属于家长，在社会上附属于国家，而下至父母之恩情上到君父之恩德，牢牢地束缚了自由，桎梏了人格。恩情文化作为传统文化的核心，已经渗透在中国人的日常意识和行为方式之中，因此难以克服。它经常在负面上表现出来，成为一种潜规则。比如中国人为什么那么讲人情，缺乏原则性，就因为施恩—报恩观念，这种普遍的人情关系几乎解构了一切道德、法律原则。社会上走后门、行贿受贿成风，也于这种人情文化有关。中国人行贿与西方有很大的不同，那就是它不是赤裸裸的利益交换，而是以一种感情的投资来获得利益的回报。行贿者与受贿者之间存在着一种施恩与报恩的关系，双方互为施恩者，也互为报恩者。在这种恩情遮掩下，行贿与受贿就变得具有某种人情味了，并且成为一种普遍的生活方式。这一恩情文化禁锢了人心，支撑着传统社会的家族结构和国家结构，使传统社会具有超级稳定性，延续数千年，妨碍了社会的发展，延迟了现代化的进程。

中国传统文化不仅以恩爱扭曲了爱，也以恩义扭曲了社会关系。它剥夺了个体的独立性，剥夺了个体的权利，使个体包裹于集体理性的恩情文化之中，从而成为伦理的奴隶。中国人在恩情文化的奴役下，丧失了自我，扭曲了亲情，造成了畸形的人格。中国是一个情感社会，重视情感关系，情感而不仅仅是法理维系着社会关系。但在这种情感后面，是一种施恩—报恩的奴役与被奴役的关系。它是那么温情脉脉，又是那么虚伪，那么残酷。家长可以用它剥夺子女的自由，统治者可以用它剥夺人民的权利，甚至每个人都可以用它奴役别人。因此，在这个意义上，传统文化正如鲁迅所说，是吃人的文化。可惜这种吃人文化，在情感的面纱下，并不为被吃者所觉悟到，他们反而甘之如饴，既体味到被吃（受恩）的快感，也有报恩的冲动，同时也有吃人（施恩情）的憧憬，这就是李泽厚先生所津津乐道的"情本体"文化或"乐感文化"。

五四新文化运动开展了对传统文化的批判,也涉及对恩情文化的批判,特别是对愚孝愚忠的批判。在五四启蒙主义者看来,父母与子女在人格上是平等的,父母之爱并不是单方面的给予,他们自己也享受到了亲情之乐。因此,父母也不具有对子女的恩,不能支配子女的人身;子女不需要报恩,对父母的爱是一种天然的情感,它不能牺牲自己的人身权利。所谓:"身体发肤,受之父母,不敢毁伤,孝之始也。"认为子女生于父母,因此就附属于父母,要报恩于父母,更是荒谬。因为父母并不是为子女着想而生育的,他们只是在性活动中无意创造了子女,或者是为了传宗接代、养老送终。至于把恩的观念推广到社会政治领域,就变成了中国式的家长制封建专制。五四启蒙主义批判了中国专制主义的伦理基础,即所谓国家对个人有恩的说法。中国式的现代国家主义,强调国家对人民的恩,人民要报效国家,于是政府就可以假国家之名剥夺人民的权利。而人民也相信自己的牺牲是报国恩。实际上国家无恩于人民,人民才是国家之本。孟子的"民为贵,社稷次之,君为轻"的言论突破了传统政治伦理,因此被朱元璋删除,还一度废除了孟子享受祭祀的资格。

应该说五四启蒙运动对传统文化的批判是勇敢的、猛烈的,但这场运动并没有真正完成对传统文化的改造。五四启蒙运动仅仅批判了传统文化的表层部分,如对忠孝观念的批判,但没有挖掘到传统文化的深层部分即恩的意识,没有与恩情文化划清界限。如蔡元培认为儒家的五伦五常,除君臣一伦不合时代外,其余伦常都具有普适的道德价值。他还以自由、平等、博爱来解释儒家的义、恕、仁。由于没有打到传统文化的要害,使其得以保存,因此在新的历史条件下得以复苏。在以后的革命运动中,革命政党利用了这一传统文化资源,作为支援意识和社会动员的手段,制造了革命伦理,其核心是解放者与被解放者的感恩叙事。它说革命党和领袖带领人民谋求翻身解放,造福于人民,而人民热爱、崇拜和感恩于革命党和领袖,"中国出了个大救星"就是这一感恩叙事的典型表述。这一叙事一方面在革命过程中发挥了巨大的动员力量,推进了革命的胜利;另一方面也与经典马克思主义的教义"从来就没有什么救世主""无产阶级只能自己解放自己"相背。革命胜利之后,它又成为新的政治制度合法性的依据,人民以感恩心态拥护新政权和革命领袖。但是,历史留下的教训是:"左"的思潮借感恩意识搞现代迷信,在"文革"中达到顶峰,所谓"三忠于四无限"就是建立在感恩意识的基础上。这就导致封建主义回潮,中华民族陷入深重的灾难。因此,必须意识到,恩情文化毕竟是前现代的伦理体系,在现代社会已经失去了合理性。对新的恩情文化,我们不仅要看到它在革命时期与和平时代的历史作用,更要看到它阻碍社会文化现代转型的负面效应。因为现代文化建立在自由平等理念的基础上,现代道德的核心是尊重他人的博爱精神,这与恩情文化的价值取向相背。因此,批判恩情文化,成为现代文化转型的重要课题。

由于现代市场经济的发展,传统社会的结构已经被破坏,个体获得了独立,他们有可能作为自由的个体在社会交往中实现自己的价值,并且建立新的社会和国家,而无须依靠恩情文化来维系社会关系。但是,旧的传统和观念仍然负隅顽抗,成为中国现代化的阻力。而且,在现代中国社会中,由于事实上的不平等,就使恩情伦理有了得以延续的现实基础:弱者无力改变现实,只有期盼强者施恩;强者要维护自己的地位和形象,也要在一定程度上对弱者施恩惠,换取弱者的感恩、报恩,以维系社会稳定。于是,在新的历史条件下,施恩—感恩成为一种美德。在后启蒙时代,为了消解启蒙主义的西化倾向，也为了填补现代文化空缺，倡导传统文化，国学思潮盛行，从而延续了传统恩情文化，并且建立了新的感恩叙事。如果说传统的恩情文化是显性的话，那么新的恩情文化是隐性的，它企图建立新的恩情文化，包括家族伦理、社会伦理和政治伦理。这实际上是在宣传爱的名义下把恩的意识输入人民的心理。这就是说，把爱变成了一种恩爱。

在政治领域，恩情文化不利于民主政治的建立。改革开放中清算了"左"的思潮，否定了"文革"，但并没有清除恩情文化的残余；仅仅批判了对领袖个人的迷信，而没有批判恩情文化。而且，不仅原来的革命恩情文化仍然延续，在改革开放后市场经济条件下，感恩叙事又被修正为代表者给被代表者好政策，使其走向富裕，被代表者感谢代表者的新叙事。这一新的感恩叙事，在主流意识形态中或明或暗地存在着。不久前有一个新闻，某运动员获得冠军，由于在发表感言时没有提到感谢国家而受到指责，说明感恩观念仍然牢固地盘踞在许多人心中。政府官员履行职务，是天经地义的事情，即使做得好，也没有恩情可言，不需要被人民感恩戴德。可是我们往往有意无意地宣传领导如何爱民，人民如何感动，如何送旗送匾。这实际上是在宣扬这样一种思想：官员对民众施恩，而不是在做本职的工作；民众受惠于官员的恩情，而不是主人享受公仆的服务。于是，官员以主人自居，把人民当作奴仆，把工作当作对人民的恩赐，而忘记了自己的公仆身份；民众丧失了民主意识，忘记了监督政府，忘记了自己是主人，把自己当作子民。爱国也没有摆脱报"国恩"的模式，甚至还有把爱国主义宣传为"儿不嫌母丑，狗不嫌家贫"。国家是人民建立的，国家对于人民没有恩，相反，人民是国家的主人；我们爱自己的国家，就是爱我们自己，是因为国家保证了我们的权利，而不是报国恩。这种恩情政治是传统的清官政治的现代版，特别不利于民主意识的培育和民主制度的建立，往往成为官僚体制的思想基础，甚至还会为国家主义张目。

在法律领域，新的恩情文化，延续了人治传统，严肃的法制被人情、恩情所瓦解，不利于法制社会的建立。

在社会伦理领域，恩情文化也不利于建立基于爱心的现代伦理。由于以感恩—报恩观念来代替爱心，使爱心被扭曲。如倡导对父母之爱本来没有问题，但却变成了提倡报父母的恩情，成为对传统的孝道的宣扬，这样恩就取代了真正的爱。我们对一些社会职业的宣传，也往往落入感恩模式，如宣传教师对学生的恩情、保卫国家的士兵对民众的恩情、忠于职守的警察对市民的恩情、好官员对民众的恩情等等。这种宣传在中国的文化氛围中似乎具有正当性，实际上是对恩情文化习以为常的体现。它的害处在于，妨碍了真正爱心的形成，把爱变成了恩；也妨碍了职业道德的培育，把社会工作变成了施恩，这些都不利于建立正常的人际关系和社会关系。

恩情文化使人际关系狭隘化，不利于普遍的道德意识的建立。恩情是具体的、感性的，而爱国主义、集体主义是抽象的、理性的。因此，在恩情文化基础上进行的爱国主义、集体主义的教育就空泛不实，甚至显得虚假。这就是我们天天讲爱国主义、集体主义而效果不彰的原因。由于恩情文化的局限，国人往往只对对自己有恩或者能够对自己报恩的人有情有爱，对他人则无情无爱。

在当前中国的现代化建设中，如何处理传统文化与现代文化的关系呢？这一直是一个争议不决的问题。解决这个问题，那种"取其精华，去其糟粕"的说法并不可行。因为何谓精华，何谓糟粕，并不是泾渭分明，可以一刀两断进行切割的。同样的文化观念，一方面有其合理性，是精华；另一方面又有其不合理性，是糟粕。如孝，一方面体现了中国人的亲情观念以及尊敬老人的美德，另一方面也体现了家长制的人身依附性，所以不能简单地判定取舍。同时，也不能赞同国学派对传统文化全盘肯定的立场，他们认为可以在传统文化的基本价值观的基础上，建立超越西方现代文明的新文化。由于传统文化的基本价值取向是家族式的集体本位，与现代文化的个体本位价值取向不同，特别是传统文化的核心观念"恩"更与现代文化冲突。在理论建设中，文化保守主义者也肯定恩情文化，而无视其缺陷消极作用。不仅那些国学派倡导恢复恩情文化，新保守主义也复如此，如它的代表李泽厚先生提出了情感本体论。他继承儒家文化和中国文化传统中重情的思想，主张以情感为本体建设现代文化。李泽厚先生还认为"中国之不同于西方，根本在于它的远古巫史传统，即原始巫术的直接理性化。它使中国素来重视天人不分，性理不分，'天理'与人事属于同一个'道'、同一个'理'。从而，道德律令既不在外在理性命令，又不能归纳于利益、苦乐相联系的功利经验。中国人的'天命''天道''天意'总与人事和人的情感态度（敬、庄、仁、诚等）攸关。正由于缺乏独立自足的'超验'（超越）对象，'巫史'传统高度确认人的地位，以致可以'参天地赞化育'。与西方'两个世界'的'圣爱（apape）'（情）、'先验理性'（理）不同，这个中国传统在今天最适合于朝着'人类学历史本体论'的方向发展。"①他据此建立了情感本体论。他说："既无天国上帝，又非伦理道德，更非主义理想，那么，就只有以这亲子情、男女爱、夫妇恩、师生谊、朋友义、故国思、家园恋、山水花鸟的依托、普救众生之襟怀以及认识发展的愉快、创造发明的欢欣、战胜艰险的悦乐、天人交会的归依

---

① 李泽厚《己卯五说》，中国电影出版社1999年版，第10页。

感和神秘经验，来作为人生的真谛、生活真理了。"①由此可见，李泽厚先生的"情"囊括了世俗社会里人的一切关系和存在的情感。他企图用情感消除感性欲望的非理性，也消解理性规范的压抑，使人际关系和谐、人与世界和谐。这一哲学设想在学理上合理与否先不说，在实践上存在着很大的问题，这就是他要发扬的重情文化来自儒家传统，是中国文化特色，但这一重情文化的核心是恩，而不是平等的爱。这些情会变成一种施恩—报恩的关系，比如爱国之情，会变成报国恩，导向国家主义。事实上，李先生也正是这样做的，他把中国人的最高情感对象归结为"天地国亲师"，它们成为新的感恩对象。果真如是，中国人将又一次面临沦入恩情文化的境域。有人可能会说，西方可以崇拜上帝、感上帝之恩，我们为什么不可以崇拜"天地国亲师"而感其恩呢？还是那个道理，西方是感神恩，中国是感人恩；"天地国亲师"中天地身份不明，由于最高传统文化天人合一，所以可以理解为自然，也可以理解为神。如果是自然，当然谈不上感恩；如果是神，那是另外一种感恩。问题在"国、亲、师"上，他们是世俗的存在，不可以把它们当作感恩的对象，否则就又一次陷入封建伦理中。因此，只有批判恩情文化，转变其核心价值，才能谈到继承和发扬传统文化。不加批判的继承发扬传统文化，事实上就会落入到旧文化的窠臼，为思想奴役张目。

那么，应该如何对待中国传统文化呢？一句话，就是改造其核心价值，进行现代性转化，使之成为现代文化的思想资源。从对恩情文化的分析中可以看出，不能建立在延续恩情文化的基础上，而

---

① 李泽厚《哲学探寻录》，见《实用理性与乐感文化》，生活·读书·新知三联书店2005年版，第191页。

要建立在现代性的基础上。对中国传统文化继承,不能不加改造的平移过来,而必须对其核心价值进行转化,即剔除其恩的观念而接受和建立现代文化的核心价值,即平等的爱的观念。从而使仁、孝、忠等伦理范畴建立在个体价值的基础上,从而具有合理的意义,成为中国现代文化的思想资源,并且为现代文化所吸收。

(原载于《东南学术》2014年第1期)

附录

杨春时学术年表

1981年

发表《马克思主义论人性》,《求是学刊》1981年第3期。

1982年

发表《论审美意识》,《求是学刊》1982年第3期;《悲剧的审美特性》,《齐齐哈尔师范学院学报》1982年第3期;《艺术生产与艺术个性》,《学习与探索》1982年第4期。

完成硕士学位论文《论艺术的审美本质》,后收入《中国硕士博士文库》。

1983年

发表《论审美关系》,《求是学刊》1983年第5期。

1986年

出版《审美意识系统》,花城出版社。

发表《论文艺的充分主体性和超越性——兼评〈文艺学方法论问题〉》,《文学评论》1986年第4期。

1987年

出版《系统美学》，中国文联出版公司。

发表《美在主客观范畴之外》，《北京社会科学》1987年第2期。

1989年

出版《艺术符号与解释》，人民文学出版社。

发表《"社会主义现实主义"批判》，《文艺评论》1989年第2期。

1990年

发表《思维与语言》，《求是学刊》1990年第5期。

1993年

发表《超越实践美学》，《学术交流》1993年第2期。

1994年

发表《走向"后实践美学"》，《学术月刊》1994年第5期。

1995年

发表《乌托邦的建构与个体存在的迷失——李泽厚〈第四提纲〉质疑》，《学术月刊》1995年第3期。

1997年

发表《试论20世纪中国文学的前现代性》，《文艺理论研究》1997年第4期。

1998年

发表《文学的现代性与中国现代文学》,《学术月刊》1998年第5期。

1999年

发表《"现代性批判"的错位与虚妄》,《文艺评论》1999年第1期。

2000年

出版《百年文心——20世纪中国文学思想史》,黑龙江教育出版社。

2001年

发表《中国的平民文学传统和贵族文学传统》,《吉林大学社会科学学报》2001年第3期。

2002年

发表《文学理论:从主体性到主体间性》,《厦门大学学报》2002年第1期;《从实践美学的主体性到后实践美学的主体间性》,《厦门大学学报》2002年第5期;《关于文学的主体间性的对话》,《南方文坛》2002年第6期。

2003年

发表《现实主义、浪漫主义还是启蒙主义——现代性视野中的五四文学》,《厦门大学学报》2003年第5期。

2004年

出版《美学》（国家规划教材），高等教育出版社。

发表《中华美学的古典主体间性》，《社会科学战线》2004年第1期；《论文学的多重本质》，《学术研究》2004年第1期；《现代民族国家与中国新古典主义》，《文艺理论研究》2004年第3期；《论文学语言的主体间性》，《厦门大学学报》2004年第5期。

2005年

发表《贵族精神与现代性批判》，《厦门大学学报》2005年第3期。

2006年

发表《本体论的主体间性与美学建构》，《厦门大学学报》2006年第2期；《现代性视野中的中国文学思潮》，《天津社会科学》2006年第2期。

2007年

出版《文学理论新编》（国家规划教材），北京大学出版社。

发表《后现代主义与文学本质言说之可能》，《文艺理论研究》2007年第1期。

2009年

出版《现代性与中国文学思潮》，生活·读书·新知三联书店。

发表《现代性与三十年来中国的文学思潮》，《中国社会科学》2009年第1期；《同情与理解：中西美学主体间性的互补》，

《吉林大学社会科学学报》2009年第1期；《论中国现代性》，《厦门大学学报》2009年第2期。

2010年
发表《国学思潮批判》，《东南学术》2010年第2期。

2011年
出版《中国现代文学思潮史》，南京大学出版社。
发表《审美意义的发现与证明》，《四川师范大学学报》2011年第2期。

2013年
发表《现象学的未完成性与审美现象学的建立》，《吉林大学社会科学学报》2013年第5期；《存在的原初确立：缺席现象学与推定存在论》，《哲学动态》2013年第12期。

2014年
发表《论美学是第一哲学》，《中山大学学报》2014年第1期；《中国恩情文化批判》，《东南学术》2014年第1期。

2015年
出版《作为第一哲学的美学——存在、现象与审美》，人民出版社。
发表《现代性体验与美学思潮》，《天津社会科学》2015年第1期；《两个五四：现代性与现代民族国家的冲突》，《上海文化》2015年第2期；《乐道、兴情、神韵——中华美学的审美本质论》，《学术月刊》2015年第10期。

2017年

发表《中华审美现象学的构成》,《学术月刊》2017年第6期;《中华美学的世间性和隐超越性》,《学习与探索》2017年第9期。

2018年

出版《中华美学概论》,人民出版社。

发表《论文艺的自然维度》,《文艺争鸣》2018年第2期。

中国现代美学大家文库

《美在境界——王国维美学文选》
《美育与人生——蔡元培美学文选》
《美是情趣与意象的契合——朱光潜美学文选》
《美从何处寻——宗白华美学文选》
《美即典型——蔡仪美学文选》
《从美感两重性到情本体——李泽厚美学文录》
《从美的理念到美的实践——汝信美学文选》
《美在创造中——蒋孔阳美学文选》
《实践本体论美学思想——刘纲纪美学文选》
《体验人生价值美——胡经之美学文选》
《美是和谐——周来祥美学文选》
《美的哲学——叶秀山美学文选》
《审美是自由的生存方式——杨春时美学文选》
《实践存在论美学——朱立元美学文选》
《生态美学——曾繁仁美学文选》

图书在版编目（CIP）数据

审美是自由的生存方式 / 杨春时著. —济南：山东文艺出版社，2020.1
ISBN 978-7-5329-5965-5

Ⅰ.①审… Ⅱ.①杨… Ⅲ.①审美—文集 Ⅳ.①B83-0

中国版本图书馆CIP数据核字（2019）第247385号

审美是自由的生存方式
——杨春时美学文选

杨春时　著

主管单位	山东出版传媒股份有限公司
出版发行	山东文艺出版社
社　　址	山东省济南市英雄山路189号
邮　　编	250002
网　　址	www.sdwypress.com

读者服务	0531-82098776（总编室）
	0531-82098775（市场营销部）
电子邮箱	sdwy@sdpress.com.cn

印　　刷	山东临沂新华印刷物流集团有限责任公司
开　　本	890毫米×1240毫米　1/32
印　　张	11.75
字　　数	282千
版　　次	2020年1月第1版
印　　次	2020年1月第1次印刷
书　　号	ISBN 978-7-5329-5965-5
定　　价	76.00元

版权专有，侵权必究。如有图书质量问题，请与出版社联系调换。